세상이 변해도
배움의 즐거움은
변함없도록

시대는 빠르게 변해도
배움의 즐거움은
변함없어야 하기에

어제의 비상은
남다른 교재부터
결이 다른 콘텐츠
전에 없던 교육 플랫폼까지

변함없는 혁신으로
교육 문화 환경의 새로운 전형을
실현해왔습니다.

비상은 오늘, 다시 한번
새로운 교육 문화 환경을 실현하기 위한
또 하나의 혁신을 시작합니다.

오늘의 내가 어제의 나를 초월하고
오늘의 교육이 어제의 교육을 초월하여
배움의 즐거움을 지속하는 혁신,

바로, 메타인지 기반 완전 학습을.

상상을 실현하는 교육 문화 기업 비상

메타인지 기반 완전 학습
초월을 뜻하는 meta와 생각을 뜻하는 인지가 결합한 메타인지는
자신이 알고 모르는 것을 스스로 구분하고 학습계획을 세우도록 하는
궁극의 학습 능력입니다. 비상의 메타인지 기반 완전 학습 시스템은
잠들어 있는 메타인지를 깨워 공부를 100% 내 것으로 만들도록 합니다.

I 수와 연산

1. 소인수분해

필수 기출 18~21쪽

1 ④	2 ④	3 29	4 ②,③	5 ⑤	6 7
7 ③	8 ④	9 ④	10 12	11 ④	12 ②
13 ④	14 ①	15 32	16 ⑤	17 15	18 ④
19 ④	20 ③	21 1, 4, 25, 100	22 ③	23 ②	
24 ②	25 ⑤	26 ④	27 12		

Best 쌍둥이 22쪽

1 1	2 ㄴ, ㄷ	3 ⑤	4 2	5 18	6 10
7 ①,⑤	8 ⑤	9 4			

100점 완성 23쪽

1-1 7	1-2 ①	2-1 8	2-2 7
3-1 15	3-2 28	4-1 1, 4, 9, 16, 25, 36, 49	
4-2 3			

서술형 완성 24~25쪽

1 11　2 (1) $2 \times 3^3 \times 7$ (2) 7　3 90　4 32

5 (1) $2^2 \times 7^2$ (2)

×	1	2	2^2
1	1	2	4
7	7	14	28
7^2	49	98	196

(3) 1, 2, 4, 7, 14, 28, 49, 98, 196

6 177　7 4　8 12　9 375　10 48

실전 테스트 26~28쪽

1 ②	2 ②	3 ④	4 ③	5 ④	6 ④
7 ⑤	8 ①	9 ④	10 ②	11 ③	12 ③
13 ④	14 ②	15 ④	16 ④	17 1731	18 39
19 3	20 5				

2. 최대공약수와 최소공배수

필수 기출 30~35쪽

1 ②	2 ③	3 ①	4 ①, ③	5 45	6 ④
7 6	8 ⑤	9 ②	10 37	11 ③, ⑤	
12 ④	13 ③	14 ③	15 9	16 ③	17 ②
18 6	19 4	20 ②	21 ②	22 75	23 ⑤
24 ⑤	25 105	26 ②	27 ③	28 6	29 ③
30 ④	31 ①	32 12	33 ⑤	34 ①	35 ②
36 ②	37 $\frac{55}{3}$				

Best 쌍둥이 36~37쪽

1 ①	2 ④	3 8	4 ②, ③	5 ④	6 ④, ⑤
7 ⑤	8 11	9 ③	10 14	11 15	12 182
13 ③					

100점 완성 38~39쪽

1-1 ④	1-2 ③	2-1 ③	2-2 ①
3-1 71	3-2 ⑤	4-1 40	4-2 14
5-1 60, 120, 180, 360	5-2		

서술형 완성 40~41쪽

1 최대공약수: 6, 최소공배수: 180　2 14　3 22

4 (1) 14 (2) 28, 42, 70　5 135　6 40

7 (1) 42, 63, 105 (2) 7, 21　8 173　9 $A=18, B=60$

10 6

실전 테스트 42~44쪽

1 ②	2 ④	3 ④	4 ③	5 ①, ⑤	6 ③
7 ④	8 ⑤	9 ③	10 ⑤	11 ④	12 ②, ④
13 ④	14 ④	15 ①	16 ②	17 ⑤	18 ③
19 6	20 120	21 900	22 122		

1 ①, ④ **2** 13 **3** ④ **4** 66 **5** ④ **6** ④
7 6 **8** ③ **9** ② **10** 6 **11** ① **12** 108
13 ① **14** ① **15** ④ **16** ① **17** ⑤ **18** ③
19 -6 **20** 4 **21** $b<c<a$ **22** ② **23** $\dfrac{47}{10}$
24 ④ **25** ③ **26** ⑤ **27** ① **28** $\dfrac{1}{50}$ **29** ③
30 ④ **31** ④ **32** $-\dfrac{4}{3}$ **33** $-\dfrac{2}{9}$ **34** ③ **35** ③
36 ③ **37** ② **38** ② **39** 2 **40** ⑤ **41** -7
42 ④ **43** 35 **44** $-20x+12$ **45** -20
46 ① **47** $4x$ **48** ③ **49** $-3x+1$ **50** $a+9$

실전 모의고사

1 ② **2** ③ **3** ③ **4** ⑤ **5** ② **6** ②
7 ③ **8** ② **9** ④ **10** ③ **11** ④ **12** ⑤
13 ⑤ **14** ② **15** ② **16** ② **17** ③ **18** ⑤
19 ① **20** ② **21** 50 **22** 42
23 (1) $a=-3,\ b=3$ (2) 0 **24** $-\dfrac{5}{2}$
25 (1) $\dfrac{(x+y)h}{2}$ cm² (2) 24 cm²

1 ② **2** ⑤ **3** ③ **4** ② **5** ④ **6** ④
7 ①, ③ **8** ③ **9** ⑤ **10** ④ **11** ① **12** ②
13 ⑤ **14** ① **15** ④ **16** ④ **17** ② **18** ①
19 ⑤ **20** ④ **21** 3 **22** 11
23 (1) $-\dfrac{25}{4}\leq a<4$ (2) 6 **24** 22 **25** $\dfrac{19}{6}$

1 ④ **2** ④ **3** ① **4** ③ **5** ② **6** ①
7 ③ **8** ④ **9** ② **10** ② **11** ① **12** ⑤
13 ③ **14** ④ **15** ② **16** ③ **17** ③ **18** ③
19 ① **20** ③ **21** 144, 324 **22** 2 **23** $\dfrac{46}{5}$
24 8 **25** $x+14$

Ⅱ 문자와 식

1. 문자의 사용과 식

필수 기출　　80~85쪽

1 ⑤　**2** ②　**3** ④　**4** ①, ④　**5** ⑤
6 $200+10x+y$　**7** ②　**8** ①　**9** ①　**10** ②
11 1029 m　**12** (1) $3(a+b)\,\text{cm}^2$　(2) $48\,\text{cm}^2$
13 ④　**14** ②　**15** 5　**16** ③　**17** ④　**18** ⑤
19 ②　**20** 3　**21** ④　**22** ④　**23** 8　**24** ②
25 ③　**26** ①　**27** $9x$　**28** $26a+2$　**29** ③
30 $\dfrac{19}{10}x-32$　**31** ⑤　**32** $-11x+7$　**33** ②
34 ②　**35** ③　**36** $14x+5$

Best 쌍둥이　　86~87쪽

1 ④　**2** ①　**3** ①　**4** ④　**5** ②　**6** ②
7 $-13x+36$　**8** ④　**9** $(26-6x)\,\text{cm}$　**10** ②
11 ③

100점 완성　　88~89쪽

1-1 ③　　**1-2** -501　　**2-1** 43　　**2-2** ②
3-1 -5　　**3-2** ③　　**4-1** 12　　**4-2** 9
5-1 $(12x+4)\,\text{cm}^2$　　**5-2** $(8n+16)\,\text{cm}$
6-1 $8x+11$　　**6-2** $-3x-3$

서술형 완성　　90~91쪽

1 24
2 (1) 겉넓이: $(2ab+20a+20b)\,\text{cm}^2$, 부피: $10ab\,\text{cm}^3$
　(2) 겉넓이: $460\,\text{cm}^2$, 부피: $600\,\text{cm}^3$
3 -8　**4** $\dfrac{2}{5}$　**5** $62a-29$　**6** $-\dfrac{1}{2}x-\dfrac{1}{6}y$
7 (1) $6x+2$　(2) $3x-1$　(3) $3x+3$
8 (1) $4x+20$　(2) 22　　**9** $\dfrac{29}{2}a-\dfrac{9}{2}$

실전 테스트　　92~94쪽

1 ②, ④　**2** ②　**3** ⑤　**4** ③　**5** ④　**6** ④
7 ④　**8** ④　**9** ③　**10** ①　**11** ③　**12** ⑤
13 ④　**14** ④　**15** ⑤　**16** ②
17 $(25-6xy)\,\text{cm}$, 1 cm　**18** $9x+3$
19 $-x-9$　　**20** $x+11$

• 시험 '전 범위' 학습

일일 과제

1회　　96~104쪽

1 ③　**2** ④　**3** ④　**4** ③　**5** ④　**6** ③
7 ⑤　**8** ②, ③　**9** ①　**10** ①　**11** ①　**12** 17
13 ④　**14** ③　**15** ④　**16** ⑤　**17** ③　**18** ④
19 ④　**20** ②　**21** ③　**22** 1.8　**23** ③　**24** ①
25 ②　**26** $\dfrac{1}{3}$　**27** 6　**28** ⑤　**29** ③　**30** ⑤
31 ⑤　**32** ②　**33** -130　　**34** ④　**35** -21
36 ⑤　**37** ③　**38** ⑤　**39** ⑤　**40** ④　**41** ①
42 ①　**43** ③　**44** ①, ⑤　　**45** ⑤　**46** ②
47 ③　**48** $-\dfrac{1}{12}x-\dfrac{5}{4}$　**49** ①　**50** $3a-5$

2회　　105~113쪽

1 ④　**2** 6　**3** ③　**4** ④　**5** 60　**6** ②
7 ⑤　**8** ⑤　**9** ②　**10** ④　**11** ②　**12** 10
13 ④　**14** 72　**15** ②　**16** ②　**17** ①　**18** ④
19 ③　**20** ④　**21** ②　**22** ④　**23** ④　**24** -3
25 ④　**26** ①　**27** -50　　**28** ④　**29** ③
30 ①　**31** ⑤　**32** -20　　**33** ④　**34** ②
35 ⑤　**36** $-\dfrac{9}{10}$　　**37** ④　**38** ⑤　**39** ⑤
40 ④　**41** ②　**42** 20 ℃　　**43** ②　**44** ①
45 ④　**46** ②　**47** ㉠ $2x-2$, ㉡ $5x-11$
48 $\dfrac{15}{2}a+7$　**49** ⑤　**50** $-2x+10$

3회　　114~122쪽

1 ②　**2** ③　**3** ③　**4** ③　**5** 300　**6** ①
7 ③　**8** ④　**9** ⑤　**10** ④　**11** 510　**12** 10
13 ①　**14** ④　**15** 1120　**16** ③　**17** ⑤　**18** ③
19 $-9, 9$　　**20** $a=-2, b=4$　**21** ③, ⑤
22 ②　**23** 7　**24** ③　**25** $\dfrac{31}{12}$　**26** -5　**27** $\dfrac{26}{3}$
28 ④　**29** 15　**30** -9　**31** ④　**32** 1356
33 ②　**34** $-\dfrac{1}{12}$　　**35** ⑤　**36** ①　**37** ①
38 선주: 14, 민수: 6　　**39** ③　**40** ④　**41** ③
42 $(30000-720x)$원, 15600원　　**43** 5　**44** ①
45 ②, ⑤　　**46** ③　**47** $\dfrac{1}{4}$　**48** ④
49 $4x+2$　　**50** ③

3. 정수와 유리수

4. 정수와 유리수의 계산

수학만
기출문제집

수학 시험을 제대로 준비하고 싶다면,

100점을 위한 '수학만'의 알찬 시스템

PART 1 | 단원별 구성

핵심 개념 ▸ 필수 기출 + Best 쌍둥이 ▸ 100점 완성 ▸ 서술형 완성 ▸ 실전 테스트

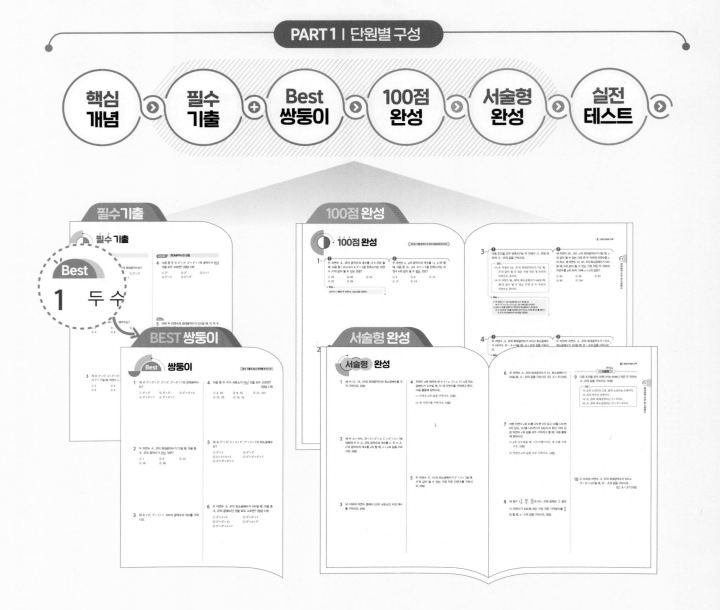

수학만 기출문제집!

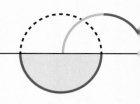

PART 2 | 시험 전 범위 구성

50문항*4회
**일일
과제**

25문항*3회
**실전
모의고사**

일일 과제

실전 모의고사

**PART 2
실전 감각
키우기**

☑ **기출 문제+예상 문제로 집중 마무리!**
시험 전 범위에서 적중률 높은 문제만을 구성하여 자신의 실력을 점검할 수 있도록
하였습니다.

☑ **실전에 강해야 진정한 실력!**
실제 학교 시험과 같은 형식의 문제를 풀면서 실전 감각을 키울 수 있도록 하였습니다.

차례

1학기 기말고사	
Ⅱ. 문자와 식	1. 문자의 사용과 식
	2. 일차방정식
Ⅲ. 좌표평면과 그래프	1. 좌표와 그래프
	2. 정비례와 반비례

핵심
개념

소인수분해

1 소수와 합성수

(1) **소수**: 1보다 큰 자연수 중에서 약수가 1과 자기 자신뿐인 수

　예 2, 3, 5, 7, 11, …

(2) **합성수**: 1보다 큰 자연수 중에서 소수가 아닌 수

　예 4, 6, 8, 9, 10, …

(3) **소수의 성질**

　① 모든 소수의 약수는 2개이고, 합성수의 약수는 3개 이상이다.

　② 1은 소수도 아니고 합성수도 아니다.

　③ 2는 소수 중에서 가장 작은 수이고, 유일한 짝수이다.

　참고 자연수는 1, 소수, 합성수로 이루어져 있다.

　➡ 약수가 $\begin{cases} 1개: 1 \\ 2개: 소수 \\ 3개 이상: 합성수 \end{cases}$

2 거듭제곱

(1) **거듭제곱**: 같은 수나 문자를 여러 번 곱한 것을 간단히 나타낸 것

　예 $2 \times 2 = 2^2$　← 2의 제곱

　　$2 \times 2 \times 2 = 2^3$　← 2의 세제곱

　　$2 \times 2 \times 2 \times 2 = 2^4$　← 2의 네제곱

　　　⋮

　　$\underbrace{2 \times 2 \times \cdots \times 2}_{10번} = 2^{10}$

(2) **밑**: 거듭제곱에서 여러 번 곱하는 수나 문자

(3) **지수**: 거듭제곱에서 밑을 곱한 횟수

$2\overset{4 \ ←지수}{}$
$\underset{밑}{}$

　참고 • 2^1은 2로 나타낸다.

　　　• 1의 거듭제곱은 항상 1이다. ➡ $1 = 1^2 = 1^3 = \cdots = 1^{100} = \cdots$

　주의 $\underset{2를\ 4번\ 곱한\ 것}{2 \times 2 \times 2 \times 2} = 2^4 = 16$이고, $\underset{2를\ 4번\ 더한\ 것}{2 + 2 + 2 + 2} = 4 \times 2 = 8$이다.

3 소인수분해

(1) **인수**

자연수 a, b, c에 대하여 $a=b\times c$일 때, a의 약수 b, c를 a의 인수라 한다.

(2) **소인수**: 자연수의 인수 중에서 소수인 것

> 예 $15=1\times 15=3\times 5$이므로 15의 인수는 1, 3, 5, 15이고 이 중에서 소인수는 3, 5이다.

(3) **소인수분해**: 1보다 큰 자연수를 소인수만의 곱으로 나타내는 것

> 예 60을 소인수분해 하기

> 60을 소인수분해 한 결과 $60=2^2\times 3\times 5$

> 참고 일반적으로 소인수분해 한 결과는 작은 소인수부터 차례로 쓰고, 같은 소인수의 곱은 거듭제곱으로 나타낸다.
> 이때 곱의 순서를 생각하지 않는다면 그 결과는 오직 한 가지뿐이다.

> 주의 소인수분해 한 결과는 반드시 소인수의 곱으로만 나타낸다.

> 예 · $8=2\times 4$ (×)
> · $8=2^3$ (○)

4 소인수분해를 이용하여 약수 구하기

자연수 A가

$$A=a^m\times b^n\,(a,\ b\text{는 서로 다른 소수},\ m,\ n\text{은 자연수})$$

으로 소인수분해 될 때

(1) A**의 약수** ➡ (a^m의 약수)×(b^n의 약수) 꼴

> 참고 $a^m\times b^n$의 약수는 a^m의 약수 1, a, a^2, ..., a^m 중 하나와 b^n의 약수 1, b, b^2, ..., b^n
> └─$(m+1)$개─┘   └─$(n+1)$개─┘
> 중 하나를 선택하여 곱한 것이다.

(2) A**의 약수의 개수** ➡ $(m+1)\times(n+1)$

> 예 $20=2^2\times 5$이므로 오른쪽 표에서

> (1) 20의 약수는 1, 2, 4, 5, 10, 20이다.
> (2) 20의 약수의 개수는 $(2+1)\times(1+1)=6$

> 참고 자연수 $A=a^l\times b^m\times c^n\,(a,\ b,\ c\text{는 서로 다른 소수},\ l,\ m,\ n\text{은 자연수})$에 대하여
> (1) A의 약수 ➡ (a^l의 약수)×(b^m의 약수)×(c^n의 약수) 꼴
> (2) A의 약수의 개수 ➡ $(l+1)\times(m+1)\times(n+1)$

2 최대공약수와 최소공배수

① 공약수와 최대공약수

(1) **공약수**: 두 개 이상의 자연수의 공통인 약수

(2) **최대공약수**: 공약수 중에서 가장 큰 수

> 예 6의 약수: 1, 2, 3, 6 ⎤
> 　9의 약수: 1, 3, 9 ⎦ ➡ 공약수: 1, 3 ➡ 최대공약수: 3

> 참고 공약수 중에서 가장 작은 수는 항상 1이므로 최소공약수는 생각하지 않는다.

(3) **최대공약수의 성질**

　　두 개 이상의 자연수의 공약수는 그 수들의 최대공약수의 약수이다.

> 예 6과 9의 공약수는 1, 3이고, 이는 6과 9의 최대공약수인 3의 약수이다.

(4) **서로소**: 최대공약수가 1인 두 자연수

> 예 3과 5의 최대공약수는 1이므로 3과 5는 서로소이다.

> 참고 • 1은 모든 자연수와 서로소이다.
> 　　• 공약수가 1뿐인 두 자연수는 서로소이다.
> 　　• 서로 다른 두 소수는 항상 서로소이다.

(5) **소인수분해를 이용하여 최대공약수 구하기**

❶ 각 수를 소인수분해 한다.

❷ 공통인 소인수를 모두 곱한다. 이때 지수가 같으면 그대로, 지수가 다르면 작은 것을 택하여 곱한다.

$$12 = 2^2 \times 3$$
$$30 = 2 \times 3 \times 5$$
$$\overline{(\text{최대공약수}) = 2 \times 3 \quad = 6}$$

지수가 다르면 ↑　↑ 지수가 같으면
작은 것　　　　　 그대로

> 참고 • 공약수로 나누어 최대공약수를 구할 수도 있다.
> ❶ 1이 아닌 공약수로 각 수를 나눈다.
> ❷ 몫에 1 이외의 공약수가 없을 때까지 계속 나눈다.
> ❸ 나누어 준 공약수를 모두 곱한다.

$$
\begin{array}{r}
2\,)\underline{12\quad 30} \\
3\,)\underline{\ 6\quad 15} \\
\boxed{\ 2\quad\ 5}\ \leftarrow \text{공약수가 1뿐이다.}
\end{array}
$$

∴ (최대공약수)=2×3=6

> • 세 수 이상의 최대공약수를 구할 때도 두 수의 최대공약수를 구할 때와 같은 방법으로 한다.

② 공배수와 최소공배수

(1) **공배수**: 두 개 이상의 자연수의 공통인 배수

(2) **최소공배수**: 공배수 중에서 가장 작은 수

> 예 2의 배수: 2, 4, 6, 8, 10, 12, … ⎤
> 　3의 배수: 3, 6, 9, 12, 15, … ⎦ ➡ 공배수: 6, 12, … ➡ 최소공배수: 6

> 참고 공배수 중에서 가장 큰 수는 알 수 없으므로 최대공배수는 생각하지 않는다.

(3) 최소공배수의 성질

두 개 이상의 자연수의 공배수는 그 수들의 최소공배수의 배수이다.

〔예〕 2와 3의 공배수는 6, 12, 18, 24, …이고, 이는 2와 3의 최소공배수인 6의 배수이다.

〔참고〕 서로소인 두 자연수의 최소공배수는 두 수의 곱과 같다.

〔예〕 3과 5의 최소공배수는 $3 \times 5 = 15$

(4) 소인수분해를 이용하여 최소공배수 구하기

❶ 각 수를 소인수분해 한다.

❷ 공통인 소인수와 공통이 아닌 소인수를 모두 곱한다. 이때 지수가 같으면 그대로, 지수가 다르면 큰 것을 택하여 곱한다.

$$12 = 2^2 \times 3$$
$$18 = 2 \times 3^2$$
$$20 = 2^2 \qquad \times 5$$
$$\text{(최소공배수)} = 2^2 \times 3^2 \times 5 = 180$$

공통인 소인수는 지수가 같거나 큰 것

공통이 아닌 것도 곱한다.

〔참고〕 • 공약수로 나누어 최소공배수를 구할 수도 있다.

❶ 1이 아닌 공약수로 각 수를 계속 나눈다.

❷ 세 수의 공약수가 없으면 두 수의 공약수로 나누고, 이때 공약수가 없는 수는 그대로 내려 쓴다.

❸ 나누어 준 공약수와 마지막 몫을 모두 곱한다.

• 세 수 이상의 최소공배수를 구할 때는 어떤 두 수를 택해도 공약수가 1일 때까지 나눈다.

```
2 ) 12   18   20
3 )  6    9  ⑩
2 )  2   ③   10
     1    3    5
```

∴ (최소공배수)
$= 2 \times 3 \times 2 \times 1 \times 3 \times 5$
$= 180$

③ 최대공약수와 최소공배수의 관계

두 자연수 A, B의 최대공약수가 G, 최소공배수가 L일 때,

$A = a \times G$, $B = b \times G$ (a, b는 서로소)

라 하면 다음이 성립한다.

(1) $L = a \times b \times G$

(2) $A \times B = G \times L$ ← $A \times B = (a \times G) \times (b \times G) = G \times (a \times b \times G) = G \times L$

➡ (두 수의 곱) = (최대공약수) × (최소공배수)

〔예〕 8, 12의 최대공약수는 4이고 $8 = 2 \times 4$, $12 = 3 \times 4$이므로

(1) (최소공배수) $= 2 \times 3 \times 4 = 24$

(2) (두 수의 곱) $= 8 \times 12 = 96$ ┐
    (최대공약수) × (최소공배수) $= 4 \times 24 = 96$ ┘ 같다.

3 정수와 유리수

1 양수와 음수

(1) 양의 부호와 음의 부호

서로 반대되는 성질의 두 수량을 나타낼 때, 어떤 기준을 중심으로 한쪽 수량에는 양의 부호 +를, 다른 쪽 수량에는 음의 부호 −를 붙여서 나타낸다.

참고

+	증가	영상	이익	수입	해발	~ 후	지상	상승
−	감소	영하	손해	지출	해저	~ 전	지하	하락

• 부호 +, −는 각각 덧셈, 뺄셈의 기호와 모양은 같지만 뜻은 다르다.

예 • $\begin{cases} 8점\ 상승 \Rightarrow +8점 \\ 6점\ 하락 \Rightarrow -6점 \end{cases}$ • $\begin{cases} 영상\ 2\,℃ \Rightarrow +2\,℃ \\ 영하\ 3\,℃ \Rightarrow -3\,℃ \end{cases}$ • $\begin{cases} 수입\ 5000원 \Rightarrow +5000원 \\ 지출\ 3000원 \Rightarrow -3000원 \end{cases}$

(2) 양수와 음수

① 양수: 0보다 큰 수로 양의 부호 +를 붙인 수   예 $+2,\ +\dfrac{1}{3},\ +0.5,\ ...$

② 음수: 0보다 작은 수로 음의 부호 −를 붙인 수   예 $-3,\ -\dfrac{2}{5},\ -0.7,\ ...$

참고 0은 양수도 아니고 음수도 아니다.

2 정수와 유리수

(1) 정수: 양의 정수, 0, 음의 정수를 통틀어 정수라 한다.

① 양의 정수: 자연수에 양의 부호 +를 붙인 수   예 $+1,\ +2,\ +3,\ ...$

② 음의 정수: 자연수에 음의 부호 −를 붙인 수   예 $-1,\ -2,\ -3,\ ...$

참고 양의 정수는 + 부호를 생략하여 나타낼 수 있으므로 자연수와 같다.

(2) 유리수: 양의 유리수, 0, 음의 유리수를 통틀어 유리수라 한다.

① 양의 유리수: 분자, 분모가 자연수인 분수에 양의 부호 +를 붙인 수

예 $+\dfrac{1}{2},\ +\dfrac{5}{7},\ +0.25\left(=+\dfrac{1}{4}\right),\ ...$

② 음의 유리수: 분자, 분모가 자연수인 분수에 음의 부호 −를 붙인 수

예 $-\dfrac{1}{2},\ -\dfrac{5}{8},\ -0.4\left(=-\dfrac{2}{5}\right),\ ...$

참고 • 양의 유리수도 양의 정수와 마찬가지로 + 부호를 생략하여 나타낼 수 있다.

• $0,\ 5,\ -3$은 각각 $\dfrac{0}{1},\ \dfrac{5}{1},\ -\dfrac{3}{1}$과 같이 나타낼 수 있으므로 모든 정수는 유리수 이다.

(3) 유리수의 분류

$$유리수 \begin{cases} 정수 \begin{cases} 양의\ 정수(자연수) \Rightarrow +1,\ +2,\ +3,\ ... \\ 0 \\ 음의\ 정수 \quad\quad\quad \Rightarrow -1,\ -2,\ -3,\ ... \end{cases} \\ 정수가\ 아닌\ 유리수 \quad \Rightarrow -\dfrac{1}{3},\ +\dfrac{4}{5},\ -1.4,\ ... \end{cases}$$

3 **수직선**

직선 위에 기준이 되는 점 O를 잡아 그 점에 수 0을 대응시키고, 점 O의 좌우에 일정한 간격으로 점을 잡아 점 O의 오른쪽 점에는 양의 정수를, 왼쪽 점에는 음의 정수를 차례로 대응시킨 직선을 수직선이라 한다.
이때 수직선 위에서 수 0에 대응하는 기준이 되는 점 O를 원점이라 한다.

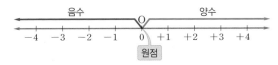

참고 수직선 위에서 $+\dfrac{1}{2}$에 대응하는 점은 0과 $+1$에 대응하는 두 점 사이를 이등분하는 점이고, $-\dfrac{1}{2}$에 대응하는 점은 -1과 0에 대응하는 두 점 사이를 이등분하는 점이므로 모든 유리수는 수직선 위의 점에 대응시킬 수 있다.

4 **절댓값**

(1) **절댓값**: 수직선 위에서 원점과 어떤 수에 대응하는 점 사이의 거리   기호 | |

예 $+3$의 절댓값은 $|+3|=3$
   -3의 절댓값은 $|-3|=3$

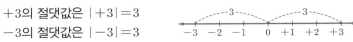

(2) **절댓값의 성질**

① $a>0$일 때, $|a|=|-a|=a$이다.
② 0의 절댓값은 0이다. 즉, $|0|=0$이다.
③ 절댓값은 거리를 나타내므로 항상 0 또는 양수이다.
④ 원점에서 멀리 떨어질수록 절댓값이 커진다.

참고 • 양수, 음수의 절댓값은 그 수에서 그 수의 부호 $+$, $-$를 떼어 낸 수와 같다.
   • 절댓값이 $a\,(a>0)$인 수는 $+a$, $-a$의 2개이다.

5 **수의 대소 관계**

수직선 위에서 수는 오른쪽으로 갈수록 커지고, 왼쪽으로 갈수록 작아진다.

① 양수는 0보다 크고, 음수는 0보다 작다.
  ➡ (음수)$<0<$(양수)

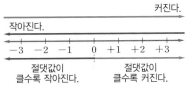

② 양수끼리는 절댓값이 큰 수가 크다. 예 $|+5|>|+3|$ ➡ $+5>+3$
③ 음수끼리는 절댓값이 큰 수가 작다. 예 $|-5|>|-3|$ ➡ $-5<-3$

6 **부등호의 사용**

$a>b$	$a<b$	$a\geq b$	$a\leq b$
• a는 b보다 크다. • a는 b 초과이다.	• a는 b보다 작다. • a는 b 미만이다.	• a는 b보다 크거나 같다. • a는 b보다 작지 않다. • a는 b 이상이다.	• a는 b보다 작거나 같다. • a는 b보다 크지 않다. • a는 b 이하이다.

4 정수와 유리수의 계산

1 수의 덧셈

(1) 수의 덧셈

① 부호가 같은 두 수의 덧셈: 두 수의 절댓값의 합에 공통인 부호를 붙인다.

⑩ $(+2)+(+5)=+(2+5)=+7$, $(-3)+(-1)=-(3+1)=-4$

② 부호가 다른 두 수의 덧셈: 두 수의 절댓값의 차에 절댓값이 큰 수의 부호를 붙인다.

⑩ $(-2)+(+5)=+(5-2)=+3$, $(-3)+(+1)=-(3-1)=-2$

[참고] • 어떤 수와 0의 합은 그 수 자신이다. ➡ $a+0=a$, $0+a=a$

• 절댓값이 같고 부호가 다른 두 수의 합은 0이다. ➡ $(+a)+(-a)=0$

(2) 덧셈의 계산 법칙: 세 수 a, b, c에 대하여

① 덧셈의 교환법칙: $a+b=b+a$

② 덧셈의 결합법칙: $(a+b)+c=a+(b+c)$

[참고] 세 수의 덧셈에서는 $(a+b)+c$, $a+(b+c)$를 모두 $a+b+c$로 나타낼 수 있다.

2 수의 뺄셈

두 수의 뺄셈은 빼는 수의 부호를 바꾸어 덧셈으로 고쳐서 계산한다.

⑩ $(-2)-(-5)=(-2)+(+5)=+(5-2)=+3$

[참고] 어떤 수에서 0을 뺀 값은 그 수 자신이다. ➡ $a-0=a$

[주의] 뺄셈에서는 교환법칙과 결합법칙이 성립하지 않는다.

3 덧셈과 뺄셈의 혼합 계산

(1) 덧셈과 뺄셈의 혼합 계산

❶ 뺄셈은 덧셈으로 고친다.

❷ 덧셈의 계산 법칙을 이용하여 계산한다.

(2) 부호가 생략된 수의 덧셈과 뺄셈의 혼합 계산

❶ 생략된 양의 부호 +를 넣는다.

❷ 뺄셈을 덧셈으로 고친다.

❸ 덧셈의 계산 법칙을 이용하여 계산한다.

$$\begin{aligned} -6+2-3 &= (-6)+(+2)-(+3) \quad \leftarrow ❶ \\ &= (-6)+(+2)+(-3) \quad \leftarrow ❷ \\ &= \{(-6)+(-3)\}+(+2) \leftarrow ❸ \\ &= (-9)+(+2)=-7 \end{aligned}$$

4 수의 곱셈

(1) 수의 곱셈

① 부호가 같은 두 수의 곱셈: 두 수의 절댓값의 곱에 양의 부호 +를 붙인다.

⑩ $(+2)\times(+3)=+(2\times3)=+6$, $(-2)\times(-3)=+(2\times3)=+6$

② 부호가 다른 두 수의 곱셈: 두 수의 절댓값의 곱에 음의 부호 -를 붙인다.

⑩ $(+2)\times(-3)=-(2\times3)=-6$, $(-2)\times(+3)=-(2\times3)=-6$

[참고] 어떤 수와 0의 곱은 항상 0이다. ➡ $a\times0=0$, $0\times a=0$

(2) **곱셈의 계산 법칙**: 세 수 a, b, c에 대하여

① 곱셈의 교환법칙: $a \times b = b \times a$

② 곱셈의 결합법칙: $(a \times b) \times c = a \times (b \times c)$

〔참고〕 세 수의 곱셈에서는 $(a \times b) \times c$, $a \times (b \times c)$를 모두 $a \times b \times c$로 나타낼 수 있다.

(3) **세 수 이상의 곱셈**

❶ 곱의 부호를 정한다. 이때 곱해진 음수가 ┌ 없거나 **짝수** 개이면 ➡ ＋

└ **홀수** 개이면 ➡ －

❷ 각 수의 절댓값의 곱에 ❶에서 결정된 부호를 붙인다.

〔참고〕 $a > 0$일 때, $(-a)^n$의 계산

① n이 짝수 ➡ $(-a)^n = a^n$

② n이 홀수 ➡ $(-a)^n = -a^n$

(4) **분배법칙**: 세 수 a, b, c에 대하여

① $a \times (b+c) = a \times b + a \times c$　　② $(a+b) \times c = a \times c + b \times c$

⑤ 수의 나눗셈

(1) **수의 나눗셈**

① 부호가 같은 두 수의 나눗셈: 두 수의 절댓값의 나눗셈의 몫에 양의 부호 ＋를 붙인다.

〔예〕 $(+6) \div (+2) = +(6 \div 2) = +3$, $(-6) \div (-2) = +(6 \div 2) = +3$

② 부호가 다른 두 수의 나눗셈: 두 수의 절댓값의 나눗셈의 몫에 음의 부호 －를 붙인다.

〔예〕 $(+6) \div (-2) = -(6 \div 2) = -3$, $(-6) \div (+2) = -(6 \div 2) = -3$

〔참고〕 0을 0이 아닌 수로 나누면 그 몫은 항상 0이다. ➡ $0 \div a = 0$ (단, $a \neq 0$)

〔주의〕 나눗셈에서는 교환법칙과 결합법칙이 성립하지 않는다.

(2) **역수를 이용한 수의 나눗셈**

① 역수: 두 수의 곱이 1일 때, 한 수를 다른 수의 역수라 한다.

〔예〕 $-\dfrac{3}{2}$의 역수는 $-\dfrac{2}{3}$이고, 5의 역수는 $\dfrac{1}{5}$이다.

② 유리수의 나눗셈은 나누는 수를 그 수의 역수로 바꾸어 곱셈으로 고쳐서 계산한다.

⑥ 덧셈, 뺄셈, 곱셈, 나눗셈의 혼합 계산

(1) **곱셈과 나눗셈의 혼합 계산**

❶ 거듭제곱이 있으면 거듭제곱을 먼저 계산한다.

❷ 나눗셈을 곱셈으로 고친다.

❸ 부호를 결정하고 각 수의 절댓값의 곱에 결정된 부호를 붙인다.

(2) **덧셈, 뺄셈, 곱셈, 나눗셈의 혼합 계산**

❶ 거듭제곱이 있으면 거듭제곱을 먼저 계산한다.

❷ 괄호가 있으면 괄호 안을 먼저 계산한다.

이때 ( ) ➡ { } ➡ [ ]의 순서로 계산한다.

❸ 곱셈과 나눗셈을 한 후 덧셈과 뺄셈을 한다.

문자의 사용과 식

1 문자를 사용한 식

(1) 문자를 사용한 식

문자를 사용하여 수량이나 수량 사이의 관계를 간단한 식으로 나타낼 수 있다.

(2) 문자를 사용하여 식으로 나타내기

❶ 문제의 뜻을 파악하여 수량 사이의 규칙을 찾는다.

❷ 문자를 사용하여 ❶의 규칙에 맞도록 식으로 나타낸다.

주의 식을 세울 때 단위에 주의하고, 답을 쓸 때 단위를 반드시 쓴다.

2 곱셈 기호와 나눗셈 기호의 생략

(1) 곱셈 기호의 생략

(수)×(문자), (문자)×(문자)에서는 곱셈 기호 ×를 생략하고 다음과 같이 나타낸다.

① (수)×(문자)에서는 수를 문자 앞에 쓴다. 예 $3 \times a = 3a$, $b \times (-5) = -5b$

② $1 \times$(문자), $(-1) \times$(문자)에서 1은 생략한다. 예 $1 \times a = a$, $(-1) \times a = -a$

③ (문자)×(문자)에서 문자는 보통 알파벳 순서로 쓴다. 예 $a \times c \times b = abc$

④ 같은 문자의 곱은 거듭제곱으로 나타낸다. 예 $a \times a \times b \times b = a^2 b^2$

⑤ 괄호가 있을 때는 수를 괄호 앞에 쓴다. 예 $(a+1) \times 2 = 2(a+1)$

주의 $0.1 \times a$는 $0.a$로 쓰지 않고 $0.1a$로 쓴다.

(2) 나눗셈 기호의 생략

나눗셈 기호 ÷를 생략하고 분수 꼴로 나타내거나 나눗셈을 역수의 곱셈으로 바꾸어 곱셈 기호를 생략한다.

예 $a \div 4 = \dfrac{a}{4}$ 또는 $a \div 4 = a \times \dfrac{1}{4} = \dfrac{1}{4}a$

주의 $a \div 1$, $a \div (-1)$은 $\dfrac{a}{1}$, $\dfrac{a}{-1}$로 쓰지 않고 각각 a, $-a$로 쓴다.

3 대입과 식의 값

(1) 대입: 문자를 사용한 식에서 문자에 어떤 수를 바꾸어 넣는 것

(2) 식의 값: 문자를 사용한 식에서 문자에 어떤 수를 대입하여 계산한 결과

(3) 식의 값 구하기

① 문자에 수를 대입할 때는 생략된 곱셈 기호를 다시 쓴다.

② 문자에 음수를 대입할 때는 반드시 괄호를 사용한다.

③ 분모에 분수를 대입할 때는 생략된 나눗셈 기호를 다시 쓴다.

예 ① $x=3$일 때, $-2x+5$의 값 ➡ $-2x+5 = -2 \times 3 + 5 = -1$

② $x=-2$일 때, $2x-1$의 값 ➡ $2x-1 = 2 \times (-2) - 1 = -5$

③ $x=\dfrac{1}{2}$일 때, $\dfrac{3}{x}$의 값 ➡ $\dfrac{3}{x} = 3 \div x = 3 \div \dfrac{1}{2} = 3 \times 2 = 6$

4 **다항식과 일차식**

(1) **항과 계수**

    ① 항: 수 또는 문자의 곱으로 이루어진 식

    ② 상수항: 문자 없이 수만으로 이루어진 항

    ③ 계수: 항에서 문자에 곱해진 수

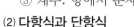

(2) **다항식과 단항식**

    ① 다항식: 한 개 또는 두 개 이상의 항의 합으로 이루어진 식   예 $5x$, $2a+3b$

    ② 단항식: 다항식 중에서 항이 한 개뿐인 식   예 $2x$, $-3y^2$

(3) **차수**

    ① 항의 차수: 어떤 항에서 문자가 곱해진 개수   예 $4x^3$의 차수는 3이다.

    ② 다항식의 차수: 다항식에서 차수가 가장 큰 항의 차수   예 $3x^2+4x$의 차수는 2이다.

(4) **일차식**: 차수가 1인 다항식   예 $x+2$, $\dfrac{1}{2}y+5$

5 **일차식과 수의 곱셈, 나눗셈**

(1) **단항식과 수의 곱셈, 나눗셈**

    ① (수)×(단항식), (단항식)×(수): 수끼리 곱하여 문자 앞에 쓴다.   예 $3x\times2=6x$

    ② (단항식)÷(수): 나누는 수의 역수를 곱한다.   예 $8x\div2=8x\times\dfrac{1}{2}=4x$

(2) **일차식과 수의 곱셈, 나눗셈**

    ① (수)×(일차식), (일차식)×(수): 분배법칙을 이용하여 일차식의 각 항에 수를 곱한다.

        예 $4(3x-5)=4\times3x-4\times5=12x-20$

    ② (일차식)÷(수): 분배법칙을 이용하여 나누는 수의 역수를 일차식의 각 항에 곱한다.

        예 $(15x+9)\div3=(15x+9)\times\dfrac{1}{3}=15x\times\dfrac{1}{3}+9\times\dfrac{1}{3}=5x+3$

6 **일차식의 덧셈과 뺄셈**

(1) **동류항**: 문자가 같고 차수도 같은 항

(2) **동류항의 덧셈과 뺄셈**

    분배법칙을 이용하여 동류항의 계수끼리 더하거나 뺀 후 문자 앞에 쓴다.

    예 $3a+2a=(3+2)a$

(3) **일차식의 덧셈과 뺄셈**

    ❶ 괄호가 있으면 분배법칙을 이용하여 괄호를 푼다.

       이때 괄호는 ( ) → { } → [ ]의 순서로 푼다.

    ❷ 동류항끼리 모아서 계산한다.

    주의 분배법칙을 이용하여 괄호를 풀 때, 괄호 앞에 $\begin{cases} + \Rightarrow \text{괄호 안의 부호 그대로} \\ - \Rightarrow \text{괄호 안의 부호 반대로} \end{cases}$

    예 $3(x+3)-(2x-1)=3x+9-2x+1=(3-2)x+(9+1)=x+10$

수와 연산

1. 소인수분해

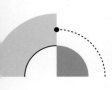
필수 기출

유형 ① 소수와 합성수

1 다음 중 소수가 <u>아닌</u> 것은?

① 3   ② 5   ③ 7
④ 9   ⑤ 11

Best

2 다음 중 소수의 개수를 x, 합성수의 개수를 y라 할 때, $x-y$의 값은?

| 1, 3, 15, 23, 37, 43, 71, 83, 91 |

① 1   ② 2   ③ 3
④ 4   ⑤ 5

3 다음 조건을 모두 만족시키는 자연수를 구하시오.

┌─ 조건 ─
㈎ 25 이상 30 미만의 자연수이다.
㈏ 약수는 2개뿐이다.

Best

4 다음 중 옳은 것을 모두 고르면? (정답 2개)

① 모든 짝수는 소수가 아니다.
② 5의 배수 중에서 소수는 1개뿐이다.
③ 모든 합성수는 소수의 곱으로 나타낼 수 있다.
④ 두 소수의 곱은 홀수이다.
⑤ 소수이면서 합성수인 자연수가 있다.

유형 ② 거듭제곱

Best

5 다음 중 옳은 것은?

① $2^3=6$ ② $2\times2\times2=3^2$
③ $a\times a\times a=3\times a$ ④ $\dfrac{1}{4}\times\dfrac{1}{4}\times\dfrac{1}{4}=\left(\dfrac{1}{4}\right)^2$
⑤ $2\times3\times2\times3\times3=2^2\times3^3$

6 $5\times3\times2\times3\times3\times2\times5=2^a\times b^3\times5^c$일 때, 자연수 a, b, c에 대하여 $a+b+c$의 값을 구하시오.

(단, b는 소수)

7 $2^3 = a$, $3^b = 81$을 만족시키는 자연수 a, b에 대하여 $a+b$의 값은?

① 10   ② 11   ③ 12

④ 13   ⑤ 14

10 504를 소인수분해 하면 $2^a \times 3^b \times c$일 때, 자연수 a, b, c에 대하여 $a+b+c$의 값을 구하시오.

유형 ❹   **소인수 구하기**

11 다음 중 990의 소인수가 <u>아닌</u> 것은?

① 2   ② 3   ③ 5

④ 7   ⑤ 11

유형 ❸   **소인수분해**

8 168을 소인수분해 하면?

① $2 \times 3 \times 7$ ② $2^2 \times 3 \times 7$

③ $2^2 \times 3^2 \times 7$ ④ $2^3 \times 3 \times 7$

⑤ $2^3 \times 3 \times 7^2$

Best

12 84의 모든 소인수의 합은?

① 10   ② 12   ③ 14

④ 16   ⑤ 18

9 다음 중 소인수분해를 바르게 한 것은?

① $12 = 3 \times 4$ ② $30 = 2^3 \times 5$

③ $42 = 6 \times 7$ ④ $60 = 2^2 \times 3 \times 5$

⑤ $98 = 2^2 \times 3 \times 7$

13 다음 중 소인수가 나머지 넷과 <u>다른</u> 하나는?

① 48   ② 72   ③ 96

④ 128   ⑤ 144

유형 **5** 제곱인 수 만들기

Best

14 216에 자연수를 곱하여 어떤 자연수의 제곱이 되도록 할 때, 곱할 수 있는 가장 작은 자연수는?

① 6 ② 5 ③ 4

④ 3 ⑤ 2

15 450에 가능한 한 작은 자연수 a를 곱하여 어떤 자연수 b의 제곱이 되도록 할 때, $a+b$의 값을 구하시오.

16 76에 자연수 x를 곱하여 어떤 자연수의 제곱이 되도록 할 때, x의 값이 될 수 있는 수 중에서 두 번째로 작은 수는?

① 2 ② 4 ③ 19

④ 38 ⑤ 76

17 135를 자연수로 나누어 어떤 자연수의 제곱이 되도록 할 때, 나눌 수 있는 가장 작은 자연수를 구하시오.

유형 **6** 약수 구하기

18 다음 표를 이용하여 18의 약수를 구하려고 한다. ㈎~㈒에 들어갈 것으로 옳지 <u>않은</u> 것은?

×	1	3	㈎
1		㈏	㈐
㈑		㈒	18

① ㈎ 3^2 ② ㈏ 3 ③ ㈐ 6

④ ㈑ 2 ⑤ ㈒ 6

19 다음 중 $2^2 \times 3^3 \times 7$의 약수가 <u>아닌</u> 것은?

① 2^2 ② 3^3 ③ 2×3^2

④ $2^3 \times 7$ ⑤ $2^2 \times 3^3 \times 7$

Best

20 다음 중 270의 약수인 것은?

① 2^5 ② 2×3^4 ③ $2 \times 3^2 \times 5$

④ $2 \times 3^3 \times 5^2$ ⑤ $2^2 \times 3 \times 5$

21 300의 약수 중에서 어떤 자연수의 제곱이 되는 수를 모두 구하시오.

24 $2^3 \times 3^a$의 약수가 16개일 때, 자연수 a의 값은?

① 2   ② 3   ③ 4
④ 5   ⑤ 6

25 $2^4 \times \square$의 약수가 20개일 때, 다음 중 $\square$ 안에 들어갈 수 <u>없는</u> 수는?

① 5^3 ② 5×7 ③ 27
④ 33   ⑤ 81

유형 ⑦ 약수의 개수 구하기

22 56의 약수의 개수는?

① 4   ② 6   ③ 8
④ 9   ⑤ 10

26 280의 약수 중에서 5의 배수의 개수는?

① 6   ② 7   ③ 8
④ 9   ⑤ 10

Best
23 다음 중 약수의 개수가 가장 많은 것은?

① $2^2 \times 3$ ② $2^4 \times 5^2$ ③ $2 \times 3^2 \times 7$
④ 32   ⑤ 100

27 약수가 6개인 자연수 중에서 가장 작은 자연수를 구하시오.

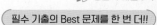

1 다음 중 소수의 개수를 a, 합성수의 개수를 b라 할 때, $b-a$의 값을 구하시오.

> 2, 6, 13, 19, 21, 25, 27, 31, 57

2 다음 보기 중 옳은 것을 모두 고르시오.

> **보기**
> ㄱ. 소수가 아닌 자연수는 모두 합성수이다.
> ㄴ. 1을 제외한 모든 자연수는 약수가 2개 이상이다.
> ㄷ. 4의 배수 중 소수는 없다.
> ㄹ. 가장 작은 합성수는 6이다.

3 다음 중 옳지 <u>않은</u> 것은?

① $3 \times 3 \times 3 \times 3 = 3^4$
② $a \times a \times a \times b \times b = a^3 \times b^2$
③ $3 \times 3 \times 7 \times 7 \times 7 = 3^2 \times 7^3$
④ $2 \times 2 + 7 \times 7 = 2^2 + 7^2$
⑤ $\dfrac{1}{5} \times \dfrac{1}{5} \times \dfrac{1}{5} = \dfrac{3}{5^3}$

4 600을 소인수분해 하면 $2^a \times b \times 5^c$일 때, 자연수 a, b, c에 대하여 $a-b+c$의 값을 구하시오.

5 220의 모든 소인수의 합을 구하시오.

6 $90 \times \boxed{}$ 가 어떤 자연수의 제곱이 되도록 할 때, $\boxed{}$ 안에 알맞은 가장 작은 자연수를 구하시오.

7 다음 중 315의 약수가 <u>아닌</u> 것을 모두 고르면?
(정답 2개)

① 3^3
② $3^2 \times 5$
③ $3^2 \times 7$
④ $3 \times 5 \times 7$
⑤ $3^2 \times 5^2 \times 7$

8 다음 중 약수의 개수가 가장 적은 것은?

① $3 \times 5^2 \times 7^2$
② $2 \times 3 \times 5 \times 11$
③ 108
④ 112
⑤ 243

9 $3^a \times 7^2$의 약수가 15개일 때, 자연수 a의 값을 구하시오.

1-

①

7^{2025}의 일의 자리의 숫자를 구하시오.

• **Key** •

7의 거듭제곱을 차례로 구한 후 일의 자리의 숫자가 규칙적으로 반복됨을 이용한다.

②

3^{31}의 일의 자리의 숫자를 a, 4^{22}의 일의 자리의 숫자를 b라 할 때, $a+b$의 값은?

① 13   ② 14   ③ 15
④ 16   ⑤ 17

2-

①

$1 \times 2 \times 3 \times \cdots \times 19 \times 20$을 소인수분해 했을 때, 소인수 3의 지수를 구하시오.

• **Key** •

$1 \times 2 \times 3 \times \cdots \times 19 \times 20$에서 3이 곱해지는 개수를 세어 본다.

②

$1 \times 2 \times 3 \times \cdots \times 29 \times 30$을 소인수분해 했을 때, 소인수 5의 지수를 구하시오.

3-

①

다음 조건을 모두 만족시키는 자연수를 구하시오.

조건

㈎ 10보다 크고 20보다 작거나 같다.
㈏ 소인수는 2개이고, 두 소인수의 합은 8이다.

• **Key** •

소인수가 2개인 수는 합성수임을 이용한다.

②

다음 조건을 모두 만족시키는 자연수를 구하시오.

조건

㈎ 22보다 크고 32보다 작다.
㈏ 소인수는 2개이고, 두 소인수의 차는 5이다.

4-

①

50보다 작은 자연수 중에서 약수의 개수가 홀수인 자연수를 모두 구하시오.

• **Key** •

약수의 개수가 홀수이려면 소인수분해 했을 때 모든 소인수의 지수가 짝수이어야 함을 이용한다.

②

다음 조건을 모두 만족시키는 자연수의 개수를 구하시오.

조건

㈎ 50 이상 100 이하이다.
㈏ 약수의 개수가 홀수이다.

1 1260을 소인수분해 하면 $2^a \times 3^b \times 5 \times c$일 때, 자연수 a, b, c에 대하여 $a+b+c$의 값을 구하시오. [6점]

2 378의 소인수 중 가장 큰 수를 구하려고 한다. 다음 물음에 답하시오.

⑴ 378을 소인수분해 하시오. [3점]

⑵ 378의 소인수 중 가장 큰 수를 구하시오. [3점]

3 360에 자연수를 곱하여 어떤 자연수의 제곱이 되도록 할 때, 곱할 수 있는 가장 큰 두 자리의 자연수를 구하시오. [8점]

4 120을 가능한 한 작은 자연수 x로 나누어 어떤 자연수 y의 제곱이 되도록 할 때, $x+y$의 값을 구하시오. [8점]

5 소인수분해를 이용하여 196의 약수를 구하려고 한다. 다음 물음에 답하시오.

⑴ 196을 소인수분해 하시오. [2점]

⑵ 소인수분해 한 결과를 이용하여 다음 표를 완성 하시오. [2점]

$\times$		2	2^2

⑶ 196의 약수를 모두 구하시오. [2점]

6 98의 약수의 개수를 a, 약수의 총합을 b라 할 때, $a+b$의 값을 구하시오. [8점]

서술형

9 $54 \times a = 60 \times b = c^2$을 만족시키는 가장 작은 자연수 a, b, c에 대하여 $a+b+c$의 값을 구하시오. [10점]

7 432의 약수의 개수와 $2 \times 3^x \times 5$의 약수의 개수가 같을 때, 자연수 x의 값을 구하시오. [8점]

10 다음 조건을 모두 만족시키는 자연수를 구하시오.
[10점]

조건

㉮ 두 자리의 자연수이다.
㉯ 약수의 개수는 10이다.
㉰ 소인수분해 했을 때, 소인수는 2, 3이다.

8 $\dfrac{84}{n}$가 자연수가 되도록 하는 자연수 n의 개수를 구하시오. [8점]

실전 테스트

☑ 객관식: 총 16문항 각 4점
☑ 서술형: 총 4문항 각 8점, 10점

1 다음 중 소수의 개수는?

> 1, 5, 27, 32, 47, 51, 77, 81

① 1   ② 2   ③ 3

④ 4   ⑤ 5

2 22 미만의 자연수 중 가장 큰 소수를 a, 10보다 큰 자연수 중 가장 작은 합성수를 b라 할 때, $a+b$의 값은?

① 29   ② 31   ③ 33

④ 35   ⑤ 37

3 다음 중 옳은 것은?

① 169는 소수이다.

② 소수는 모두 홀수이다.

③ 약수의 개수가 짝수인 수는 소수이다.

④ 소수도 합성수도 아닌 자연수는 1뿐이다.

⑤ 일의 자리의 숫자가 1인 자연수는 모두 소수이다.

4 어느 전통 시장에서는 굳지 않은 엿을 길게 늘여 접어가면서 실타래처럼 만든 실타래 엿을 판매하고 있다. 엿을 길게 늘여 반으로 접을 때마다 엿의 가닥수가 2배가 될 때, 엿을 12번 접어서 만든 실타래 엿의 가닥수는?

① 2^{10} ② 2^{11} ③ 2^{12}

④ 2^{13} ⑤ 2^{14}

5 다음 중 아래 대화에서 거듭제곱과 소인수분해에 대하여 잘못 설명한 학생을 모두 고른 것은?

> 지수: 5^6의 밑은 5이고 지수는 6이야.
>
> 재민: 7^3은 3을 7번 곱한 수야.
>
> 동혁: $\frac{1}{3} \times \frac{1}{3} \times \frac{1}{3} \times 5 \times 5$를 거듭제곱을 사용하여 나타내면 $\left(\frac{1}{3}\right)^3 \times 5^2$이야.
>
> 주미: 72를 소인수분해 하면 8×9로 나타낼 수 있어.

① 지수, 재민   ② 지수, 주미   ③ 재민, 동혁

④ 재민, 주미   ⑤ 동혁, 주미

6 다음 중 소인수분해를 바르게 한 것은?

① $48 = 3 \times 4^2$ ② $132 = 3 \times 4 \times 11$

③ $256 = 2^5 \times 8$ ④ $280 = 2^3 \times 5 \times 7$

⑤ $1000 = 10^3$

7 200을 소인수분해 하면 $a^c \times b^d$일 때, 자연수 a, b, c, d에 대하여 $b-a+c-d$의 값은? (단, $a<b$)

① 0 　　② 1 　　③ 2
④ 3 　　⑤ 4

8 $54 \times 300 = 2^a \times 3^b \times 5^c$을 만족시키는 자연수 a, b, c에 대하여 $a+b+c$의 값은?

① 9 　　② 10 　　③ 11
④ 12 　　⑤ 13

9 다음 중 2와 3 이외의 수를 소인수로 갖는 것은?

① 96 　　② 108 　　③ 144
④ 162 　　⑤ 198

10 다음 중 196과 소인수가 같은 것은?

① 50 　　② 112 　　③ 121
④ 147 　　⑤ 225

11 63에 자연수 a를 곱하여 어떤 자연수의 제곱이 되도록 할 때, 다음 중 a의 값이 될 수 있는 것은?

① 14 　　② 21 　　③ 28
④ 35 　　⑤ 49

12 504를 자연수로 나누어 어떤 자연수의 제곱이 되도록 할 때, 나눌 수 있는 가장 작은 자연수는?

① 2 　　② 7 　　③ 14
④ 21 　　⑤ 42

13 아래 표를 이용하여 136의 약수를 구하려고 할 때, 다음 중 옳지 <u>않은</u> 것은?

×	1	2	(가)	2^3
1				(라)
(나)		(다)		(마)

① (가)에 알맞은 수는 2^2이다.
② (나)에 알맞은 수는 17이다.
③ (다)에 알맞은 수는 34이다.
④ (라)에 알맞은 수는 어떤 자연수의 제곱인 수이다.
⑤ (마)에 알맞은 수는 136의 가장 큰 약수이다.

14 $2^4 \times 3^5$의 약수 중에서 다섯 번째로 작은 수는?

① 6 　　② 8 　　③ 9
④ 12 　　⑤ 18

15 다음 중 약수의 개수가 가장 많은 것은?

① $2^2 \times 3^3$ ② $3^2 \times 5^2$ ③ $2 \times 3 \times 7$

④ 120 ⑤ 525

16 756의 약수 중에서 7의 배수의 개수는?

① 7 ② 12 ③ 14

④ 21 ⑤ 42

(서술형)

17 상희의 통장 비밀번호는 다음 조건을 모두 만족시키는 네 자리의 자연수일 때, 통장 비밀번호를 구하시오. [8점]

조건

㈎ 맨 앞자리의 숫자는 소수도 아니고 합성수도 아니다.

㈏ 두 번째 자리의 숫자는 10 이하의 자연수 중 가장 큰 소수이다.

㈐ 뒤의 두 자리의 자연수는 30 이상의 자연수 중 가장 작은 소수이다.

18 $156 \times a = b^2$을 만족시키는 가장 작은 자연수 a, b에 대하여 $b - a$의 값을 구하시오. [10점]

19 72의 약수의 개수와 $2^2 \times 3^a$의 약수의 개수가 같을 때, 자연수 a의 값을 구하시오. [8점]

20 자연수 x에 대하여 $N(x)$를 x의 약수의 개수라 할 때, $N(x) = 3$을 만족시키는 150 이하의 자연수 x의 개수를 구하시오. [10점]

수와 연산

2. 최대공약수와 최소공배수

유형 ❶ 최대공약수

Best

1 두 수 $2^3 \times 3 \times 5$, $2^2 \times 3^2 \times 7$의 최대공약수는?

① 2×3 ② $2^2 \times 3$ ③ $2^2 \times 3^2$
④ $2^3 \times 3 \times 5$ ⑤ $2^3 \times 3^2 \times 5 \times 7$

2 세 수 12, 20, 36의 최대공약수는?

① 2 ② 3 ③ 4
④ 6 ⑤ 8

3 세 수 $3^4 \times 5^3$, $2 \times 3^5 \times 5^2$, $3^3 \times 5^4 \times 7$의 최대공약수가 $3^a \times 5^b$일 때, 자연수 a, b에 대하여 $a+b$의 값은?

① 5 ② 6 ③ 7
④ 8 ⑤ 9

유형 ❷ 최대공약수의 성질

4 다음 중 두 수 $2^3 \times 3^4$, $2^4 \times 3^2 \times 7$의 공약수가 <u>아닌</u> 것을 모두 고르면? (정답 2개)

① 2^4 ② 3^2 ③ 2×7
④ $2^2 \times 3$ ⑤ $2^3 \times 3^2$

Best

5 어떤 두 자연수의 최대공약수가 225일 때, 이 두 수의 공약수 중에서 50에 가장 가까운 수를 구하시오.

6 두 자연수 a, b의 최대공약수가 96일 때, a, b의 공약수의 개수는?

① 6 ② 8 ③ 9
④ 12 ⑤ 15

Best

7 세 수 240, $2^2 \times 3^4 \times 5$, $2^3 \times 5^2 \times 7$의 공약수의 개수를 구하시오.

10 15 미만의 자연수 중에서 6과 서로소인 수의 합을 구하시오.

11 다음 중 옳지 <u>않은</u> 것을 모두 고르면? (정답 2개)

① 모든 자연수는 1과 서로소이다.
② 두 자연수의 공약수는 최대공약수의 약수이다.
③ 서로 다른 두 홀수는 항상 서로소이다.
④ 서로소인 두 수의 공약수는 1뿐이다.
⑤ 두 수가 서로소이면 둘 중 하나는 소수이다.

유형 ❸ 서로소

8 다음 중 12와 서로소인 것은?

① 8   ② 18   ③ 21
④ 28   ⑤ 35

유형 ❹ 최소공배수

Best

Best

9 다음 중 두 수가 서로소인 것은?

① 9, 27   ② 10, 23   ③ 15, 18
④ 20, 54   ⑤ 33, 55

12 세 수 $2^3 \times 3$, $2^2 \times 3^3 \times 5$, $2^3 \times 3^2$의 최소공배수는?

① $2^2 \times 3$ ② $2^2 \times 3^3 \times 5$ ③ $2^3 \times 3 \times 5$
④ $2^3 \times 3^3 \times 5$ ⑤ $2^3 \times 3^3 \times 5^2$

13 두 수 28, 70의 최소공배수는?

① $2 \times 5 \times 7^2$ ② $2 \times 5^2 \times 7$ ③ $2^2 \times 5 \times 7$
④ $2^2 \times 5 \times 7^2$ ⑤ $2^2 \times 5^2 \times 7$

14 두 수 $2^2 \times 3 \times 5$, $2^3 \times 5$의 최대공약수와 최소공배수를 구하면?

	최대공약수	최소공배수
①	2×5	$2^3 \times 3 \times 5$
②	$2^2 \times 5$	$2^2 \times 3 \times 5$
③	$2^2 \times 5$	$2^3 \times 3 \times 5$
④	$2^3 \times 5$	$2^3 \times 5$
⑤	$2^3 \times 5$	$2^3 \times 3 \times 5$

15 세 수 $2^2 \times 3$, $2^3 \times 3 \times 7$, $2^4 \times 3^2$의 최소공배수가 $2^a \times 3^b \times c$일 때, 자연수 a, b, c에 대하여 $a-b+c$의 값을 구하시오. (단, c는 소수)

유형 ⑤ 최소공배수의 성질

16 어떤 세 자연수의 최소공배수가 $2^3 \times 3^2$일 때, 다음 중이 세 수의 공배수가 아닌 것은?

① $2^3 \times 3^3$ ② $2^4 \times 3^2$ ③ $2^2 \times 3^2 \times 5$
④ $2^3 \times 3^2 \times 7$ ⑤ $2^4 \times 3^3 \times 5$

17 다음 중 세 수 $2^2 \times 5^2$, $2 \times 3 \times 5$, 3×5^2의 공배수가 아닌 것은?

① $2^2 \times 3 \times 5^2 \times 7$ ② $2^2 \times 3^2 \times 5 \times 7$
③ $2^2 \times 3^2 \times 5^2 \times 7$ ④ $2^3 \times 3^2 \times 5^2 \times 11$
⑤ $2^3 \times 3^3 \times 5^2 \times 11$

Best

18 두 자연수 A, B의 최소공배수가 32일 때, A, B의 공배수 중에서 300 이하의 세 자리의 자연수의 개수를 구하시오.

유형 ⑥ 최소공배수가 주어질 때, 공통인 인수 구하기

Best

19 세 자연수 $6 \times x$, $9 \times x$, $12 \times x$의 최소공배수가 144일 때, 자연수 x의 값을 구하시오.

20 세 자연수 $4 \times x$, $8 \times x$, $10 \times x$의 최소공배수가 280일 때, 세 수의 최대공약수는? (단, x는 자연수)

① 3   ② 7   ③ 14
④ 21   ⑤ 28

21 두 자연수의 비가 3 : 5이고 최소공배수가 135일 때, 두 자연수의 합은?

① 63   ② 72   ③ 81
④ 90   ⑤ 99

유형 ⑦ 최대공약수 또는 최소공배수가 주어질 때, 밑 또는 지수 구하기

22 두 수 $3 \times 5^a \times 11$, $3^b \times 5^2 \times 7^c$의 최소공배수가 $3^2 \times 5^3 \times 7^2 \times 11$일 때, 두 수의 최대공약수를 구하시오. (단, a, b, c는 자연수)

Best

23 두 수 $2^a \times 3 \times 5^3$, $2^3 \times 5^b \times c$의 최대공약수가 $2^3 \times 5^2$, 최소공배수가 $2^5 \times 3 \times 5^3 \times 7$일 때, 자연수 a, b, c에 대하여 $a \times b \times c$의 값은? (단, c는 소수)

① 35   ② 42   ③ 50
④ 64   ⑤ 70

24 두 수 $2^a \times 3^4 \times 5^2$, $2^2 \times 5^b \times 7$의 최대공약수가 20, 최소공배수가 $2^3 \times 3^4 \times 5^c \times 7$일 때, 자연수 a, b, c에 대하여 $a+b+c$의 값은?

① 2   ② 3   ③ 4
④ 5   ⑤ 6

Best

25 두 자연수 45, N의 최대공약수가 15일 때, N의 값이 될 수 있는 가장 작은 세 자리의 자연수를 구하시오.

26 세 자연수 9, 25, A의 최소공배수가 1350일 때, A의 값이 될 수 있는 자연수의 개수는?

① 2   ② 3   ③ 4
④ 5   ⑤ 6

27 두 자연수 $3^3 \times \square$, $3^2 \times 5 \times 7$의 최대공약수가 63일 때, 다음 중 $\square$ 안에 들어갈 수 <u>없는</u> 것은?

① 7   ② 21   ③ 35
④ 49   ⑤ 63

28 두 자연수의 곱이 720이고 최소공배수가 120일 때, 이 두 자연수의 최대공약수를 구하시오.

Best

29 두 자연수 98, A의 최대공약수가 14이고 최소공배수가 490일 때, A의 값은?

① 28   ② 60   ③ 70
④ 84   ⑤ 140

30 두 자연수 $2^5 \times 3^2 \times 7$, N의 최대공약수가 $2^3 \times 3^2$이고 최소공배수가 $2^5 \times 3^2 \times 7 \times 11$일 때, N의 값은?

① $2^2 \times 3^2 \times 7$ ② $2^2 \times 3^2 \times 11$
③ $2^3 \times 3^2 \times 7$ ④ $2^3 \times 3^2 \times 11$
⑤ $2^3 \times 3 \times 11^2$

유형 ⑩ **어떤 자연수로 나누거나 어떤 자연수를 나누는 경우**

31 어떤 자연수로 30을 나누면 나누어떨어지고, 44를 나누면 2가 남는다. 이와 같은 자연수 중에서 가장 큰 수는?

① 6   ② 8   ③ 10
④ 12   ⑤ 15

Best
32 어떤 자연수로 28을 나누면 4가 남고, 57을 나누면 3이 부족하다고 한다. 이와 같은 자연수 중에서 가장 큰 수를 구하시오.

Best
33 3, 5, 9의 어느 수로 나누어도 1이 남는 세 자리의 자연수 중에서 가장 작은 수는?

① 106   ② 111   ③ 116
④ 121   ⑤ 136

34 3으로 나누면 1이 남고, 4로 나누면 2가 남고, 6으로 나누면 4가 남는 자연수 중에서 가장 작은 수는?

① 10   ② 12   ③ 14
④ 16   ⑤ 18

유형 ⑪ **두 분수를 자연수로 만들기**

Best
35 두 분수 $\dfrac{24}{n}$, $\dfrac{40}{n}$이 자연수가 되도록 하는 자연수 n의 개수는?

① 3   ② 4   ③ 5
④ 6   ⑤ 8

36 두 분수 $\dfrac{1}{24}$, $\dfrac{1}{36}$의 어느 것에 곱해도 그 결과가 자연수가 되도록 하는 가장 작은 자연수는?

① 48   ② 72   ③ 96
④ 120   ⑤ 144

37 두 분수 $\dfrac{27}{5}$, $\dfrac{12}{11}$의 어느 것에 곱해도 그 결과가 자연수가 되도록 하는 가장 작은 기약분수를 구하시오.

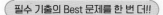
1 세 수 $2^2 \times 3^4 \times 5^3$, $3^2 \times 5^3$, $3^5 \times 5^2 \times 7$의 최대공약수는?

① $3^2 \times 5^2$ ② $3^2 \times 5^3$ ③ $2^2 \times 3^2 \times 5$
④ $3^2 \times 5^2 \times 7$ ⑤ $3^3 \times 5^2 \times 7$

2 두 자연수 A, B의 최대공약수가 72일 때, 다음 중 A, B의 공약수가 <u>아닌</u> 것은?

① 1   ② 8   ③ 12
④ 16   ⑤ 36

3 세 수 112, $2^3 \times 3 \times 7$, 280의 공약수의 개수를 구하시오.

4 다음 중 두 수가 서로소가 <u>아닌</u> 것을 모두 고르면?
(정답 2개)

① 4, 19   ② 6, 51   ③ 11, 121
④ 12, 25   ⑤ 14, 31

5 세 수 $2^3 \times 3^4$, $2 \times 3 \times 5^3$, $2^2 \times 3 \times 7$의 최소공배수는?

① $2^2 \times 3$ ② $2^2 \times 3^4$
③ $2 \times 3 \times 5 \times 7$ ④ $2^3 \times 3^4 \times 5^3 \times 7$
⑤ $2^6 \times 3^6 \times 5^3 \times 7$

6 두 자연수 A, B의 최소공배수가 560일 때, 다음 중 A, B의 공배수인 것을 모두 고르면? (정답 2개)

① $2^2 \times 3 \times 5$ ② $2^3 \times 5^2 \times 7$
③ $2^4 \times 5^2 \times 11$ ④ $2^5 \times 5 \times 7^2$
⑤ $2^4 \times 3^2 \times 5 \times 7$

7 세 자연수 $3 \times a$, $10 \times a$, $25 \times a$의 최소공배수가 $2 \times 3 \times 5^2 \times 7$일 때, 자연수 a의 값은?

① 3 ② 4 ③ 5
④ 6 ⑤ 7

8 두 수 $2 \times 3^a \times 5$, $2^b \times 3^2 \times c$의 최대공약수가 18, 최소공배수가 1260일 때, 자연수 a, b, c에 대하여 $a+b+c$의 값을 구하시오. (단, c는 소수)

9 두 자연수 270, A의 최대공약수가 30일 때, 다음 중 A의 값이 될 수 <u>없는</u> 것은?

① 120 ② 150 ③ 180
④ 210 ⑤ 240

10 두 자연수 54, N의 최대공약수가 18이고 최소공배수가 378일 때, 두 자연수 N, 70의 최대공약수를 구하시오.

11 어떤 자연수로 50을 나누면 5가 남고, 72를 나누면 3이 부족하다고 한다. 이와 같은 자연수 중에서 가장 큰 수를 구하시오.

12 10, 12, 20의 어느 수로 나누어도 2가 남는 세 자리의 자연수 중에서 200에 가장 가까운 수를 구하시오.

13 다음 중 두 분수 $\dfrac{72}{n}$, $\dfrac{108}{n}$이 자연수가 되도록 하는 자연수 n의 값이 <u>아닌</u> 것은?

① 4 ② 6 ③ 8
④ 9 ⑤ 12

100점 완성

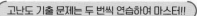
고난도 기출 문제는 두 번씩 연습하여 마스터!!

1-

❶ 두 자연수 A, B의 공약수의 개수를 $A \odot B$라 할 때, 다음 중 $(18 \odot 30) \odot N = 1$을 만족시키는 자연수 N의 값이 될 수 있는 것은?

① 20　　　② 26　　　③ 32

④ 35　　　⑤ 38

Key

공약수가 1개뿐인 두 자연수는 서로소임을 이용한다.

❷ 두 자연수 x, y의 공약수의 개수를 $\langle x, y \rangle$라 할 때, 다음 중 $\langle k, \langle 48, 32 \rangle \rangle = 1$을 만족시키는 자연수 k의 값이 될 수 <u>없는</u> 것은?

① 6　　　② 8　　　③ 10

④ 12　　　⑤ 14

2-

❶ 세 자연수 $2^a \times 3^b \times 5^c$, 288, $2^3 \times 3^2 \times 5$의 최소공배수가 $2^5 \times 3^3 \times 5^2$이고 공약수가 9개일 때, 자연수 a, b, c에 대하여 $a+b+c$의 값은?

① 5　　　② 6　　　③ 7

④ 8　　　⑤ 9

Key

주어진 최소공배수를 이용하여 최대공약수가 될 수 있는 경우를 생각한 후 공약수의 개수는 최대공약수의 약수의 개수와 같음을 이용한다.

❷ 세 자연수 175, $2^a \times 5^b \times 7$, $2 \times 5^2 \times 7^c$이 다음 조건을 모두 만족시킬 때, $a-b+c$의 값은?

(단, a, b, c는 자연수)

조건

㈎ 공약수가 6개이다.

㈏ 최소공배수가 $2^2 \times 5^2 \times 7^4$이다.

① 4　　　② 6　　　③ 8

④ 10　　　⑤ 12

3 - ❶

다음 조건을 모두 만족시키는 두 자연수 A, B에 대하여 $A-B$의 값을 구하시오.

> **조건**
>
> (가) 두 자연수 42, N의 최대공약수가 7일 때, N의 값이 될 수 있는 가장 작은 세 자리의 자연수는 A이다.
>
> (나) 두 자연수 36, M의 최소공배수가 144일 때, M의 값이 될 수 있는 가장 큰 두 자리의 자연수는 B이다.

> **Key**
>
> (1) 두 자연수 P, Q의 최대공약수 G가 주어질 때
> ➡ $P=G \times p$, $Q=G \times q$(p, q는 서로소)로 나타낸다.
> (2) 어떤 수 M을 포함한 두 자연수와 최소공배수가 주어질 때
> ➡ ① 소인수의 지수를 비교하여 M이 반드시 가져야 할 인수를 찾는다.
> ② M이 최소공배수의 약수임을 이용한다.

❷

세 자연수 80, 160, a의 최대공약수가 8일 때, a의 값이 될 수 있는 가장 큰 두 자리의 자연수를 x라 하고, 세 자연수 18, 90, b의 최소공배수가 180일 때, b의 값이 될 수 있는 가장 작은 두 자리의 자연수를 y라 하자. 이때 $x+y$의 값은?

① 84   ② 88   ③ 92
④ 96   ⑤ 100

4 - ❶

두 자연수 A, B의 최대공약수가 8이고 최소공배수가 48이다. $B-A=8$일 때, $A+B$의 값을 구하시오.

> **Key**
>
> 두 자연수 A, B의 최대공약수가 G이고 최소공배수가 L이면 $A=a \times G$, $B=b \times G$(a, b는 서로소)라 하고 $L=a \times b \times G$임을 이용한다.

❷

두 자리의 자연수 A, B의 최대공약수가 7이고 최소공배수가 105일 때, $B-A$의 값을 구하시오.
(단, $A<B$)

5 - ❶

세 자연수 24, 36, N의 최대공약수가 12이고 최소공배수가 360일 때, N의 값이 될 수 있는 자연수를 모두 구하시오.

> **Key**
>
> 세 수의 최대공약수와 최소공배수를 이용하여 N이 어떤 수의 배수이고 어떤 수의 약수인지를 파악한다.

❷

세 자연수 A, 24, 56의 최대공약수가 8이고 최소공배수가 336일 때, 다음 중 A의 값이 될 수 없는 것은?

① 16   ② 48   ③ 80
④ 112   ⑤ 336

1 세 수 12, 18, 60의 최대공약수와 최소공배수를 각각 구하시오. [6점]

2 세 수 $A=300$, $B=2\times3^2\times5$, $C=2^3\times5\times7$에 대하여 두 수 A, B의 공약수의 개수를 x, 두 수 A, C의 공약수의 개수를 y라 할 때, $x+y$의 값을 구하시오. [8점]

3 30 이하의 자연수 중에서 55와 서로소인 수의 개수를 구하시오. [6점]

4 자연수 a에 대하여 세 수 $2\times a$, $3\times a$, $5\times a$의 최소공배수가 420일 때, 이 세 자연수를 구하려고 한다. 다음 물음에 답하시오.

(1) 자연수 a의 값을 구하시오. [4점]

(2) 세 자연수를 구하시오. [4점]

5 두 자연수 N, 63의 최소공배수가 $3^3\times5\times7$일 때, N의 값이 될 수 있는 가장 작은 자연수를 구하시오. [8점]

6 두 자연수 A, B의 최대공약수가 10, 최소공배수가 50일 때, $A-B$의 값을 구하시오. (단, $A > B$) [8점]

7 어떤 자연수 a로 45를 나누면 3이 남고, 69를 나누면 6이 남고, 110을 나누면 5가 남는다고 한다. 이와 같은 자연수 a의 값을 모두 구하려고 할 때, 다음 물음에 답하시오.

(1) a로 나누었을 때, 나누어떨어지는 세 수를 구하시오. [4점]

(2) 자연수 a의 값을 모두 구하시오. [4점]

8 세 분수 $1\frac{2}{5}$, $\frac{56}{9}$, $\frac{35}{12}$의 어느 것에 곱해도 그 결과가 자연수가 되도록 하는 가장 작은 기약분수를 $\frac{a}{b}$라 할 때, $a-b$의 값을 구하시오. [8점]

서술형

9 다음 조건을 모두 만족시키는 80보다 작은 두 자연수 A, B의 값을 구하시오. [10점]

> **조건**
> ㈎ A의 소인수는 2개, B의 소인수는 3개이다.
> ㈏ A의 약수는 6개이다.
> ㈐ A, B의 최대공약수는 2×3이다.
> ㈑ A, B의 최소공배수는 $2^2 \times 3^2 \times 5$이다.

10 두 자리의 자연수 A, B의 최대공약수가 6이고 $A \times B = 432$일 때, $B-A$의 값을 구하시오.
(단, $A < B$) [10점]

1 세 수 1080, $2^4 \times 3^2 \times 5^2$, $2^3 \times 3^2 \times 5^4$의 최대공약수가 $2^a \times 3^b \times 5^c$일 때, 자연수 a, b, c에 대하여 $a+b+c$의 값은?

① 5　　　　② 6　　　　③ 7

④ 8　　　　⑤ 9

2 다음 중 두 수 45, 315의 공약수가 <u>아닌</u> 것은?

① 3　　　　② 3^2　　　　③ 3×5

④ 3×5^2　　　　⑤ $3^2 \times 5$

3 두 수 A, B의 최대공약수가 $2^2 \times 5^3 \times 11$일 때, A, B의 공약수 중 20 이하인 수의 개수는?

① 4　　　　② 5　　　　③ 6

④ 7　　　　⑤ 8

4 다음 보기 중 $2^2 \times 3 \times 7$과 서로소인 것을 모두 고른 것은?

> **보기**
>
> ㄱ. 15　　　ㄴ. 65　　　ㄷ. 11^2
> ㄹ. 3×13　　ㅁ. 5×17　　ㅂ. $5^3 \times 7^2$

① ㄱ, ㄴ, ㄷ　　② ㄱ, ㄹ, ㅁ　　③ ㄴ, ㄷ, ㅁ

④ ㄴ, ㅁ, ㅂ　　⑤ ㄷ, ㄹ, ㅂ

5 다음 중 1보다 크고 10보다 작은 어떤 자연수와도 항상 서로소인 것을 모두 고르면? (정답 2개)

① 61　　　　② 87　　　　③ 95

④ 117　　　　⑤ 143

6 세 수 $2^3 \times 3^2 \times 5$, $2^2 \times 3^4 \times 7$, $2 \times 3^3 \times 5^2$의 최대공약수와 최소공배수를 구하면?

	최대공약수	최소공배수
①	2×3	$2 \times 3 \times 5 \times 7$
②	2×3^2	$2^3 \times 3^3 \times 5 \times 7$
③	2×3^2	$2^3 \times 3^4 \times 5^2 \times 7$
④	$2 \times 3^2 \times 5$	$2^3 \times 3^3 \times 5 \times 7$
⑤	$2 \times 3^2 \times 5$	$2^3 \times 3^4 \times 5^3 \times 7$

7 두 자연수 a, b의 최소공배수가 8일 때, 다음 수 중에서 a, b의 공배수의 개수는?

> 12,　16,　20,　34,　72,　104,　126,　136

① 1　　　　② 2　　　　③ 3

④ 4　　　　⑤ 5

8 두 수 70, $5^2 \times 7$의 공배수 중 가장 큰 세 자리의 자연수는?

① 350   ② 420   ③ 500
④ 630   ⑤ 700

9 세 자연수 $5 \times x$, $8 \times x$, $12 \times x$의 최소공배수가 360일 때, 세 수 중 가장 큰 수는? (단, x는 자연수)

① 12   ② 24   ③ 36
④ 48   ⑤ 60

10 두 수 $2^2 \times 3^a \times 7^4$, $3^3 \times 5 \times 7^b$의 최대공약수가 $3^2 \times 7^3$일 때, 두 수의 최소공배수는?

(단, a, b는 자연수)

① $2^2 \times 3^3 \times 7^4$ ② $3^3 \times 5 \times 7^4$
③ $2 \times 3^3 \times 5 \times 7^2$ ④ $2^2 \times 3^2 \times 5 \times 7^2$
⑤ $2^2 \times 3^3 \times 5 \times 7^4$

11 두 수 $2^a \times b$, $2^3 \times 3^c \times 5$의 최대공약수는 40이고, 최소공배수는 720일 때, 자연수 a, b, c에 대하여 $a+b+c$의 값은? (단, b는 소수)

① 5   ② 7   ③ 9
④ 11   ⑤ 13

12 두 자연수 $3^3 \times 5 \times 7$, $\square \times 7 \times 11$의 최소공배수가 $3^3 \times 5 \times 7 \times 11$일 때, 다음 중 $\square$ 안에 들어갈 수 <u>없는</u> 것을 모두 고르면? (정답 2개)

① 3   ② 6   ③ 9
④ 12   ⑤ 15

13 두 자연수 24, a의 최대공약수가 4일 때, 50 미만의 자연수 중에서 a의 값이 될 수 있는 수의 개수는?

① 4   ② 5   ③ 6
④ 7   ⑤ 8

14 두 자연수의 곱이 243이고 최대공약수가 9일 때, 이 두 자연수의 최소공배수는?

① 9   ② 18   ③ 27
④ 36   ⑤ 45

15 두 자연수 A, B의 최대공약수가 5이고 최소공배수가 105일 때, A의 값이 될 수 있는 모든 자연수의 합은? (단, $A < B$)

① 20   ② 40   ③ 50
④ 80   ⑤ 110

16 세 자연수 12, 60, A의 최대공약수가 12이고 최소공배수가 180일 때, A의 값이 될 수 있는 모든 자연수의 합은?

① 204　　② 216　　③ 228
④ 240　　⑤ 252

17 두 수 223, 168을 어떤 자연수 A로 나누면 모두 3이 남는다고 할 때, A의 값이 될 수 있는 가장 큰 수는?

① 11　　② 22　　③ 33
④ 44　　⑤ 55

18 자연수 N에 세 분수 $\frac{1}{16}$, $\frac{1}{24}$, $\frac{1}{32}$ 중 어느 것을 택하여 곱해도 자연수가 될 때, 300 이하의 자연수 중에서 N의 값이 될 수 있는 수의 개수는?

① 1　　② 2　　③ 3
④ 4　　⑤ 5

서술형

19 세 자연수 a, b, c가 있다. a와 b의 최대공약수는 18이고 b와 c의 최대공약수는 24일 때, a, b, c의 최대공약수를 구하시오. [8점]

20 세 자연수의 비가 4 : 5 : 6이고 최소공배수가 480일 때, 세 자연수의 합을 구하시오. [6점]

21 다음 조건을 모두 만족시키는 가장 큰 자연수를 구하시오. [8점]

조건
㈎ 20과 75로 모두 나누어떨어진다.
㈏ 세 자리의 자연수이다.

22 두 분수 $\frac{x}{27}$, $\frac{x}{36}$가 자연수가 되도록 하는 자연수 x의 값 중에서 가장 작은 수를 X, 두 분수 $\frac{28}{y}$, $\frac{42}{y}$가 자연수가 되도록 하는 자연수 y의 값 중에서 가장 큰 수를 Y라 할 때, $X+Y$의 값을 구하시오. [6점]

수와 연산

3. 정수와 유리수

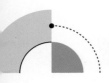

유형 ❶ 양수와 음수

Best

1 다음 중 양의 부호 + 또는 음의 부호 −를 사용하여 나타낸 것으로 옳지 <u>않은</u> 것은?

① 수입 5000원 ➡ +5000원
② 해저 200 m ➡ −200 m
③ 지상 8층 ➡ +8층
④ 출발 3시간 전 ➡ +3시간
⑤ 7 kg 감소 ➡ −7 kg

2 다음은 현우의 일기이다. 밑줄 친 부분을 양의 부호 + 또는 음의 부호 −를 사용하여 나타낸 것으로 옳은 것은?

> 요즘 평균 기온이 ① 영상 20 ℃로 따뜻해서 ② 7일 후 형원이와 함께 나들이를 가기로 했다. ③ 3일 전에는 형원이의 생일이었기 때문에 선물을 사기 위해 문구점에 갔다. 선물 금액의 ④ 10 %를 할인받아 ⑤ 총 7000원을 지출하였다. 형원이가 선물을 받고 기뻐했으면 좋겠다.

① −20 ℃   ② −7일   ③ +3일
④ −10 %   ⑤ +7000원

3 다음 중 밑줄 친 부분을 양의 부호 + 또는 음의 부호 −를 사용하여 나타낼 때, 부호가 나머지 넷과 <u>다른</u> 하나는?

① 쌀 생산량이 <u>5 t 감소</u>하였다.
② 승주는 공책을 사느라 <u>500원을 지출</u>하였다.
③ 에베레스트 산의 높이는 <u>해발 8848 m</u>이다.
④ 오늘 최저 기온은 <u>영하 8 ℃</u>이다.
⑤ 성적이 <u>10점 떨어졌다.</u>

유형 ❷ 정수와 유리수

4 다음 수 중에서 정수의 개수를 구하시오.

$$4, \quad -2.3, \quad 1.5, \quad 0, \quad -\frac{3}{2}, \quad \frac{4}{2}$$

5 다음 중 양수가 아닌 정수를 모두 고르면?

(정답 2개)

① $\dfrac{7}{2}$ ② 1   ③ 0
④ $-\dfrac{3}{4}$ ⑤ −3

6 다음과 같이 유리수를 분류할 때, ㉠에 들어갈 수 있는 수로 알맞은 것을 모두 고르면? (정답 2개)

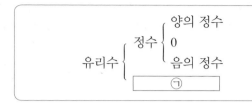

① $-\dfrac{8}{4}$ ② $-\dfrac{5}{2}$ ③ 0

④ $\dfrac{21}{7}$ ⑤ 3.14

Best

7 다음 수 중에서 양의 정수의 개수를 a, 정수가 아닌 유리수의 개수를 b라 할 때, $a+b$의 값을 구하시오.

$$+\dfrac{18}{6}, \ 0, \ -\dfrac{3}{4}, \ -8, \ \dfrac{1}{2}, \ -1, \ 105, \ \dfrac{3}{5}$$

8 다음 중 세 학생이 말하는 내용을 모두 만족시키는 수는?

> 민혁: "이 수는 유리수야."
> 기현: "그리고 양수이기도 해."
> 창균: "그런데 정수는 아니야."

① -7 ② $-\dfrac{14}{5}$ ③ 0

④ $\dfrac{3}{11}$ ⑤ $\dfrac{22}{11}$

Best

9 다음 중 주어진 수에 대한 설명으로 옳은 것은?

$$-4.2, \ -\dfrac{5}{3}, \ 0, \ \dfrac{10}{7}, \ -\dfrac{28}{4}, \ +3$$

① 정수는 2개이다.
② 양수는 1개이다.
③ 유리수는 3개이다.
④ 자연수는 1개이다.
⑤ 음의 정수는 3개이다.

Best

10 다음 중 옳은 것은?

① 가장 작은 정수는 0이다.
② 유리수는 모두 정수이다.
③ 0과 1 사이에는 유리수가 없다.
④ 양의 정수가 아닌 정수는 음의 정수이다.
⑤ 유리수는 $\dfrac{(정수)}{(0이\ 아닌\ 정수)}$ 꼴로 나타낼 수 있다.

유형 ③ **수를 수직선 위에 나타내기**

Best

11 다음 중 아래 수직선 위의 5개의 점 A, B, C, D, E에 대응하는 수로 옳지 <u>않은</u> 것은?

① A: -4 ② B: $-\dfrac{9}{4}$ ③ C: $-\dfrac{5}{4}$

④ D: $+\dfrac{5}{3}$ ⑤ E: $+3.5$

I-3
정수와 유리수

12 다음 수를 수직선 위에 나타내었을 때, 가장 왼쪽에 있는 수는?

① $-\dfrac{3}{5}$　　② 0　　③ $\dfrac{17}{5}$

④ 4.5　　⑤ -1.6

15 수직선 위에서 두 수 a, b에 대응하는 두 점 사이의 거리가 8이고 이 두 점의 한가운데에 있는 점에 대응하는 수가 -2일 때, a, b의 값을 각각 구하시오.

(단, $a<0$)

 절댓값

13 수직선 위에서 $-\dfrac{3}{4}$에 가장 가까운 정수를 a, $\dfrac{7}{3}$에 가장 가까운 정수를 b라 할 때, a, b의 값을 각각 구하시오.

16 $-\dfrac{7}{2}$의 절댓값을 a, 절댓값이 3인 음수를 b, 절댓값이 $\dfrac{5}{2}$인 양수를 c라 할 때, a, b, c의 값을 각각 구하시오.

14 수직선 위에서 -6에 대응하는 점을 P, 4에 대응하는 점을 Q라 하고 두 점 P, Q에서 같은 거리에 있는 점을 R라 할 때, 점 R에 대응하는 수는?

① -2　　② -1　　③ 0

④ 1　　⑤ 2

Best

17 다음 중 옳지 <u>않은</u> 것을 모두 고르면? (정답 2개)

① 절댓값은 수직선 위에서 두 점 사이의 거리이다.

② 절댓값이 가장 작은 수는 0이다.

③ $a>0$이면 절댓값이 a인 수는 항상 2개이다.

④ $|a|=a$이면 a는 양수이다.

⑤ 수의 절댓값이 작을수록 수직선 위에서 그 수에 대응하는 점은 원점에서 가깝다.

18 다음 조건을 모두 만족시키는 두 수를 구하시오.

> 조건
> (가) 두 수의 절댓값이 같다.
> (나) 수직선 위에서 두 수에 대응하는 두 점 사이의 거리가 18이다.

유형 ⑤ 절댓값의 대소 관계

19 다음 수를 절댓값이 큰 수부터 차례로 나열하시오.

$$-3.9, \quad \frac{3}{2}, \quad 0, \quad -\frac{9}{5}, \quad 1$$

20 다음 수를 수직선 위에 나타내었을 때, 원점에서 두 번째로 가까운 수는?

① 2.5   ② $\frac{4}{3}$ ③ $-\frac{1}{2}$

④ $\frac{8}{5}$ ⑤ -3

21 다음 중 수직선 위의 5개의 점 A, B, C, D, E에 대응하는 수에 대한 설명으로 옳은 것은?

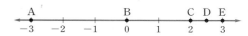

① 양수는 2개이다.
② 점 A에 대응하는 수의 절댓값이 가장 작다.
③ 점 D에 대응하는 수보다 절댓값이 작은 양의 정수는 5개이다.
④ 두 점 B, E에 대응하는 수 사이에는 3개의 정수가 있다.
⑤ 점 C에 대응하는 수의 절댓값은 점 A에 대응하는 수의 절댓값보다 작다.

22 절댓값이 $\frac{19}{4}$ 보다 작은 정수의 개수는?

① 7   ② 8   ③ 9
④ 10   ⑤ 11

23 절댓값이 3 이상 6 미만인 정수를 모두 구하시오.

필수기출

 유형 ⑥ 수의 대소 관계

Best

24 다음 중 두 수의 대소 관계가 옳은 것은?

① $3 < -5$　　　② $\dfrac{5}{8} < \dfrac{1}{2}$

③ $-\dfrac{1}{3} < -0.3$　　④ $0 < -\dfrac{6}{7}$

⑤ $|-10| < |+8|$

25 다음 중 □ 안에 알맞은 부등호의 방향이 나머지 넷과 <u>다른</u> 하나는?

① $-2 \ \square\ +1$　　② $-6 \ \square\ -4$

③ $0 \ \square\ |-3|$　　④ $0.2 \ \square\ \dfrac{2}{5}$

⑤ $\left|-\dfrac{1}{2}\right| \ \square\ \dfrac{1}{3}$

26 다음 수를 작은 수부터 차례로 나열할 때, 네 번째에 오는 수를 구하시오.

$$-5, \quad +\dfrac{5}{3}, \quad |-3.5|, \quad 0, \quad -2, \quad -\dfrac{3}{2}$$

Best

27 다음 중 주어진 수에 대한 설명으로 옳은 것은?

$$\dfrac{13}{2}, \quad -1.2, \quad -\dfrac{1}{5}, \quad 0, \quad \dfrac{16}{4}, \quad -\dfrac{3}{2}, \quad +5$$

① 가장 작은 수는 0이다.
② 가장 큰 수는 $+5$이다.
③ 절댓값이 가장 작은 수는 $-\dfrac{1}{5}$이다.
④ 절댓값이 가장 큰 수는 $\dfrac{13}{2}$이다.
⑤ 절댓값이 4 이하인 정수는 3개이다.

28 다음 조건을 모두 만족시키는 네 수 a, b, c, d를 작은 수부터 차례로 나열한 것은?

> ── 조건 ──
> (가) a는 -2보다 크고 1보다 작은 음의 정수이다.
> (나) b를 절댓값으로 갖는 수는 한 개뿐이다.
> (다) c는 $\dfrac{5}{3}$에 가장 가까운 정수이다.
> (라) d는 $-\dfrac{17}{4}$에 가장 가까운 정수의 절댓값이다.

① a, b, c, d　　　② a, b, d, c
③ b, a, c, d　　　④ b, c, a, d
⑤ d, b, a, c

유형 ⑦ **부등호를 사용하여 나타내기**

29 'x는 -4보다 작지 않고 6 미만이다.'를 부등호를
사용하여 나타내면?

① $-4 \le x < 6$ ② $-4 < x < 6$

③ $-4 \le x \le 6$ ④ $-4 < x \le 6$

⑤ $4 \le x < 6$

Best

30 다음 중 부등호를 사용하여 나타낸 것으로 옳은 것
은?

① a는 10 초과이다. ➡ $a < 10$

② x는 -7 이상이다. ➡ $x > -7$

③ b는 -2보다 크지 않다. ➡ $b \le -2$

④ y는 1보다 크고 5 이하이다. ➡ $1 \le y < 5$

⑤ c는 -1 이상이고 3 미만이다. ➡ $-1 \le c \le 3$

유형 ⑧ **주어진 범위에 속하는 수**

Best

31 $-\dfrac{7}{2} \le x < 2$를 만족시키는 정수 x의 개수는?

① 3   ② 4   ③ 5

④ 6   ⑤ 7

32 두 수 $-\dfrac{9}{2}$와 $\dfrac{8}{3}$ 사이에 있는 정수 중에서 절댓값이
가장 큰 수를 구하시오.

33 두 유리수 $-\dfrac{5}{2}$와 $\dfrac{2}{3}$ 사이에 있는 정수가 아닌 유리
수 중에서 분모가 6인 기약분수의 개수는?

① 4   ② 5   ③ 6

④ 7   ⑤ 8

34 다음 조건을 모두 만족시키는 정수 a의 개수는?

> **조건**
>
> ㈎ a는 $-\dfrac{19}{3}$보다 크고 6보다 작거나 같다.
>
> ㈏ $|a| \ge 4$

① 3   ② 4   ③ 5

④ 6   ⑤ 7

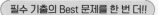

1 다음 중 양의 부호 + 또는 음의 부호 −를 사용하여 나타낸 것으로 옳은 것은?

① 출발 2시간 후 ➡ −2시간
② 지하 8층 ➡ +8층
③ 영상 19 ℃ ➡ +19 ℃
④ 7 kg 증가 ➡ −7 kg
⑤ 해저 50 m ➡ +50 m

2 다음 수 중에서 양의 정수의 개수를 a, 음수의 개수를 b라 할 때, $a \times b$의 값을 구하시오.

$$-\frac{1}{2}, \quad 7, \quad +\frac{24}{3}, \quad -2.8, \quad 0, \quad \frac{5}{9}, \quad 12, \quad -5$$

3 다음 중 주어진 수에 대한 설명으로 옳지 <u>않은</u> 것은?

$$-7.3, \quad \frac{40}{8}, \quad 1, \quad -11, \quad -\frac{3}{4}, \quad \frac{2}{5}, \quad 10.7$$

① 정수는 3개이다.
② 음의 정수는 2개이다.
③ 음수는 3개이다.
④ 양수는 4개이다.
⑤ 정수가 아닌 유리수는 4개이다.

4 다음 중 옳지 <u>않은</u> 것은?

① 모든 자연수는 정수이다.
② 모든 정수는 유리수이다.
③ 0은 유리수이다.
④ 0은 양의 유리수도 음의 유리수도 아니다.
⑤ 서로 다른 두 정수 사이에는 무수히 많은 정수가 존재한다.

5 다음 중 아래 수직선 위의 5개의 점 A, B, C, D, E에 대응하는 수로 옳은 것은?

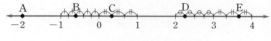

① A: 2 ② B: $-\frac{2}{5}$ ③ C: $\frac{1}{3}$

④ D: $\frac{11}{4}$ ⑤ E: $\frac{10}{3}$

6 다음 중 옳은 것은?

① 절댓값이 1보다 작은 정수는 2개이다.
② 절댓값이 같은 수는 항상 2개이다.
③ 음수의 절댓값은 0보다 작다.
④ $a>0$이면 $|a|=a$이다.
⑤ 수직선 위에서 수의 절댓값이 클수록 0을 나타내는 점에 가까이 있다.

7 두 수 a, b의 절댓값이 같고 a가 b보다 8만큼 작을 때, a의 값을 구하시오.

8 다음 중 절댓값이 가장 큰 수는?

① $+1.7$ 　　② -1.9 　　③ $-\dfrac{7}{4}$

④ 0 　　⑤ $\dfrac{5}{3}$

9 다음 중 두 수의 대소 관계가 옳지 <u>않은</u> 것은?

① $-1.3 < -\dfrac{3}{10}$ 　　② $0 > -\dfrac{9}{2}$

③ $\dfrac{4}{7} > \dfrac{2}{3}$ 　　④ $\left| -\dfrac{5}{2} \right| > 2$

⑤ $\left| -\dfrac{14}{3} \right| < |+5|$

10 다음 중 주어진 수에 대한 설명으로 옳지 <u>않은</u> 것을 모두 고르면? (정답 2개)

$$\dfrac{1}{4}, \quad 2.5, \quad -\dfrac{13}{10}, \quad \dfrac{20}{5}, \quad 0, \quad -7, \quad -\dfrac{7}{2}$$

① 가장 큰 수는 2.5이다.
② 가장 작은 수는 -7이다.
③ 절댓값이 가장 큰 수는 -7이다.
④ 절댓값이 가장 작은 수는 0이다.
⑤ 절댓값이 3 미만인 수는 3개이다.

11 다음 중 부등호를 사용하여 나타낸 것으로 옳지 <u>않은</u> 것은?

① x는 3보다 크거나 같고 7 이하이다.
　➡ $3 \le x \le 7$
② x는 0보다 크고 2보다 작거나 같다.
　➡ $0 < x \le 2$
③ x는 1 이상이고 3보다 작다. ➡ $1 \le x < 3$
④ x는 $\dfrac{1}{4}$보다 작지 않고 3 미만이다. ➡ $\dfrac{1}{4} \le x < 3$
⑤ x는 $-\dfrac{5}{2}$ 초과이고 $\dfrac{7}{2}$보다 크지 않다.
　➡ $-\dfrac{5}{2} < x < \dfrac{7}{2}$

12 두 수 $-\dfrac{14}{3}$와 3.7 사이에 있는 정수의 개수는?

① 7 　　② 8 　　③ 9
④ 10 　　⑤ 11

고난도 기출 문제는 두 번씩 연습하여 마스터!!

1-

①

유리수 A에 대하여

$$\langle A \rangle = \begin{cases} 1 & (A가\ 자연수일\ 때) \\ 2 & (A가\ 자연수가\ 아닌\ 정수일\ 때) \\ 3 & (A가\ 정수가\ 아닌\ 유리수일\ 때) \end{cases}$$

이라 할 때, $\left\langle -\dfrac{27}{9} \right\rangle + \left\langle \dfrac{7}{2} \right\rangle + \langle 5 \rangle + \langle 2.7 \rangle$의 값을 구하시오.

• Key •

$$유리수\begin{cases} 정수\begin{cases} 양의\ 정수(자연수) \\ 0 \\ 음의\ 정수 \end{cases} \\ 정수가\ 아닌\ 유리수 \end{cases}$$

②

유리수 x에 대하여

$$\langle\!\langle x \rangle\!\rangle = \begin{cases} 0 & (x가\ 음의\ 정수일\ 때) \\ 1 & (x가\ 양의\ 정수일\ 때) \\ 2 & (x가\ 정수가\ 아닌\ 음의\ 유리수일\ 때) \\ 3 & (x가\ 정수가\ 아닌\ 양의\ 유리수일\ 때) \end{cases}$$

이라 할 때, $\langle\!\langle -2.8 \rangle\!\rangle + \left\langle\!\left\langle \dfrac{14}{2} \right\rangle\!\right\rangle + \left\langle\!\left\langle \dfrac{3}{4} \right\rangle\!\right\rangle + \langle\!\langle -38 \rangle\!\rangle$

의 값을 구하시오.

2-

①

수직선 위에서 두 수 a, b에 대응하는 두 점의 한가운데에 있는 점에 대응하는 수가 -1이다. $|a| = 3$일 때, 음수 b의 값을 구하시오.

• Key •

절댓값이 $x\,(x>0)$인 수는 $-x$와 x이다.

②

수직선 위에서 서로 다른 두 수 a, b에 대응하는 두 점으로부터 같은 거리에 있는 점에 대응하는 수가 2이다. b의 절댓값이 1일 때, a의 값을 모두 구하시오.

3-

①

$a > b$인 두 정수 a, b에 대하여 $|a| + |b| = 3$을 만족시키는 a, b의 값을 $(a,\ b)$로 나타낼 때, $(a,\ b)$의 개수를 구하시오.

• Key •

$x + y = 3$을 만족시키는 음이 아닌 두 정수 x, y의 값 $(x,\ y)$는 $(0,\ 3)$, $(1,\ 2)$, $(2,\ 1)$, $(3,\ 0)$이다.

②

$a < b$인 두 정수 a, b에 대하여 $|a| + |b| = 4$를 만족시키는 a, b의 값을 $(a,\ b)$로 나타낼 때, $(a,\ b)$의 개수는?

① 5 ② 6 ③ 7
④ 8 ⑤ 9

4-

❶ 다음 그림의 출발 지점에서 시작하여 큰 수가 있는 화살표 방향으로 이동한다고 할 때, 도착 지점에 적힌 수를 구하시오.

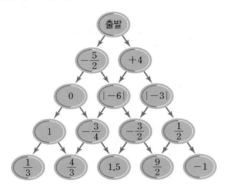

• **Key** •

① (음수)<0<(양수)
② 음수는 절댓값이 큰 수가 더 작다.
③ 양수는 절댓값이 큰 수가 더 크다.
④ 분모가 다른 두 분수의 크기는 분모를 같게 만든 후 비교한다.

❷ 다음 그림과 같이 출발 지점에서 시작하여 갈림 길의 두 수 중 작은 수의 방향으로 이동한다고 할 때, 도착 지점을 구하시오.

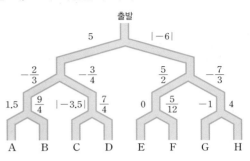

5-

❶ 다음 조건을 모두 만족시키는 서로 다른 세 정수 a, b, c의 대소 관계로 옳은 것은?

┌─ 조건 ─
│ ㈎ a와 c의 절댓값은 5 미만이다.
│ ㈏ $b<0$이고, b의 절댓값은 4이다.
│ ㈐ c는 3보다 크다.
│ ㈑ 수직선 위에서 a에 대응하는 점은 b에 대응
│   하는 점보다 원점에 더 가깝다.

① $a<b<c$ ② $a<c<b$ ③ $b<a<c$
④ $b<c<a$ ⑤ $c<a<b$

• **Key** •

주어진 조건을 부등호 또는 등호를 사용하여 나타낸 후 조건을 만족시키는 수를 생각한다.

❷ 다음 조건을 모두 만족시키는 서로 다른 세 수 a, b, c를 작은 수부터 차례로 나열하시오.

┌─ 조건 ─
│ ㈎ a와 b는 3보다 작다.
│ ㈏ a의 절댓값은 -4의 절댓값과 같다.
│ ㈐ c는 -4보다 작다.
│ ㈑ c는 b보다 0에 가깝다.

1 다음 수에 대하여 물음에 답하시오.

$$+\frac{2}{3}, \quad 6, \quad -2.5, \quad 0, \quad -\frac{10}{2}, \quad -4, \quad +2$$

(1) 음의 정수를 모두 고르시오. [2점]

(2) 양의 유리수를 모두 고르시오. [2점]

(3) 정수가 아닌 유리수를 모두 고르시오. [2점]

2 다음 물음에 답하시오.

(1) 두 유리수 $-\frac{11}{3}$과 $\frac{12}{5}$를 수직선 위에 나타내시오. [3점]

(2) (1)을 이용하여 두 유리수 $-\frac{11}{3}$과 $\frac{12}{5}$ 사이에 있는 정수를 모두 구하시오. [3점]

3 수직선 위에서 점 A는 2에 대응하는 점으로부터 8만큼 떨어진 점이고, 점 B는 -1에 대응하는 점으로부터 3만큼 떨어진 점이다. 두 점 A, B 사이의 거리가 가장 멀 때, 두 점 A, B에 대응하는 수를 각각 구하시오. [8점]

4 수직선 위에서 $-\frac{23}{5}$에 가장 가까운 정수를 a, $\frac{25}{4}$에 가장 가까운 정수를 b라 할 때, $|b|-|a|$의 값을 구하시오. [6점]

5 다음 수 중에서 절댓값이 가장 큰 수와 절댓값이 두 번째로 작은 수를 차례로 구하시오. [8점]

$$-\frac{3}{2}, \quad -2, \quad \frac{12}{4}, \quad +0.5, \quad -\frac{5}{2}, \quad 1$$

6 절댓값이 같고 부호가 반대인 두 수를 수직선 위에 나타내면 두 수에 대응하는 두 점 사이의 거리가 10 일 때, 두 수를 구하시오. [8점]

7 다음을 부등호를 사용하여 나타내시오.

(1) x는 3보다 크거나 같다. [2점]

(2) x는 2 미만이다. [2점]

(3) x는 -1보다 크고 5보다 크지 않다. [2점]

8 두 수 -2와 1 사이에 있는 수 중에서 분모가 4인 정수가 아닌 유리수의 개수를 구하시오. [8점]

9 수직선 위에서 서로 다른 두 수 a, b에 대응하는 두 점으로부터 같은 거리에 있는 점에 대응하는 수가 -1이고, 2에 대응하는 점과 a에 대응하는 점 사이의 거리가 3일 때, b의 값을 구하시오. [10점]

10 서로 다른 두 수 a, b에 대하여

$$a * b = \begin{cases} |a| & (a > b) \\ |b| & (a < b) \end{cases}$$

라 할 때, $\left(-\dfrac{9}{4}\right) * \left\{ \left(-\dfrac{8}{3}\right) * \left(-\dfrac{7}{2}\right) \right\}$의 값을 구하시오. [10점]

1 다음 중 밑줄 친 부분을 양의 부호 + 또는 음의 부호 −를 사용하여 나타낸 것으로 옳지 <u>않은</u> 것은?

① 지난달의 <u>수입은 2000원</u>이었다. ➡ +2000원
② 작년보다 키가 <u>10 cm 더 컸다.</u> ➡ +10 cm
③ 약속 시간 <u>10분 전</u>에 도착하였다. ➡ +10분
④ 엘리베이터는 <u>지하 3층</u>까지 운행한다. ➡ −3층
⑤ 오늘은 어제보다 기온이 <u>5℃ 내려갔다.</u>
　➡ −5℃

2 다음 수 중에서 양의 정수의 개수를 a, 음의 정수의 개수를 b라 할 때, $a-b$의 값은?

$$-1, \quad \frac{12}{6}, \quad +3.5, \quad 0, \quad 4, \quad +6, \quad \frac{1}{7}, \quad -\frac{21}{3}$$

① 1 　　　② 2 　　　③ 3
④ 4 　　　⑤ 5

3 다음 수 중에서 정수가 아닌 유리수의 개수는?

$$0, \quad -\frac{9}{3}, \quad -2.5, \quad \frac{3}{10}, \quad -4, \quad 6$$

① 1 　　　② 2 　　　③ 3
④ 4 　　　⑤ 5

4 다음 수를 수직선 위에 나타내었을 때, 왼쪽에서 두 번째에 있는 수는?

① -7 　　　② $\frac{11}{4}$ 　　　③ 0

④ $-\frac{14}{3}$ 　　　⑤ 8

5 다음 중 아래 수직선 위의 4개의 점 A, B, C, D에 대응하는 수에 대한 설명으로 옳은 것은?

① 음수는 3개이다.
② 자연수는 3개이다.
③ 점 A에 대응하는 수는 $-\frac{5}{2}$이다.
④ 점 B에 대응하는 수는 $-\frac{1}{3}$이다.
⑤ 4개의 점에 대응하는 수는 모두 유리수이다.

6 절댓값이 $\frac{1}{5}$인 양수를 a, -3.8의 절댓값을 b라 할 때, $a+b$의 값은?

① 3 　　　② $\frac{19}{5}$ 　　　③ 4

④ $\frac{21}{5}$ 　　　⑤ 5

7 수직선 위에서 절댓값이 6인 서로 다른 두 수에 대응하는 두 점 사이의 거리는?

① 12   ② 14   ③ 16
④ 18   ⑤ 20

8 다음 중 옳지 <u>않은</u> 것을 모두 고르면? (정답 2개)

① 음수는 절댓값이 클수록 크다.
② 절댓값은 항상 0보다 크거나 같다.
③ 절댓값이 5인 수는 -5, 5이다.
④ $a>b$이면 $|a|>|b|$이다.
⑤ $a>0$이면 $|a|>0$이다.

9 다음 수 중에서 절댓값이 세 번째로 큰 수는?

$$-4.5, \quad \frac{11}{2}, \quad 0, \quad \frac{6}{3}, \quad -6, \quad -\frac{5}{8}$$

① -4.5 ② $\frac{11}{2}$ ③ 0

④ $\frac{6}{3}$ ⑤ $-\frac{5}{8}$

10 수직선 위에서 원점과 정수 a에 대응하는 점 사이의 거리가 $\frac{23}{6}$보다 작을 때, a의 개수는?

① 6   ② 7   ③ 8
④ 9   ⑤ 10

11 다음 중 두 수의 대소 관계가 옳은 것은?

① $5<2$ ② $-\frac{7}{6}>1$

③ $+4<-7$ ④ $-\frac{1}{2}<-\frac{3}{4}$

⑤ $-\frac{3}{4}<0$

12 $-\frac{16}{5}$보다 큰 수 중에서 가장 작은 정수를 a, $\frac{17}{4}$보다 작은 수 중에서 가장 큰 정수를 b라 할 때, a, b의 값을 각각 구하면?

① $a=-3$, $b=3$ ② $a=-3$, $b=4$
③ $a=-3$, $b=5$ ④ $a=-4$, $b=4$
⑤ $a=-4$, $b=5$

13 다음 중 주어진 수에 대한 설명으로 옳지 <u>않은</u> 것은?

$$\frac{3}{4}, \quad -\frac{7}{2}, \quad 0, \quad 5, \quad -\frac{6}{5}, \quad -2.5$$

① 가장 큰 수는 5이다.

② 가장 작은 수는 $-\frac{7}{2}$이다.

③ 절댓값이 가장 큰 수는 5이다.

④ 절댓값이 가장 작은 수는 0이다.

⑤ 수직선 위에 나타내었을 때, 왼쪽에서 세 번째에 있는 수는 0이다.

14 'x는 -3보다 작지 않고 7 이하이다.'를 부등호를 사용하여 바르게 나타낸 것은?

① $-3 \le x < 7$ ② $-3 \le x \le 7$

③ $-3 < x < 7$ ④ $-3 < x \le 7$

⑤ $3 < x < 7$

15 $-\dfrac{5}{2} < x < \dfrac{17}{5}$ 을 만족시키는 정수 x의 개수는?

① 5   ② 6   ③ 7

④ 8   ⑤ 9

16 다음 조건을 모두 만족시키는 서로 다른 네 수 a, b, c, d를 작은 수부터 차례로 나열한 것은?

> 조건
>
> (가) a와 b에 대응하는 두 점은 원점으로부터 같은 거리에 있다.
>
> (나) 수직선 위에서 c와 d에 대응하는 점은 a에 대응하는 점을 기준으로 각각 왼쪽, 오른쪽에 위치한다.
>
> (다) a, b, c, d 중에서 절댓값이 가장 큰 수는 d, 절댓값이 가장 작은 수는 c이다.

① a, b, c, d ② b, a, c, d

③ b, c, a, d ④ c, a, d, b

⑤ d, a, c, b

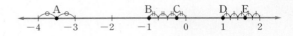
17 다음 수직선 위의 5개의 점 A, B, C, D, E에 대응하는 수를 각각 말하고, 이 점에 대응하는 5개의 수 중 정수가 아닌 음의 유리수의 개수를 구하시오. [8점]

18 다음 수를 수직선 위에 나타낼 때, 원점에서 가장 가까운 수를 구하시오. [8점]

> 1.4, $-\dfrac{4}{3}$, -2, -1.5, $\dfrac{8}{2}$

19 다음 조건을 모두 만족시키는 정수 a의 개수를 구하시오. [10점]

> 조건
>
> (가) a는 $-\dfrac{5}{3}$보다 작지 않고 $\dfrac{11}{2}$보다 크지 않다.
>
> (나) a의 절댓값은 1 이상 4 미만이다.

20 두 유리수 $-\dfrac{5}{7}$와 $\dfrac{1}{2}$ 사이에 있는 정수가 아닌 유리수 중에서 분모가 14인 기약분수의 개수를 구하시오. [10점]

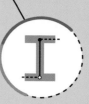

수와 연산

4. 정수와 유리수의 계산

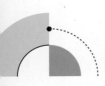

필수기출

유형 ① 　수의 덧셈과 뺄셈

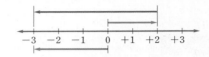

1 다음 수직선으로 설명할 수 있는 덧셈식은?

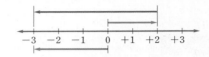

① $(-5)+(+3)=-2$

② $(-3)+(-2)=-5$

③ $(-3)+(+5)=+2$

④ $(-2)+(+5)=+3$

⑤ $(+2)+(-5)=-3$

2 다음 계산 과정에서 ㉠, ㉡에 이용된 덧셈의 계산 법칙을 쓰시오.

$$
\begin{aligned}
&\left(-\frac{1}{3}\right)+(-1)+\left(+\frac{4}{3}\right) \\
&=(-1)+\left(-\frac{1}{3}\right)+\left(+\frac{4}{3}\right) \quad \Big] ㉠ \\
&=(-1)+\left\{\left(-\frac{1}{3}\right)+\left(+\frac{4}{3}\right)\right\} \quad \Big] ㉡ \\
&=(-1)+(+1)=0
\end{aligned}
$$

Best

3 다음 중 계산 결과가 옳은 것은?

① $(+6)-(-6)=0$

② $\left(+\dfrac{3}{4}\right)+\left(-\dfrac{7}{8}\right)=-\dfrac{13}{8}$

③ $\left(-\dfrac{1}{5}\right)+\left(-\dfrac{9}{10}\right)=-\dfrac{11}{10}$

④ $\left(+\dfrac{3}{2}\right)-(-7)=-\dfrac{11}{2}$

⑤ $(-0.6)-(-1.5)=+1.1$

4 절댓값이 4인 음수와 절댓값이 $\dfrac{1}{2}$인 양수의 합은?

① $-\dfrac{9}{2}$　　② $-\dfrac{7}{2}$　　③ $-\dfrac{3}{2}$

④ $\dfrac{7}{2}$　　⑤ $\dfrac{9}{2}$

5 $-\dfrac{5}{2}$보다 작은 수 중에서 가장 큰 정수를 a, $\dfrac{14}{3}$보다 큰 수 중에서 가장 작은 정수를 b라 할 때, $a+b$의 값은?

① -2　　② -1　　③ 0

④ 1　　⑤ 2

6 다음 수 중에서 가장 큰 수를 a, 절댓값이 가장 작은 수를 b라 할 때, $a-b$의 값을 구하시오.

$$-2, \quad +1.2, \quad -\frac{1}{3}, \quad +\frac{7}{6}, \quad +\frac{1}{2}$$

7 두 수 a, b에 대하여

$$a+\left(-\frac{3}{2}\right)=-1, \quad \frac{1}{5}-b=1.2$$

일 때, $a+b$의 값을 구하시오.

8 다음 표는 어느 날 5개 도시의 최고 기온과 최저 기온을 조사하여 나타낸 것이다. 이때 일교차가 가장 큰 도시는? (단, 일교차는 하루 중의 최고 기온에서 최저 기온을 뺀 값이다.)

(단위: ℃)

도시 \ 기온	최고	최저
A	−2	−10
B	−1	−8
C	+2	−2
D	0	−6
E	+2	−4

① A   ② B   ③ C
④ D   ⑤ E

9 어떤 수에서 −2를 빼야 할 것을 잘못하여 더했더니 −1이 되었다. 이때 바르게 계산한 답을 구하시오.

유형 ❷ **덧셈과 뺄셈의 혼합 계산**

10 $\left(+\dfrac{5}{3}\right)+(-2)-\left(+\dfrac{5}{6}\right)-\left(-\dfrac{3}{2}\right)$을 계산하면?

① $-\dfrac{2}{3}$ ② $-\dfrac{1}{2}$ ③ $\dfrac{1}{3}$

④ $\dfrac{4}{3}$ ⑤ $\dfrac{3}{2}$

11 다음 중 계산 결과가 가장 큰 것은?

① $(+2)-(-7)+(-5)$

② $(-2.4)-(-3.6)+(-1.2)$

③ $1-\left(-\dfrac{1}{2}\right)-\left(-\dfrac{3}{2}\right)$

④ $-\dfrac{5}{6}+1-\dfrac{7}{6}$

⑤ $\dfrac{1}{2}+\dfrac{1}{5}-\dfrac{1}{2}$

12 다음 중 계산 결과가 옳지 <u>않은</u> 것은?

① $-8+11-2=1$

② $-\dfrac{4}{9}+\dfrac{1}{3}-\dfrac{3}{2}=-\dfrac{29}{18}$

③ $\dfrac{1}{5}-1-\dfrac{2}{3}=-\dfrac{22}{15}$

④ $3-4.5+\dfrac{5}{2}=-1$

⑤ $0.4+0.2-1.2-1.3=-1.9$

13 $-2-\left\{\left(-\dfrac{5}{6}+\dfrac{3}{4}\right)-\dfrac{2}{3}\right\}$를 계산하면?

① $-\dfrac{9}{4}$ ② $-\dfrac{5}{4}$ ③ $-\dfrac{1}{4}$

④ $\dfrac{3}{4}$ ⑤ $\dfrac{5}{4}$

14 오른쪽 표에서 가로, 세로, 대각선에 있는 세 수의 합이 모두 같을 때, $a+b$의 값은?

4	-3	a
b	1	3
		-2

① -1 ② 0
③ 1   ④ 2
⑤ 3

유형 ③ 어떤 수보다 □만큼 큰(작은) 수

15 다음 중 가장 큰 수는?

① -2보다 3만큼 큰 수
② 2보다 6만큼 작은 수
③ -3보다 -6만큼 작은 수
④ 3보다 -5만큼 큰 수
⑤ 8보다 3만큼 작은 수

Best

16 -6보다 $\dfrac{2}{3}$만큼 큰 수를 a, 2보다 $-\dfrac{3}{2}$만큼 작은 수를 b라 할 때, $a<x\leq b$를 만족시키는 정수 x의 개수는?

① 6   ② 7   ③ 8
④ 9   ⑤ 10

---

17 다음은 4개의 건물 A, B, C, D의 높이에 대한 설명이다. 이때 가장 높은 건물과 가장 낮은 건물의 높이의 차를 구하시오.

> (가) 건물 B는 건물 A보다 높이가 $\dfrac{43}{5}$ m 낮다.
>
> (나) 건물 C는 건물 B보다 높이가 $\dfrac{23}{2}$ m 높다.
>
> (다) 건물 D는 건물 C보다 높이가 4 m 높다.

Best

18 a의 절댓값이 3이고 b의 절댓값이 4일 때, $a-b$의 값 중에서 가장 큰 값을 구하시오.

19 다음 조건을 모두 만족시키는 유리수 a, b에 대하여 $a-b$의 값은?

> ── 조건 ──
> (가) $|a|=\dfrac{3}{4}$, $|b|=\dfrac{2}{3}$
> (나) $a+b=-\dfrac{1}{12}$

① $-\dfrac{17}{12}$ ② $-\dfrac{13}{12}$ ③ $-\dfrac{5}{12}$
④ $\dfrac{1}{12}$ ⑤ $\dfrac{11}{12}$

유형 **5** 수의 곱셈

20 다음 계산 과정에서 ㉠, ㉡에 이용된 계산 법칙을 차례로 나열한 것은?

$$\left(+\frac{6}{13}\right) \times (-10) \times \left(-\frac{26}{3}\right)$$
$$= (-10) \times \left(+\frac{6}{13}\right) \times \left(-\frac{26}{3}\right) \quad \big] ㉠$$
$$= (-10) \times \left\{\left(+\frac{6}{13}\right) \times \left(-\frac{26}{3}\right)\right\} \quad \big] ㉡$$
$$= (-10) \times (-4)$$
$$= 40$$

① 곱셈의 교환법칙, 곱셈의 결합법칙
② 곱셈의 교환법칙, 분배법칙
③ 곱셈의 결합법칙, 곱셈의 교환법칙
④ 곱셈의 결합법칙, 분배법칙
⑤ 분배법칙, 곱셈의 결합법칙

21 $a = \frac{1}{2} \times \left(-\frac{5}{6}\right)$, $b = \left(-\frac{4}{3}\right) \times (-1.2)$일 때, $a \times b$의 값을 구하시오.

22 -2보다 $\frac{2}{5}$만큼 큰 수와 4보다 $\frac{1}{4}$만큼 작은 수의 곱은?

① -6 ② -5 ③ $-\frac{6}{5}$

④ $-\frac{1}{5}$ ⑤ $-\frac{1}{6}$

23 $\left(-\frac{1}{3}\right) \times \left(-\frac{3}{5}\right) \times \left(-\frac{5}{7}\right) \times \cdots \times \left(-\frac{99}{101}\right)$를 계산하면?

① $-\frac{1}{99}$ ② $-\frac{1}{101}$ ③ $\frac{1}{101}$

④ $\frac{1}{99}$ ⑤ 1

24 서로 다른 세 음의 정수가 있다. 세 정수의 곱이 -18이고 한 정수의 절댓값이 6일 때, 이 세 정수의 합은?

① -8 ② -9 ③ -10

④ -11 ⑤ -12

25 네 수 -4, $\frac{12}{5}$, $-\frac{5}{2}$, 5 중에서 서로 다른 세 수를 뽑아 곱한 값 중 가장 큰 수를 M, 가장 작은 수를 m이라 할 때, $M + m$의 값은?

① -4 ② -2 ③ 0

④ 2 ⑤ 4

필수기출

유형 ⑥ 거듭제곱이 포함된 식의 계산

Best

26 다음 중 계산 결과가 가장 큰 것은?

① $(-2)^2$　　② $-(-2)^3$　　③ -2^2

④ -3^2　　⑤ $-(-3)^2$

27 $(-3^2) \times \left(-\dfrac{1}{3}\right)^3 \times (-6)$을 계산하시오.

28 $(-1)+(-1)^2+(-1)^3+(-1)^4+\cdots+(-1)^{2025}$ 을 계산하면?

① -2025　　② -1　　③ 0

④ 1　　⑤ 2025

29 n이 짝수일 때, $(-1)^n-(-1)^{n+1}+(-1)^{n+2}-1^n$ 의 값은?

① -2　　② -1　　③ 0

④ 1　　⑤ 2

유형 ⑦ 분배법칙

Best

30 $58 \times (-0.54)+42 \times (-0.54)$를 계산하면?

① -54　　② -46　　③ 46

④ 54　　⑤ 154

31 세 수 a, b, c에 대하여 $a \times b=4$, $a \times (b-c)=12$일 때, $a \times c$의 값은?

① -8　　② -3　　③ 3

④ 4　　⑤ 8

유형 ⑧ 역수

32 다음 중 두 수가 서로 역수 관계가 <u>아닌</u> 것은?

① $-\dfrac{2}{3}$, $-\dfrac{3}{2}$　　② -1, -1　　③ 4, $\dfrac{1}{4}$

④ 0.5, 2　　⑤ 0.7, $\dfrac{7}{10}$

Best

33 $-\dfrac{7}{6}$의 역수를 a, 0.3의 역수를 b라 할 때, $a \times b$의 값을 구하시오.

34 오른쪽 그림의 전개도를 접어서 정육면체를 만들 때, 마주 보는 면에 적힌 두 수의 곱이 1이라 한다. 이때 $A - B + C$의 값을 구하시오.

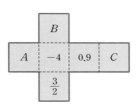

유형 ❾ **수의 나눗셈**

Best

35 다음 중 계산 결과가 옳지 <u>않은</u> 것은?

① $\left(-\dfrac{5}{2}\right) \times \left(-\dfrac{3}{10}\right) = +\dfrac{3}{4}$

② $\left(-\dfrac{5}{6}\right) \div \left(+\dfrac{2}{3}\right) = -\dfrac{5}{4}$

③ $\left(-\dfrac{2}{3}\right) \div (-4) = +\dfrac{1}{6}$

④ $\left(-\dfrac{2}{7}\right) \times (-21) \times \left(-\dfrac{2}{15}\right) = -\dfrac{4}{5}$

⑤ $\left(+\dfrac{5}{2}\right) \div \left(-\dfrac{10}{3}\right) \div \left(-\dfrac{9}{8}\right) = +\dfrac{4}{3}$

36 $a = \left(-\dfrac{3}{5}\right) \times \left(-\dfrac{4}{3}\right)$, $b = \left(+\dfrac{5}{2}\right) \div \left(-\dfrac{3}{2}\right)$일 때, $a \times b$의 값은?

① $-\dfrac{5}{3}$ ② $-\dfrac{3}{2}$ ③ $-\dfrac{4}{3}$

④ $\dfrac{4}{3}$ ⑤ $\dfrac{3}{2}$

37 두 수 a, b에 대하여

$$a \times (-3) = 15, \quad b \div \left(-\dfrac{1}{4}\right) = -2$$

일 때, $a \div b$의 값을 구하시오.

38 다음을 계산하시오.

$$\left(-\dfrac{1}{2}\right) \div \left(+\dfrac{2}{3}\right) \div \left(-\dfrac{3}{4}\right) \div \left(+\dfrac{4}{5}\right)$$
$$\div \cdots \div \left(+\dfrac{48}{49}\right) \div \left(-\dfrac{49}{50}\right)$$

39 어떤 수를 $-\dfrac{2}{3}$ 로 나누어야 할 것을 잘못하여 곱하였더니 $\dfrac{6}{5}$ 이 되었다. 이때 바르게 계산한 답을 구하시오.

유형 ⑩ **곱셈과 나눗셈의 혼합 계산**

40 $(-2)^3 \div \dfrac{3}{8} \times \left(-\dfrac{3}{2}\right)^2$ 을 계산하시오.

Best

41 다음 중 계산 결과가 나머지 넷과 <u>다른</u> 하나는?

① $(-54) \div (-3^2)$

② $(-27) \div (-9) \times 2$

③ $\dfrac{5}{6} \div \left(-\dfrac{1}{3}\right)^2 \times \left(-\dfrac{4}{5}\right)$

④ $-5^2 \times 0.2 \div \left(-\dfrac{5}{6}\right)$

⑤ $(-4) \div \dfrac{16}{3} \times (-8)$

---

42 $\left(-\dfrac{3}{4}\right)^2 \div \square \times \dfrac{8}{15} = -\dfrac{1}{2}$ 일 때, $\square$ 안에 알맞은 수는?

① $-\dfrac{2}{3}$ 　② $-\dfrac{3}{5}$ 　③ $-\dfrac{1}{2}$

④ $\dfrac{15}{16}$ 　⑤ $\dfrac{9}{8}$

유형 ⑪ **문자로 주어진 수의 부호**

43 두 수 a, b에 대하여 $a < 0$, $b > 0$일 때, 다음 중 항상 음수인 것은?

① $a+b$ 　② $a-b$ 　③ $b-a$

④ a^2+b 　⑤ $a^2 \times b$

Best

44 세 수 a, b, c에 대하여 $a \times b < 0$, $a > b$, $b \div c < 0$일 때, 다음 중 옳은 것은?

① $a > 0$, $b > 0$, $c > 0$ 　② $a > 0$, $b < 0$, $c > 0$

③ $a > 0$, $b < 0$, $c < 0$ 　④ $a < 0$, $b > 0$, $c > 0$

⑤ $a < 0$, $b > 0$, $c < 0$

45 두 수 a, b를 수직선 위에 나타내면 아래 그림과 같을 때, 다음 중 옳은 것은?

① $a+b<0$, $a-b<0$ 　② $a+b<0$, $a-b>0$

③ $a+b>0$, $a\times b<0$ 　④ $a-b<0$, $a\times b>0$

⑤ $a-b>0$, $a\div b<0$

유형 ⑫ **덧셈, 뺄셈, 곱셈, 나눗셈의 혼합 계산**

46 다음 식의 계산 순서를 차례로 나열한 것은?

$$(-2)+\frac{3}{2}\div\left[\left\{\left(-\frac{3}{2}\right)^2-\frac{1}{4}\right\}\times12\right]$$
$$\underset{\textcircled{\tiny ㉠}}{\uparrow}\quad\underset{\textcircled{\tiny ㉡}}{\uparrow}\qquad\underset{\textcircled{\tiny ㉢}}{\uparrow}\quad\underset{\textcircled{\tiny ㉣}}{\uparrow}\quad\underset{\textcircled{\tiny ㉤}}{\uparrow}$$

① ㉠, ㉡, ㉢, ㉣, ㉤ 　② ㉠, ㉡, ㉣, ㉢, ㉤

③ ㉢, ㉣, ㉤, ㉠, ㉡ 　④ ㉢, ㉣, ㉤, ㉡, ㉠

⑤ ㉣, ㉢, ㉤, ㉡, ㉠

47 다음 중 계산 결과가 가장 큰 것은?

① $-5+6\div2$

② $15\div(-30)+\frac{5}{2}$

③ $2\times(-2)-(-6)$

④ $(-2)^3+(-3)\times(-1)$

⑤ $4\times\left\{\left(-\frac{1}{2}\right)^2-(-1)\right\}$

Best

48 $2-\left[\left(-\frac{1}{2}\right)^2-\left\{-3+\frac{3}{4}\times\left(1-\frac{1}{3}\right)\right\}\div2\right]$를 계산하시오.

49 두 수 a, b에 대하여 $a \circledcirc b = a-b\times3$이라 할 때, $\left\{\left(-\frac{1}{2}\right)\circledcirc\frac{2}{3}\right\}\circledcirc\left(-\frac{3}{4}\right)$의 값을 구하시오.

50 지수와 승희가 가위바위보를 하여 계단 오르기 놀이를 하는데 이기면 2칸 올라가고, 지면 1칸 내려가기로 하였다. 두 사람의 처음 위치를 0이라 하고, 1칸 올라가는 것을 $+1$, 1칸 내려가는 것을 -1이라 하자. 8번의 가위바위보를 한 결과 지수가 5번 이겼을 때, 지수와 승희의 위치의 차는?

(단, 비기는 경우는 없고, 계단은 충분히 많다.)

① 2　　② 4　　③ 6

④ 8　　⑤ 10

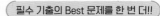
1 다음 중 계산 결과가 옳지 <u>않은</u> 것은?

① $(+5)-(-5)=10$

② $\left(+\dfrac{1}{2}\right)+\left(-\dfrac{1}{4}\right)=\dfrac{1}{4}$

③ $\left(-\dfrac{1}{3}\right)+\left(-\dfrac{4}{9}\right)=\dfrac{1}{9}$

④ $\left(+\dfrac{5}{4}\right)-(-2)=\dfrac{13}{4}$

⑤ $(-0.3)-(-1.2)=0.9$

2 다음 중 계산 결과가 가장 작은 것은?

① $(+3)-(-6)+(-4)$

② $(-1.4)-(-2.6)+(-0.2)$

③ $2+\left(-\dfrac{1}{3}\right)-\left(-\dfrac{4}{3}\right)$

④ $-\dfrac{5}{4}+2-\dfrac{3}{4}$

⑤ $\dfrac{1}{3}+\dfrac{1}{4}-\dfrac{1}{12}$

3 -2보다 $\dfrac{5}{3}$만큼 작은 수를 a, 2보다 $\dfrac{14}{3}$만큼 큰 수를 b라 할 때, $a\le x<b$를 만족시키는 정수 x의 개수는?

① 8   ② 9   ③ 10

④ 11   ⑤ 12

4 a의 절댓값이 6이고 b의 절댓값이 2일 때, $a-b$의 값 중에서 가장 작은 값을 구하시오.

5 네 수 -3, $-\dfrac{3}{2}$, $\dfrac{2}{3}$, 2 중에서 서로 다른 세 수를 뽑아 곱한 값 중 가장 큰 수를 M, 가장 작은 수를 m이라 할 때, $M-m$의 값은?

① 13   ② 14   ③ 15

④ 16   ⑤ 17

6 다음 중 계산 결과가 가장 큰 것은?

① $-(-2)^2$ ② $(-2)^3$ ③ -2^3

④ $(-3)^2$ ⑤ $-(-3)^3$

7 다음 식을 만족시키는 두 수 a, b에 대하여 $a+b$의 값은?

$$(-0.52)\times(-7)+(-0.48)\times(-7)$$
$$=a\times(-7)=b$$

① 5   ② 6   ③ 7

④ 8   ⑤ 9

8 $-\dfrac{4}{3}$의 역수를 a, 2의 역수를 b라 할 때, $a\times b$의 값은?

① $-\dfrac{8}{3}$ ② $-\dfrac{3}{8}$ ③ $\dfrac{3}{8}$

④ 1   ⑤ $\dfrac{8}{3}$

9 다음 중 계산 결과가 옳은 것은?

① $(+3)\times(-2)=+6$

② $(-8)\div(+2)=+4$

③ $\left(+\dfrac{8}{3}\right)\times\left(-\dfrac{3}{4}\right)=-\dfrac{1}{2}$

④ $\left(-\dfrac{5}{2}\right)\div(-5)=+\dfrac{1}{2}$

⑤ $\left(-\dfrac{4}{3}\right)\times\left(+\dfrac{9}{8}\right)=-\dfrac{2}{3}$

10 다음 중 계산 결과가 옳지 <u>않은</u> 것은?

① $(-48)\div(-4^2)=3$

② $(-3)^3\times2\div(-18)=3$

③ $\dfrac{3}{4}\div\left(-\dfrac{1}{2}\right)^2\times\left(-\dfrac{1}{3}\right)=-1$

④ $-4^2\times\dfrac{1}{4}\div\left(-\dfrac{4}{5}\right)=-5$

⑤ $(-5)\div\dfrac{25}{3}\times(-10)=6$

11 세 수 a, b, c에 대하여 $a\times b>0$, $b>c$, $b\div c<0$ 일 때, 다음 중 옳은 것은?

① $a>0$, $b>0$, $c>0$ ② $a>0$, $b>0$, $c<0$

③ $a>0$, $b<0$, $c<0$ ④ $a<0$, $b>0$, $c>0$

⑤ $a<0$, $b<0$, $c>0$

12 $-\dfrac{7}{2}-\left[3+2\div\left\{\dfrac{1}{3}-(-1)^2\times\dfrac{1}{2}\right\}\right]$을 계산하면?

① $-\dfrac{15}{2}$ ② $-\dfrac{11}{2}$ ③ 0

④ $\dfrac{11}{2}$ ⑤ $\dfrac{15}{2}$

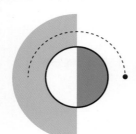

100점 완성

고난도 기출 문제는 두 번씩 연습하여 마스터!!

1-

①

자연수 n에 대하여 $\dfrac{1}{n \times (n+1)} = \dfrac{1}{n} - \dfrac{1}{n+1}$ 이 성립한다. 예를 들어 $\dfrac{1}{2 \times 3} = \dfrac{1}{2} - \dfrac{1}{3}$ 이다. 이를 이용하여 $\dfrac{1}{2} + \dfrac{1}{6} + \dfrac{1}{12} + \cdots + \dfrac{1}{90}$ 을 계산하시오.

● Key ●

$\dfrac{1}{n \times (n+1)} = \dfrac{1}{n} - \dfrac{1}{n+1}$ 임을 이용하여 주어진 식을 변형한 후 계산한다.

②

자연수 n에 대하여 $\dfrac{1}{n \times (n+1)} = \dfrac{1}{n} - \dfrac{1}{n+1}$ 이 성립한다. 이를 이용하여 계산하면 $\dfrac{1}{2} + \dfrac{1}{6} + \dfrac{1}{12} + \cdots + \dfrac{1}{56} = \dfrac{b}{a}$ 일 때, 서로소인 자연수 a, b에 대하여 $a+b$의 값을 구하시오.

2-

①

다음 조건을 모두 만족시키는 세 정수 a, b, c의 값을 각각 구하시오.

● 조건 ●

㈎ a와 b의 값은 3보다 작다.
㈏ $|a| = 4$
㈐ $|a-2| = |b+1|$
㈑ $a-b-c = 0$

● Key ●

주어진 조건을 이용하여 가장 먼저 구할 수 있는 값을 구한 후 이 값을 이용하여 나머지 값을 차례로 구한다.

②

다음 조건을 모두 만족시키는 세 정수 a, b, c의 값을 각각 구하시오.

● 조건 ●

㈎ $a < 0 < b$
㈏ $|a-2| = 6$
㈐ $|a| = |b| - 5$
㈑ $a+b-c = 0$

3-

①

다음 수직선 위에서 점 C는 두 점 A, B 사이의 거리를 $3 : 2$로 나누는 점이다. 이때 점 C에 대응하는 수를 구하시오.

● Key ●

두 점 A, B 사이의 거리를 $a : b$로 나누는 점 C에 대하여 두 점 A, C 사이의 거리는 (두 점 A, B 사이의 거리)$\times \dfrac{a}{a+b}$임을 이용한다.

②

다음 수직선 위에서 점 C는 두 점 A, B 사이의 거리를 $4 : 3$으로 나누는 점이다. 이때 점 C에 대응하는 수를 구하시오.

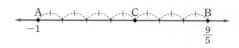

4-

❶

다음 그림과 같이 A, B, C 세 개의 상자를 거쳐 수를 계산하는 기계가 있다. 이 기계에 숫자 −3을 넣어 계산한 결과를 구하시오.

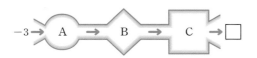

A: 들어온 수에서 $\frac{1}{4}$을 빼고 $\frac{2}{3}$를 더한다.

B: 들어온 수에 $-\frac{6}{5}$을 곱한다.

C: 들어온 수에 $-\frac{3}{2}$을 더한 후 8로 나눈다.

• **Key** •

A, B, C 세 개의 상자를 거쳐 나온 수를 차례로 구한다.

❷

다음과 같이 계산되는 세 프로그램 A, B, C가 있다. −4를 프로그램 A에 입력하여 나온 값을 프로그램 B에 입력하고, 이때 나온 값을 다시 프로그램 C에 입력했을 때, 마지막에 나온 값을 구하시오.

[프로그램 A] 입력된 수에서 3을 뺀 후 $\frac{2}{5}$를 곱한다.

[프로그램 B] 입력된 수를 $\frac{4}{3}$로 나눈다.

[프로그램 C] 입력된 수에 $\frac{6}{5}$을 더한 후 $\frac{1}{10}$로 나눈다.

5-

❶

밑변의 길이가 30 cm이고 높이가 10 cm인 삼각형에서 밑변의 길이는 60 %만큼 줄이고, 높이는 40 %만큼 늘여서 만든 삼각형의 넓이는?

① 76 cm²   ② 80 cm²   ③ 84 cm²

④ 88 cm²   ⑤ 92 cm²

• **Key** •

• a를 b %만큼 줄이면 ➡ $a-a\times\dfrac{b}{100}$

• a를 b %만큼 늘이면 ➡ $a+a\times\dfrac{b}{100}$

❷

한 변의 길이가 30 cm인 정사각형에서 가로의 길이는 30 %만큼 줄이고, 세로의 길이는 20 %만큼 늘여서 만든 직사각형의 넓이를 구하시오.

서술형 완성

1 $-\dfrac{7}{5}$에서 어떤 수를 빼야 할 것을 잘못하여 더했더니 $-\dfrac{11}{5}$이 되었다. 다음 물음에 답하시오.

(1) 어떤 수를 구하시오. [3점]

(2) 바르게 계산한 답을 구하시오. [3점]

2 두 정수 x, y에 대하여 $|x|<2$, $|y|<5$일 때, $x+y$의 값 중 가장 작은 값을 구하시오. [6점]

3 분배법칙을 이용하여 다음을 계산하시오. [6점]

$$6.35 \times 5.2 + 6.35 \times (-4.9) - 0.3 \times 1.35$$

4 다음 조건을 모두 만족시키는 세 정수 a, b, c에 대하여 $a+b-c$의 값을 구하시오. [8점]

조건
(개) $|c|<|b|<|a|$
(내) $a+b+c=-4$
(대) $a \times b \times c = 18$

5 1보다 $-\dfrac{1}{4}$만큼 작은 수를 a, -3보다 $\dfrac{1}{2}$만큼 큰 수를 b라 할 때, 다음 물음에 답하시오.

(1) a의 값을 구하시오. [2점]

(2) b의 값을 구하시오. [2점]

(3) $a \div b$의 값을 구하시오. [2점]

6 오른쪽 그림에서 삼각형의 한 변에 놓인 세 수의 합이 모두 같을 때, $A \div B$의 값을 구하시오. [8점]

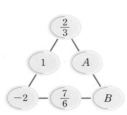

7 $A = \left(-\dfrac{5}{3}\right) \div \dfrac{10}{7} \times \left(-\dfrac{9}{14}\right)$,

$B = (-3)^3 \times \dfrac{2}{15} \div \left(-\dfrac{3}{5}\right)^2$일 때, $A \times B$의 값을 구하시오. [8점]

8 다음 식에 대하여 물음에 답하시오.

$$2 \underset{\textcircled{\tiny ㉠}}{-} (-9) \underset{\textcircled{\tiny ㉡}}{\times} \{4 \underset{\textcircled{\tiny ㉢}}{-} (-1)^3 \underset{\textcircled{\tiny ㉣}}{\div} (-2 \underset{\textcircled{\tiny ㉤}}{+} 5)\}$$

(1) 주어진 식의 계산 순서를 차례로 나열하시오. [3점]

(2) 주어진 식을 계산하시오. [3점]

서술형

9 다음 조건을 모두 만족시키는 두 수 a, b에 대하여 $a - b^2$의 값을 구하시오. [10점]

> **조건**
> (가) $|a| = |b|$ (나) $a = b + \dfrac{3}{4}$

10 네 수 $-\dfrac{3}{4}$, $\dfrac{6}{5}$, $-\dfrac{1}{6}$, $\dfrac{5}{2}$ 중에서 서로 다른 세 수를 선택하여 아래 빈칸에 쓰고 계산하려고 한다. 계산 결과 중 가장 큰 수를 구하시오. [10점]

$$\left(\,\boxed{}\,\right) \div \left(\,\boxed{}\,\right) \times \left(\,\boxed{}\,\right)$$

실전 테스트

☑ 객관식: 총 16문항 각 4점
☑ 서술형: 총 4문항 각 8점, 10점

1 다음 중 계산 결과가 가장 큰 것은?

① $(+6)+(+1)$ ② $(-4)-(+3)$
③ $(-5)+(+2)$ ④ $(+3)-(+7)$
⑤ $(+4)-(-2)$

2 다음 수직선 위에서 점 A에 대응하는 수는?

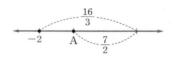

① $-\dfrac{7}{6}$ ② $-\dfrac{5}{6}$ ③ $-\dfrac{1}{6}$
④ $\dfrac{1}{6}$ ⑤ $\dfrac{5}{6}$

3 다음 중 계산 결과가 가장 작은 것은?

① $-\dfrac{1}{3}+\dfrac{7}{60}-\dfrac{3}{4}$ ② $3.2-4.1+1.9$
③ $1-5+7-4$ ④ $2+\dfrac{4}{5}-\dfrac{9}{5}-3$
⑤ $-\dfrac{3}{2}+\dfrac{5}{6}+\dfrac{1}{6}-\dfrac{1}{2}$

4 두 수 $-\dfrac{11}{5}$ 과 $\dfrac{5}{4}$ 사이에 있는 모든 정수의 합은?

① -2 ② -1 ③ 0
④ 1 ⑤ 2

5 어떤 수에 $\dfrac{1}{3}$ 을 더해야 할 것을 잘못하여 뺐더니 $-\dfrac{1}{4}$ 이 되었다. 이때 바르게 계산한 답은?

① $-\dfrac{1}{4}$ ② $-\dfrac{1}{12}$ ③ $\dfrac{1}{12}$
④ $\dfrac{1}{4}$ ⑤ $\dfrac{5}{12}$

6 $+4$, -2, -6에서 가운데에 있는 -2는 $+4$와 -6의 합이다. 이와 같은 규칙으로 다음과 같이 계속해서 수를 적어 나갈 때, 22번째에 나오는 수는?

$$+4, \quad -2, \quad -6, \quad -4, \quad +2, \quad +6, \quad \cdots$$

① -6 ② -4 ③ -2
④ $+2$ ⑤ $+4$

7 다음 중 가장 작은 수는?

① 8보다 3만큼 작은 수
② -2보다 6만큼 작은 수
③ 3보다 -7만큼 작은 수
④ 6보다 -3만큼 작은 수
⑤ -1보다 -5만큼 작은 수

8 절댓값이 $\dfrac{3}{2}$인 수와 절댓값이 2인 수의 합 중에서 가장 큰 값과 가장 작은 값의 곱은?

① $-\dfrac{49}{4}$　　② $-\dfrac{7}{4}$　　③ $-\dfrac{1}{4}$

④ $\dfrac{7}{4}$　　⑤ $\dfrac{49}{4}$

9 다음 수 중에서 절댓값이 가장 큰 수를 a, 절댓값이 가장 작은 수를 b라 할 때, $a \times b$의 값은?

$$-\dfrac{3}{7},\quad +0.6,\quad -\dfrac{1}{3},\quad -\dfrac{1}{2},\quad +\dfrac{3}{2}$$

① $-\dfrac{7}{2}$　　② $-\dfrac{5}{2}$　　③ $-\dfrac{1}{2}$

④ $\dfrac{1}{2}$　　⑤ $\dfrac{5}{2}$

10 수직선 위에 네 수 $-\dfrac{3}{4}$, x, $-\dfrac{1}{2}$, y에 대응하는 점이 차례로 일정한 간격으로 놓여 있다. 이때 $x+y$의 값은?

① -1　　② $-\dfrac{3}{4}$　　③ $-\dfrac{1}{2}$

④ $-\dfrac{1}{4}$　　⑤ 0

11 다음 중 계산 결과가 나머지 넷과 <u>다른</u> 하나는?

① $-\dfrac{1}{2^2}$　　② $\left(-\dfrac{1}{2}\right)^2$　　③ $-\left(\dfrac{1}{2}\right)^2$

④ $-\left(-\dfrac{1}{2}\right)^2$　　⑤ $-\dfrac{1}{(-2)^2}$

12 다음 계산 과정에서 ㉠, ㉡, ㉢에 이용된 계산 법칙을 차례로 나열한 것은?

$$
\begin{aligned}
& 3 \times \left\{ -5 - \left(-\dfrac{4}{3} \right) \right\} + (-3) \\
&= 3 \times (-5) - 3 \times \left(-\dfrac{4}{3} \right) + (-3) \quad \text{㉠} \\
&= (-15) + 4 + (-3) \\
&= 4 + (-15) + (-3) \quad \text{㉡} \\
&= 4 + \{ (-15) + (-3) \} \quad \text{㉢} \\
&= 4 + (-18) \\
&= -14
\end{aligned}
$$

① 분배법칙, 덧셈의 결합법칙, 덧셈의 교환법칙
② 분배법칙, 덧셈의 교환법칙, 덧셈의 결합법칙
③ 분배법칙, 곱셈의 교환법칙, 곱셈의 결합법칙
④ 분배법칙, 곱셈의 결합법칙, 곱셈의 교환법칙
⑤ 덧셈의 교환법칙, 분배법칙, 덧셈의 결합법칙

13 6의 역수를 A, $-\dfrac{3}{2}$의 역수를 B라 할 때, $A \div B$의 값은?

① -9　　② -4　　③ $-\dfrac{1}{4}$

④ $\dfrac{1}{9}$　　⑤ $\dfrac{9}{4}$

▶ 정답과 해설 30쪽

14 다음 중 계산 결과가 옳은 것은?

① $-3^2 \times (-4) = -36$

② $4 \div \left(-\dfrac{1}{8}\right) = -\dfrac{1}{2}$

③ $\left(-\dfrac{3}{14}\right) \times \dfrac{5}{2} \times \left(-\dfrac{7}{10}\right) = \dfrac{3}{4}$

④ $\left(-\dfrac{1}{3}\right) \div \left(-\dfrac{4}{3}\right) \times \left(-\dfrac{9}{16}\right) = \dfrac{9}{16}$

⑤ $\left(-\dfrac{5}{2}\right)^2 \times (-2)^3 \div \dfrac{5}{2} = -20$

15 세 수 a, b, c에 대하여 $a \times b > 0$, $\dfrac{b}{c} < 0$, $c - b < 0$ 일 때, 다음 중 옳은 것은?

① $a > 0$, $b > 0$, $c > 0$ ② $a > 0$, $b > 0$, $c < 0$

③ $a > 0$, $b < 0$, $c < 0$ ④ $a < 0$, $b < 0$, $c > 0$

⑤ $a < 0$, $b < 0$, $c < 0$

16 $\left(-\dfrac{1}{2}\right)^3 \times 4^2 - \square \times \left\{1 - \dfrac{1}{2} \div \left(-\dfrac{3}{4}\right)\right\} = -4$일 때, $\square$ 안에 알맞은 수는?

① $\dfrac{4}{25}$ ② $\dfrac{4}{15}$ ③ $\dfrac{8}{15}$

④ $\dfrac{6}{5}$ ⑤ $\dfrac{8}{5}$

17 오른쪽 그림에서 옆으로 이웃하는 두 수의 합이 바로 위의 칸의 수가 될 때, ㉠, ㉡, ㉢에 알맞은 수를 구하시오. [8점]

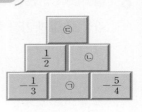

18 4보다 -2만큼 큰 수를 a, -6보다 -12만큼 작은 수를 b라 할 때, $a < |x| < b$를 만족시키는 정수 x의 값을 모두 구하시오. [8점]

19 두 수 a, b에 대하여 $\langle a, b \rangle$를 다음과 같이 계산할 때, $\langle -2, 4 \rangle - \langle -4, 2 \rangle$의 값을 구하시오. [10점]

- $|a| \geq |b|$이면 $\langle a, b \rangle = |a| - b$이다.
- $|a| < |b|$이면 $\langle a, b \rangle = |a| + b$이다.

20 수직선 위에서 $-\dfrac{4}{3}$에 가장 가까운 정수에 대응하는 점을 A, $\dfrac{12}{5}$에 가장 가까운 정수에 대응하는 점을 B 라 하자. 두 점 A, B 사이의 거리를 1 : 2로 나누는 점을 M, 두 점 A, B의 한가운데 있는 점을 N이라 할 때, 두 점 M, N 사이의 거리를 구하시오. (단, 점 M은 점 A에 가까운 점이다.) [10점]

문자와 식

1. 문자의 사용과 식

유형 ❶   곱셈 기호와 나눗셈 기호의 생략

Best

1 다음 중 기호 ×, ÷를 생략하여 나타낸 식으로 옳은 것은?

① $0.1 \times x \times x = 0.x^2$

② $2 \times x + y = 2(x+y)$

③ $(x-y) \div 3 \times a = \dfrac{x-y}{3a}$

④ $x \times x \div y \div z \div (-1) = -\dfrac{x^2 z}{y}$

⑤ $5 \times (x+y) + x \times (-2) \div y = 5(x+y) - \dfrac{2x}{y}$

2 다음 중 기호 ×, ÷를 생략하여 나타낼 때, 나머지 넷과 <u>다른</u> 하나는?

① $a \div (b \times c)$ ② $a \times b \div c$ ③ $a \div b \div c$

④ $a \times \dfrac{1}{b} \times \dfrac{1}{c}$ ⑤ $a \div b \times \dfrac{1}{c}$

3 다음 중 $\dfrac{a+b}{5} - \dfrac{b^2}{2a}$ 을 기호 ×, ÷를 사용하여 나타낸 것은?

① $(a+b) \times 5 - b \times b \times (2 \times a)$

② $(a+b) \times 5 - b \times b \div 2 \div a$

③ $(a+b) \div 5 - b \times b \times 2 \div a$

④ $(a+b) \div 5 - b \times b \div (2 \times a)$

⑤ $(a+b) \div 5 - b \times b \div 2 \times a$

유형 ❷   문자를 사용한 식으로 나타내기

Best

4 다음 중 옳은 것을 모두 고르면? (정답 2개)

① $x\,\mathrm{kg}$의 20 %는 $\dfrac{1}{5}x\,\mathrm{kg}$이다.

② x분 30초는 $(12x+30)$초이다.

③ 2점짜리 슛 a개와 3점짜리 슛 b개를 넣었을 때의 점수는 $(2a+b)$점이다.

④ $x\,\mathrm{km}$의 거리를 시속 $60\,\mathrm{km}$로 달렸을 때 걸린 시간은 $\dfrac{x}{60}$시간이다.

⑤ 농도가 9 %인 소금물 $x\,\mathrm{g}$에 녹아 있는 소금의 양은 $9x\,\mathrm{g}$이다.

5 10자루에 a원인 연필 한 자루를 사고 b원을 냈을 때의 거스름돈을 문자를 사용한 식으로 나타내면?

① $(b-10)$원

② $(b-a)$원

③ $(10a-b)$원

④ $\left(b - \dfrac{10}{a}\right)$원

⑤ $\left(b - \dfrac{a}{10}\right)$원

6 다음을 문자를 사용한 식으로 나타내시오.

> 백의 자리의 숫자가 2, 십의 자리의 숫자가 x, 일의 자리의 숫자가 y인 세 자리의 자연수

7 오른쪽 그림과 같은 사각형의 넓이를 a, b를 사용한 식으로 나타내면?

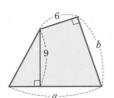

① $\dfrac{9}{4}a+\dfrac{3}{2}b$ ② $\dfrac{9}{2}a+3b$

③ $\dfrac{9}{2}a+6b$ ④ $9a+3b$

⑤ $9a+6b$

유형 ❸ 식의 값 구하기

8 $x=3$일 때, 다음 중 식의 값이 가장 작은 것은?

① $1-x$ ② $-2x+5$ ③ $10-x^2$

④ x^2-2x ⑤ $\dfrac{1}{x}$

Best

9 $x=2$, $y=-3$일 때, $-x^2+4y+1$의 값은?

① -15 ② -10 ③ -7

④ 9 ⑤ 10

---

10 $x=-\dfrac{1}{2}$, $y=\dfrac{2}{3}$, $z=-\dfrac{3}{4}$일 때, $\dfrac{3}{x}-\dfrac{4}{y}-\dfrac{5}{z}$의 값은?

① $-\dfrac{20}{3}$ ② $-\dfrac{16}{3}$ ③ $\dfrac{16}{3}$

④ $\dfrac{20}{3}$ ⑤ $\dfrac{35}{3}$

유형 ❹ 식의 값의 활용

11 기온이 $x\,°$C일 때, 공기 중에서 소리의 속력은 초속 $(0.6x+331)$ m이다. 기온이 20 °C일 때, 3초 동안 소리가 전달되는 거리를 구하시오.

12 오른쪽 그림과 같이 윗변의 길이가 a cm, 아랫변의 길이가 b cm, 높이가 6 cm인 사다리꼴에 대하여 다음 물음에 답하시오.

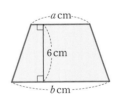

(1) 사다리꼴의 넓이를 a, b를 사용한 식으로 나타내시오.

(2) $a=6$, $b=10$일 때, 사다리꼴의 넓이를 구하시오.

13 다음 중 일차식인 것은?

① -8　　　　② $\dfrac{2}{x}+5$

③ $3x^2+1$　　　④ $7a^2+4a-7a^2$

⑤ $0\times x^3-x^2$

Best

14 다음 중 다항식 $\dfrac{x^2}{3}+4x-5$에 대한 설명으로 옳지 않은 것은?

① 항의 개수는 3이다.

② 상수항은 5이다.

③ x의 계수는 4이다.

④ x^2의 계수는 $\dfrac{1}{3}$이다.

⑤ 다항식의 차수는 2이다.

15 다항식 $3x^2-x+4$의 차수를 a, x의 계수를 b, 상수항을 c라 할 때, $a+b+c$의 값을 구하시오.

Best

16 다음 중 옳은 것은?

① $3\times(-2a)=-5a$

② $5(x-1)=5x-1$

③ $\left(-\dfrac{3}{2}a+12\right)\times\dfrac{4}{3}=-2a+16$

④ $(-8x+4)\div4=2x+1$

⑤ $(6y-1)\div(-3)=-2y-1$

17 $(4x-6)\div\left(-\dfrac{2}{3}\right)$를 계산하면 $ax+b$일 때, 상수 a, b에 대하여 $a+b$의 값은?

① -6　　　② -3　　　③ 0

④ 3　　　　⑤ 6

18 다음 중 계산 결과가 나머지 넷과 다른 하나는?

① $-(3x-5)$　　　② $(9x-15)\div(-3)$

③ $-3\left(x-\dfrac{5}{3}\right)$　　④ $\left(\dfrac{1}{2}x-\dfrac{5}{6}\right)\div\left(-\dfrac{1}{6}\right)$

⑤ $\dfrac{6x-5}{2}$

유형 **7** 동류항

19 다음 중 동류항끼리 짝 지어진 것은?

① $-2x$, x^2
② $\frac{1}{2}x$, $-5x$
③ $4x$, $4y$
④ $-5a^2$, $-10b^2$
⑤ $-6a$, $\frac{6}{a}$

20 다음 중 $3y$와 동류항인 것의 개수를 구하시오.

$$-y, \quad 2x, \quad 3, \quad -\frac{y}{2}, \quad y^2, \quad \frac{4}{y}, \quad 0.1y, \quad 7xy$$

유형 **8** 일차식의 덧셈과 뺄셈

21 다음 중 옳지 않은 것은?

① $4x-2+(-9x+2)=-5x$
② $5(x-1)-(3x+6)=2x-11$
③ $-(-2x+3)-(5x-1)=-3x-2$
④ $\frac{1}{3}(3x+9)-\frac{1}{2}(6-4x)=-2x+5$
⑤ $-6(2x+3)+10\left(\frac{1}{5}x-\frac{1}{2}\right)=-10x-23$

22 $(4y-8)\div\left(-\frac{4}{3}\right)+3(4y-3)$을 계산하면 $ay+b$ 일 때, 상수 a, b에 대하여 $a-b$의 값은?

① -12
② -6
③ 6
④ 12
⑤ 20

23 $2x+5-(ax+b)$를 계산하면 x의 계수는 3, 상수 항은 -4일 때, 상수 a, b에 대하여 $a+b$의 값을 구 하시오.

유형 **9** 복잡한 일차식의 덧셈과 뺄셈

24 $2x-[x-\{y-2(x-3)-(x+y)\}]+4$를 계산하 면?

① 16
② $-2x+10$
③ $6x-10$
④ $6x+2$
⑤ $2y+10$

25 $3x+7-\{2x+5(-x+2)-4\}$를 계산하였을 때, x의 계수와 상수항의 합은?

① 5   ② 6   ③ 7

④ 8   ⑤ 9

Best

26 $\dfrac{3x-4}{2}-\dfrac{5x-3}{3}$을 계산하였을 때, x의 계수를 a, 상수항을 b라 하자. 이때 $6a+b$의 값은?

① -2 ② -1 ③ 0

④ 1 ⑤ 2

27 다음을 계산하시오.

$$12\left(\frac{x-1}{6}+\frac{2x-1}{3}\right)-0.8(2x-5)$$
$$+0.2(3x+10)$$

유형 ⑩   일차식의 덧셈과 뺄셈의 활용

Best

28 오른쪽 그림과 같은 직사각형에서 색칠한 부분의 넓이를 a를 사용한 식으로 나타내시오.

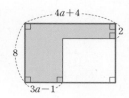

29 오른쪽 그림과 같은 직사각형에서 색칠한 부분의 넓이를 x를 사용한 식으로 나타내면?

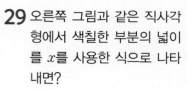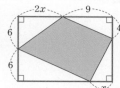

① $9x+63$ ② $11x+45$

③ $11x+63$ ④ $13x+45$

⑤ $13x+81$

30 어느 중학교의 작년 신입생은 남학생이 x명이었고, 여학생이 남학생보다 40명 적었다. 올해 이 학교의 신입생은 작년에 비해 남학생 수가 10 % 증가하였고, 여학생 수가 20 % 감소하였다고 한다. 올해 이 학교의 신입생 수를 x를 사용한 식으로 나타내시오.

유형 ⑪ **문자에 일차식 대입하기**

31 $A = -x + 2y$, $B = -3x - 4y$일 때, $2A - 3B$를 계산하면?

① $-6x - 7y$ ② $-4x + 16y$ ③ $x + 2y$
④ $4x + 11y$ ⑤ $7x + 16y$

Best
32 $A = 2x - 1$, $B = -3x + 2$일 때,
$5A + B - 2(3A - B)$를 계산하시오.

33 $A = \dfrac{-x + 4}{3}$, $B = \dfrac{2x - 1}{6}$일 때, $-A + 3B$를 계산하였더니 $ax + b$가 되었다. 이때 상수 a, b에 대하여 $a + b$의 값은?

① $-\dfrac{2}{3}$ ② $-\dfrac{1}{2}$ ③ $-\dfrac{1}{3}$

④ $\dfrac{1}{6}$ ⑤ $\dfrac{1}{2}$

유형 ⑫ **어떤 식 구하기**

34 다음 조건을 모두 만족시키는 두 일차식 A, B에 대하여 $A + B$를 계산하면?

조건
(가) 일차식 A에 $3x - 5$를 더하면 $-x + 1$이다.
(나) $-2x + 1$에서 일차식 B를 빼면 $-4x + 3$이다.

① $-4x + 4$ ② $-2x + 4$ ③ $-2x + 10$
④ $2x + 4$ ⑤ $4x + 10$

35 다음 그림에서 □ 안의 식은 바로 위 양옆의 □ 안의 두 식의 합이다. 이때 A에 알맞은 식은?

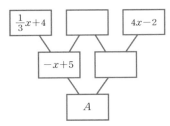

① $x + 2$ ② $\dfrac{5}{3}x + 2$ ③ $\dfrac{5}{3}x + 4$

④ $\dfrac{11}{3}x + 2$ ⑤ $\dfrac{11}{3}x + 4$

Best
36 어떤 다항식에 $6x - 5$를 더해야 할 것을 잘못하여 뺐더니 $2x + 15$가 되었다. 이때 바르게 계산한 식을 구하시오.

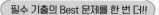
1 다음 중 $2 \times a \div b - x \div (a-b) \times y$를 기호 $\times$, $\div$를 생략하여 나타낸 것은?

① $\dfrac{2}{ab} - \dfrac{x}{(a-b)y}$　　② $\dfrac{2}{ab} - \dfrac{xy}{a-b}$

③ $\dfrac{2a}{b} - \dfrac{x}{(a-b)y}$　　④ $\dfrac{2a}{b} - \dfrac{xy}{a-b}$

⑤ $\dfrac{2b}{a} - \dfrac{y}{(a-b)x}$

2 다음 중 문자를 사용하여 나타낸 식으로 옳지 <u>않은</u> 것은?

① 두 대각선의 길이가 a cm, b cm인 마름모의 넓이 ➡ ab cm²

② 1초에 물이 x톤씩 흘러 나가는 댐에서 20초 동안 흘러 나간 물의 양 ➡ $20x$톤

③ 전교생 x명 중에서 $y\,\%$가 남학생일 때, 여학생 수 ➡ $x - \dfrac{xy}{100}$

④ 수학 점수가 a점, 영어 점수가 b점일 때, 두 과목의 평균 점수 ➡ $\dfrac{a+b}{2}$점

⑤ 300쪽인 책을 하루에 20쪽씩 x일 동안 읽었을 때, 남은 쪽수 ➡ $300 - 20x$

3 $x=4$, $y=\dfrac{1}{2}$일 때, $x+4y^2-1$의 값은?

① 4　　　② 5　　　③ 6
④ 7　　　⑤ 8

4 다음 보기 중 다항식 $-x^2-4x+3$에 대한 설명으로 옳은 것을 모두 고른 것은?

┌─ 보기 ─
ㄱ. 상수항은 3이다.
ㄴ. x의 계수는 -4이다.
ㄷ. 항은 x^2, $4x$, 3이다.
ㄹ. 다항식의 차수는 2이다.
└

① ㄱ, ㄴ　　② ㄱ, ㄹ　　③ ㄴ, ㄷ
④ ㄱ, ㄴ, ㄹ　　⑤ ㄴ, ㄷ, ㄹ

5 다음 중 옳지 <u>않은</u> 것은?

① $7x \times (-5) = -35x$

② $\left(-\dfrac{8}{3}y\right) \div \left(-\dfrac{3}{2}\right) = 4y$

③ $(b+6) \times (-2) = -2b-12$

④ $(-2a+3) \div \dfrac{1}{4} = -8a+12$

⑤ $\left(-\dfrac{5}{3}y+5\right) \div \left(-\dfrac{4}{3}\right) = \dfrac{5y-15}{4}$

6 $\dfrac{1}{2}(8x+4)+(4x-2)\div\left(-\dfrac{2}{5}\right)$를 계산하면?

① $-6x-3$ ② $-6x+7$ ③ $6x-6$
④ $6x+2$ ⑤ $6x+9$

7 $2x-3\left[x-4\left\{x-\dfrac{1}{7}(14x-21)\right\}\right]$을 계산하시오.

8 $\dfrac{4x+1}{5}-\dfrac{2x-2}{3}$를 계산하였을 때, x의 계수와 상수항의 차는?

① $\dfrac{8}{15}$ ② $\dfrac{3}{5}$ ③ $\dfrac{2}{3}$
④ $\dfrac{11}{15}$ ⑤ $\dfrac{4}{5}$

9 다음 그림과 같이 한 변의 길이가 $7\,cm$인 정사각형에서 가로의 길이를 $x\,cm$만큼, 세로의 길이를 $(2x+1)\,cm$만큼 줄였더니 직사각형이 되었다. 이 직사각형의 둘레의 길이를 x를 사용한 식으로 나타내시오.

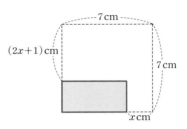

10 $A=3x-5$, $B=-2x+3$일 때, $-A+9B-3(2B-A)$를 계산하면?

① -7 ② -1 ③ $-12x-2$
④ $-12x+4$ ⑤ $12x-19$

11 어떤 다항식에서 $-3x+7$을 빼야 할 것을 잘못하여 더했더니 $x+1$이 되었다. 이때 바르게 계산한 식은?

① $x-1$ ② $4x-6$ ③ $7x-13$
④ $7x-1$ ⑤ $7x+1$

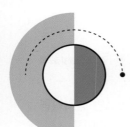 # 100점 완성

1-

❶

$x=-1$일 때, $x^2+2x^3+3x^4+\cdots+249x^{250}$의 값은?

① -250 ② -124 ③ 125

④ 249 ⑤ 250

• **Key** •

n이 홀수이면 $(-1)^n=-1$, n이 짝수이면 $(-1)^n=1$임을 이용한다.

❷

$x=-1$일 때, $x+2x^2+3x^3+\cdots+1001x^{1001}$의 값을 구하시오.

2-

❶

다음 그림과 같이 성냥개비를 사용하여 정삼각형을 만들 때, 정삼각형을 21개 만드는 데 필요한 성냥개비의 개수를 구하시오.

• **Key** •

정삼각형을 1개, 2개, 3개, … 만드는 데 필요한 성냥개비의 개수의 규칙을 찾는다.

❷

다음 그림과 같이 스티커를 T자 모양으로 계속하여 붙일 때, [70단계]에 붙어 있는 스티커의 개수는?

😊   😊😊😊   😊😊😊😊😊
                😊   😊
                                😊   …

[1단계]   [2단계]   [3단계]

① 205   ② 208   ③ 211

④ 276   ⑤ 280

3-

❶

$x=-\dfrac{1}{5}$, $y=1$일 때,

$y-3-[-(x-4y)+\{2x+y-(6x+3y)\}]$의 값을 구하시오.

• **Key** •

먼저 식을 간단히 한 후 x, y의 값을 대입한다.

❷

$x=-1$, $y=2$일 때,

$-x-2y-[3x+y-2\{y-2(x+1)\}]+5$의 값은?

① 5   ② 6   ③ 7

④ 8   ⑤ 9

4-

①

상수항이 4인 x에 대한 일차식이 다음 조건을 모두 만족시킬 때, $-2a+5b$의 값을 구하시오.

> **조건**
> (가) $x=5$일 때, 식의 값은 a이다.
> (나) $x=2$일 때, 식의 값은 b이다.

• Key •

x에 대한 일차식은 $ax+b$(a, b는 상수, $a\neq0$) 꼴임을 이용하여 식을 세운다.

②

x의 계수가 3인 x에 대한 일차식이 있다. 이 일차식은 $x=-3$일 때의 식의 값이 a이고, $x=-6$일 때의 식의 값이 b이다. 이때 $a-b$의 값을 구하시오.

5-

①

한 변의 길이가 4cm인 정사각형 x개를 다음 그림과 같이 한 정사각형의 두 대각선이 만나는 점에 다른 정사각형의 한 꼭짓점이 놓이도록 겹쳐 놓았다. 이때 생기는 도형의 넓이를 x를 사용한 식으로 나타내시오.

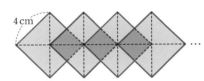

• Key •

정사각형을 겹쳐 놓을 때 겹쳐지는 부분이 몇 개 생기는지 찾는다.

②

다음 그림과 같이 한 변의 길이가 6cm인 정사각형 모양의 색종이 n장을 2cm만큼 겹치도록 이어 붙여서 직사각형을 만들려고 한다. 이때 완성된 직사각형의 둘레의 길이를 n을 사용한 식으로 나타내시오.

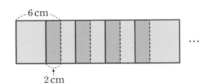

6-

①

세 일차식 A, B, C가 다음 조건을 모두 만족시킬 때, $2A-(3A-2B)+C$를 계산하시오.

> **조건**
> (가) A에 $2x+1$을 더하면 $7x-10$이다.
> (나) B에 $-\frac{5}{2}$를 곱하면 $-10x+5$이다.
> (다) C에서 $3x-4$를 빼면 $2x+8$이다.

• Key •

$A+\square=\bigcirc$이면 $A=\bigcirc-\square$, $B\times\square=\bigcirc$이면 $B=\bigcirc\div\square$, $C-\square=\bigcirc$이면 $C=\bigcirc+\square$임을 이용하여 A, B, C를 먼저 구한다.

②

세 일차식 A, B, C가 다음 조건을 모두 만족시킬 때, $A+3B-2(A+C)$를 계산하시오.

> **조건**
> (가) A에 $\frac{1}{2}$을 곱하면 $-6x+4$이다.
> (나) B에서 $x+1$을 빼면 A이다.
> (다) C에 $-2x-2$를 더하면 B이다.

서술형 완성

1 $x=-3$, $y=-1$, $z=5$일 때, $\dfrac{2x-y}{z}-\dfrac{z^2}{y}$의 값을 구하시오. [6점]

3 일차식 $ax+b$에 $-\dfrac{2}{3}$를 곱하면 $6x-4$가 되고 $6x-4$에 $-\dfrac{5}{2}$를 곱하면 $cx+d$가 될 때, 상수 a, b, c, d에 대하여 $a+b+c+d$의 값을 구하시오. [8점]

4 $\dfrac{2(2x-1)}{5}-\dfrac{x-1}{2}$을 계산하였을 때, x의 계수를 a, 상수항을 b라 하자. 이때 $a+b$의 값을 구하시오. [8점]

2 오른쪽 그림과 같이 가로의 길이가 a cm, 세로의 길이가 b cm, 높이가 10 cm인 직육면체에 대하여 다음 물음에 답하시오.

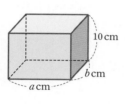

(1) 직육면체의 겉넓이와 부피를 각각 a, b를 사용한 식으로 나타내시오. [4점]

(2) $a=12$, $b=5$일 때, 직육면체의 겉넓이와 부피를 각각 구하시오. [4점]

5 오른쪽 그림과 같은 도형의 넓이를 a를 사용한 식으로 나타내시오. [8점]

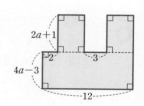

6 $A=\dfrac{1}{2}x-\dfrac{1}{6}y$, $B=x+\dfrac{2}{3}y$, $C=x+y$일 때, 다음 식을 계산하시오. [8점]

$$3(A+B)-2\{A+3(B-C)\}-4C$$

7 아래 그림에서 가로, 세로, 대각선에 놓인 세 일차식의 합이 모두 같을 때, 다음 물음에 답하시오.

$2x-2$		A
	$5x+1$	
$4x$	B	$8x+4$

(1) 일차식 A를 구하시오. [4점]

(2) 일차식 B를 구하시오. [2점]

(3) $A-B$를 계산하시오. [2점]

(서술형)

8 오른쪽 그림과 같이 한 변의 길이가 8인 정사각형 모양의 종이 ABCD를 꼭짓점 A가 변 BC 위의 점 G에 오도록 접었다. 선분 BF의 길이가 3, 선분 EI의 길이가 x일 때, 다음 물음에 답하시오.

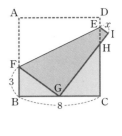

(1) 사각형 EFGI의 넓이를 x를 사용한 식으로 나타내시오. [8점]

(2) $x=\dfrac{1}{2}$일 때, 사각형 EFGI의 넓이를 구하시오. [2점]

9 오른쪽 그림과 같이 윗변의 길이가 a, 아랫변의 길이가 $2a-1$, 높이가 10인 사다리꼴이 있다. 이 사다리꼴의 윗변의 길이는 10 %만큼 늘이고, 아랫변의 길이는 10 %만큼 줄여서 만든 사다리꼴의 넓이를 a를 사용한 식으로 나타내시오. [10점]

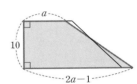

1 다음 중 기호 $\times$, $\div$를 생략하여 나타낸 식으로 옳은 것을 모두 고르면? (정답 2개)

① $x \div (2 \times y) = \dfrac{2y}{x}$

② $-0.1 \times (x+y) = -0.1(x+y)$

③ $x \div y \times z = \dfrac{x}{yz}$

④ $a \div b + x \times (-3) = \dfrac{a}{b} - 3x$

⑤ $a - b \div x = \dfrac{a-b}{x}$

2 다음 중 문자를 사용하여 나타낸 식으로 옳지 <u>않은</u> 것은?

① 자동차가 시속 $60\,km$로 x시간 동안 달린 거리
➡ $60x\,km$

② 정가가 x원인 옷을 $20\,\%$ 할인하여 샀을 때 지불한 금액 ➡ $\dfrac{1}{5}x$원

③ 십의 자리의 숫자가 a, 일의 자리의 숫자가 b인 두 자리의 자연수 ➡ $10a+b$

④ 형의 나이가 a살일 때, 6살 어린 동생의 나이
➡ $(a-6)$살

⑤ 가로의 길이가 $x\,cm$, 세로의 길이가 $y\,cm$인 직사각형의 둘레의 길이 ➡ $2(x+y)\,cm$

3 $a = -2$일 때, 다음 중 식의 값이 나머지 넷과 <u>다른</u> 하나는?

① a^2 ② $(-a)^2$ ③ $-2a$

④ $a+6$ ⑤ $10 - a^2$

4 $x = -3$, $y = 4$일 때, 다음 중 식의 값이 가장 큰 것은?

① $x + 3y$ ② $3x^2 - y$ ③ $x^2 + y^2$

④ $-\dfrac{x}{y}$ ⑤ $10 - |xy|$

5 지면에서 초속 $30\,m$로 똑바로 위로 던져 올린 물체의 t초 후의 높이는 $(30t - 5t^2)\,m$라 한다. 이 물체의 3초 후의 높이는?

① $30\,m$ ② $35\,m$ ③ $40\,m$

④ $45\,m$ ⑤ $50\,m$

6 다음 보기 중 일차식의 개수는?

> **보기**
>
> ㄱ. $8x - 2$ ㄴ. $-\dfrac{1}{x} + 6$ ㄷ. $\dfrac{2}{3} - \dfrac{y}{5}$
>
> ㄹ. $x - 0 \times x^2$ ㅁ. 10 ㅂ. $\dfrac{5-x}{7}$

① 1   ② 2   ③ 3

④ 4   ⑤ 5

7 다항식 $\dfrac{x^2}{10} - x + \dfrac{1}{5}$에서 x^2의 계수를 a, x의 계수를 b, 다항식의 차수를 c라 할 때, $(c-b) \div a$의 값은?

① $\dfrac{1}{10}$ ② $\dfrac{3}{10}$ ③ 10

④ 30 ⑤ 50

8 다음 중 옳은 것은?

① $-2x \times (-5) = -10x$

② $(x+6) \div 3 = x+2$

③ $6\left(\dfrac{5}{2}x - \dfrac{1}{3}\right) = 15x - \dfrac{1}{18}$

④ $(12x-4) \div (-4) = -3x+1$

⑤ $(-2x+3) \div \left(-\dfrac{2}{3}\right) = 3x-2$

9 다음 그림과 같이 성냥개비를 사용하여 정사각형을 만든다. 정사각형을 20개 만들었을 때 사용한 성냥개비의 개수는?

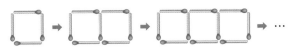

① 51 ② 56 ③ 61

④ 66 ⑤ 71

10 다음 보기 중 동류항끼리 짝 지어진 것을 모두 고른 것은?

보기

ㄱ. 2, -5 ㄴ. $0.3x$, $\dfrac{x}{3}$

ㄷ. $\dfrac{4}{x}$, $4x$ ㄹ. $-a$, $-5a^2$

① ㄱ, ㄴ   ② ㄱ, ㄷ   ③ ㄱ, ㄹ

④ ㄴ, ㄷ   ⑤ ㄴ, ㄹ

11 다음 중 옳지 <u>않은</u> 것은?

① $-3a+1+2a = -a+1$

② $(2x+7) + (3x-4) = 5x+3$

③ $(-y+7) - (2y+1) = -3y+8$

④ $3(a-1) - (2a-5) = a+2$

⑤ $0.75x + \dfrac{1}{2} - \dfrac{1}{4}x + 0.2 = \dfrac{1}{2}x + \dfrac{7}{10}$

12 $3(5x+2) - 2(4x-5)$를 계산하였을 때, x의 계수와 상수항의 합은?

① 18 ② 19 ③ 20

④ 22 ⑤ 23

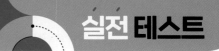
13 $-4x^2-3x+1+ax^2+bx+2$가 x에 대한 일차식이 되도록 하는 상수 a, b의 조건은?

① $a=-4$, $b=-3$ ② $a=4$, $b=3$

③ $a\neq-4$, $b=-3$ ④ $a=4$, $b\neq3$

⑤ $a\neq-4$, $b\neq3$

14 $\dfrac{5x-3}{2}-\dfrac{2x-4}{3}$ 를 계산하면?

① $\dfrac{5}{6}x-\dfrac{1}{3}$ ② $\dfrac{7}{6}x-\dfrac{1}{6}$ ③ $\dfrac{7}{6}x+\dfrac{1}{3}$

④ $\dfrac{11}{6}x-\dfrac{1}{6}$ ⑤ $\dfrac{11}{6}x+\dfrac{1}{2}$

15 $-\dfrac{3}{4}(8x-12)-\left\{(-10x+15)\div\left(-\dfrac{5}{3}\right)-3x\right\}$
를 계산하였을 때, x의 계수를 a, 상수항을 b라 하자. 이때 $a-b$의 값은?

① -27 ② -18 ③ -9

④ 9 ⑤ 18

16 다음 ☐ 안에 알맞은 식은?

$$(-3x+2)-\boxed{}=4x-1$$

① $-7x+1$ ② $-7x+3$ ③ $x+3$

④ $7x-3$ ⑤ $7x+1$

서술형

17 길이가 25 cm인 양초에 불을 붙이면 10초에 x cm씩 줄어든다고 한다. 불을 붙인 지 y분 후에 남은 양초의 길이를 x, y를 사용한 식으로 나타내고, $x=0.2$, $y=20$일 때, 남은 양초의 길이를 구하시오. [8점]

18 오른쪽 그림과 같은 직사각형 ABCD에서 색칠한 부분의 넓이를 x를 사용한 식으로 나타내시오. [10점]

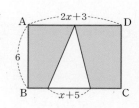

19 $A=-3x-5$, $B=x-2$일 때, $3A-2(A-B)$를 계산하시오. [8점]

20 어떤 다항식에서 $2x-5$를 빼야 할 것을 잘못하여 더했더니 $5x+1$이 되었다. 이때 바르게 계산한 식을 구하시오. [10점]

시험 '전 범위' 학습

I-1. 소인수분해

1 다음 중 소수의 개수는?

> 5, 11, 15, 17, 21, 33, 51

① 1   ② 2   ③ 3

④ 4   ⑤ 5

2 다음 중 옳은 것은?

① $5 \times 5 \times 5 = 3^5$

② $3^4 = 12$

③ $3 + 3 + 3 + 3 + 3 + 3 = 3^6$

④ $\dfrac{2 \times 2 \times 2}{3 \times 3 \times 3} = \left(\dfrac{2}{3}\right)^3$

⑤ $5 \times 5 \times 7 \times 7 \times 7 = 2^5 \times 3^7$

3 다음 중 소인수분해를 바르게 한 것은?

① $56 = 2^2 \times 7^2$ ② $64 = 2^5 \times 3$

③ $96 = 2^4 \times 6$ ④ $120 = 2^3 \times 3 \times 5$

⑤ $280 = 2^4 \times 5 \times 7$

4 504의 소인수를 모두 구하면?

① 2, 3   ② 2, 7   ③ 2, 3, 7

④ 1, 2, 3, 7   ⑤ 2, 3, 5, 7

5 45에 자연수를 곱하여 어떤 자연수의 제곱이 되도록 할 때, 곱할 수 있는 가장 작은 자연수는?

① 2   ② 3   ③ 4

④ 5   ⑤ 6

6 다음 중 $2^3 \times 3^2$의 약수가 <u>아닌</u> 것은?

① 2×3　　　② $2^2 \times 3^2$　　　③ $2^2 \times 3^3$

④ $2^3 \times 3$　　　⑤ $2^3 \times 3^2$

7 $2^3 \times 3^4 \times 5$의 약수의 개수는?

① 12　　　② 20　　　③ 24

④ 36　　　⑤ 40

8 자연수 $3^3 \times \square$의 약수가 12개일 때, 다음 중 $\square$ 안에 들어갈 수 <u>없는</u> 수를 모두 고르면? (정답 2개)

① 4　　　② 9　　　③ 16

④ 25　　　⑤ 49

Ⅰ-2. 최대공약수와 최소공배수

9 세 수 $2^3 \times 3$, $2 \times 3^2 \times 5$, $2^2 \times 3 \times 7$의 최대공약수는?

① 2×3　　　　　② $2^2 \times 3$

③ $2 \times 3 \times 5$　　　④ $2^2 \times 3 \times 5$

⑤ $2^3 \times 3^2 \times 5 \times 7$

10 다음 중 두 수가 서로소인 것은?

① 5, 7　　　② 9, 12　　　③ 14, 35

④ 18, 21　　　⑤ 27, 54

11 다음 중 두 수 $2^3 \times 3^2$, $2^2 \times 3 \times 5$의 공배수가 <u>아닌</u> 것은?

① $2^3 \times 3 \times 5$　　　　　② $2^3 \times 3^2 \times 5$

③ $2^3 \times 3^3 \times 5$　　　　　④ $2^3 \times 3^3 \times 5^2$

⑤ $2^3 \times 3^2 \times 5 \times 7$

12 두 수 $2^a \times 3^2$, $2^2 \times 3^b \times c$의 최소공배수가 $2^3 \times 3^3 \times 11$일 때, 자연수 a, b, c에 대하여 $a+b+c$의 값을 구하시오. (단, c는 소수)

13 두 자연수 32, A의 최대공약수가 16일 때, A의 값이 될 수 있는 수 중 가장 큰 두 자리의 자연수는?

① 48   ② 64   ③ 72
④ 80   ⑤ 96

14 두 자연수 21, N의 최대공약수가 7이고 최소공배수가 42일 때, N의 값은?

① 7   ② 10   ③ 14
④ 18   ⑤ 28

15 9, 15의 어느 수로 나누어도 5가 남는 두 자리의 자연수 중에서 가장 작은 수는?

① 45   ② 50   ③ 55
④ 60   ⑤ 65

16 세 분수 $\dfrac{24}{x}$, $\dfrac{36}{x}$, $\dfrac{60}{x}$이 자연수가 되도록 하는 자연수 x의 개수는?

① 2   ② 3   ③ 4
④ 5   ⑤ 6

I –3. 정수와 유리수

17 다음 중 양의 부호 + 또는 음의 부호 −를 사용하여 나타낸 것으로 옳은 것은?

① 12 % 감소 ➡ +12 %
② 도착 7일 전 ➡ +7일
③ 10점 득점 ➡ +10점
④ 3 kg 증량 ➡ −3 kg
⑤ 500원 손해 ➡ +500원

18 다음 중 주어진 수에 대한 설명으로 옳은 것은?

$$-3, \quad 0, \quad -2.1, \quad +\frac{12}{3}, \quad 7, \quad -\frac{5}{2}$$

① 양수는 1개이다.
② 유리수는 5개이다.
③ 정수가 아닌 유리수는 3개이다.
④ 가장 작은 수는 −3이다.
⑤ 절댓값이 가장 작은 수는 −2.1이다.

19 다음 중 아래 수직선 위의 5개의 점 A, B, C, D, E에 대응하는 수로 옳은 것은?

① A: 3
② B: $-\frac{4}{3}$
③ C: −0.5
④ D: $\frac{6}{5}$
⑤ E: $\frac{3}{2}$

20 −3의 절댓값을 a, 절댓값이 4인 양수를 b라 할 때, $a \times b$의 값은?

① 10
② 12
③ 14
④ 16
⑤ 18

21 다음 중 절댓값이 2 이상인 수가 <u>아닌</u> 것은?

① −3
② $\frac{11}{4}$
③ $-\frac{5}{3}$
④ 2.7
⑤ 5

22 다음 수를 큰 수부터 차례로 나열할 때, 세 번째에 오는 수를 구하시오.

$$-2.5, \quad 1.8, \quad 1, \quad \frac{2}{3}, \quad -\frac{1}{4}, \quad 4.2, \quad \frac{7}{2}$$

23 'x는 $-\frac{3}{2}$보다 크고 $\frac{5}{4}$보다 크지 않다.'를 부등호를 사용하여 나타내면?

① $-\frac{3}{2} < x < \frac{5}{4}$ 　　② $-\frac{3}{2} \leq x < \frac{5}{4}$

③ $-\frac{3}{2} < x \leq \frac{5}{4}$ 　　④ $-\frac{3}{2} \leq x \leq \frac{5}{4}$

⑤ $\frac{5}{4} \leq x < \frac{3}{2}$

24 $-\frac{7}{3} < x \leq 3$을 만족시키는 정수 x의 개수는?

① 6 　　　② 7 　　　③ 8
④ 9 　　　⑤ 10

I-4. 정수와 유리수의 계산

25 다음 중 계산 결과가 가장 작은 것은?

① $(+5)+(+1)$
② $(-3)-(+2)$
③ $(-6)+(+2)$
④ $(-3)-(-5)$
⑤ $(+3)-(-1)$

26 $\left(+\frac{5}{3}\right)+\left(-\frac{1}{2}\right)-\left(-\frac{2}{3}\right)-\left(+\frac{3}{2}\right)$을 계산하시오.

27 어떤 수에서 -1을 빼야 할 것을 잘못하여 더했더니 4가 되었다. 이때 바르게 계산한 답을 구하시오.

28 다음 중 가장 큰 수는?

① -1보다 4만큼 큰 수
② 3보다 7만큼 작은 수
③ -2보다 -4만큼 작은 수
④ 4보다 -3만큼 큰 수
⑤ 7보다 2만큼 작은 수

29 두 수 x, y에 대하여 $|x|=2$, $|y|=3$일 때, 다음 중 $x+y$의 값이 될 수 없는 것은?

① -5 ② -1 ③ 0
④ 1 ⑤ 5

30 다음 계산 과정에서 ㈎~㉺에 들어갈 것으로 옳지 않은 것은?

$(-4.5)\times(+9)\times(-2)$
$=(+9)\times(\boxed{\text{㈐}})\times(-2)$ ⎫ 곱셈의 $\boxed{\text{㈎}}$
$=(+9)\times\{(\boxed{\text{㈐}})\times(-2)\}$ ⎬ 곱셈의 $\boxed{\text{㈏}}$
$=(+9)\times(\boxed{\text{㈑}})$
$=\boxed{\text{㉺}}$

① ㈎ 교환법칙 ② ㈏ 결합법칙 ③ ㈐ -4.5
④ ㈑ $+9$ ⑤ ㉺ -81

31 다음 중 계산 결과가 옳지 않은 것은?

① $(-4)\times(-2)=+8$
② $(+3)\times(-5)=-15$
③ $\left(-\dfrac{3}{4}\right)\times\left(+\dfrac{8}{9}\right)=-\dfrac{2}{3}$
④ $\left(-\dfrac{1}{3}\right)\times(+3)=-1$
⑤ $\left(+\dfrac{2}{3}\right)\times\left(-\dfrac{1}{2}\right)\times\left(+\dfrac{3}{4}\right)=+\dfrac{1}{4}$

32 다음 중 계산 결과가 $(-1)^3$과 같은 것은?

① $(-1)^4$ ② $-(-1)^2$ ③ $-(-1)^5$
④ $\{-(-1)\}^2$ ⑤ $\{-(-1)\}^3$

33 분배법칙을 이용하여 $16\times\left(-\dfrac{13}{3}\right)+14\times\left(-\dfrac{13}{3}\right)$ 을 계산하시오.

34 다음 중 두 수가 서로 역수 관계가 <u>아닌</u> 것은?

① -2, -0.5 ② $-\dfrac{2}{7}$, $-\dfrac{7}{2}$ ③ $-\dfrac{1}{4}$, -4

④ 0.2, $\dfrac{1}{5}$ ⑤ 1, 1

35 $-\dfrac{5}{2}$보다 1만큼 작은 수를 a, 6의 역수를 b라 할 때, $a \div b$의 값을 구하시오.

36 두 수 A, B가 다음과 같을 때, $A \times B$의 값은?

$$A=\left(-\dfrac{1}{2}\right)^3 \div (-4)^2 \times \left(\dfrac{4}{3}\right)^2$$
$$B=\left(-\dfrac{5}{3}\right) \times (-6)^2 \div \dfrac{10}{9}$$

① $-\dfrac{3}{4}$ ② $-\dfrac{1}{4}$ ③ $\dfrac{1}{4}$

④ $\dfrac{1}{2}$ ⑤ $\dfrac{3}{4}$

37 두 수 a, b에 대하여 $a>0$, $b<0$일 때, 다음 중 항상 양수인 것은?

① $a+b$ ② $a-b$ ③ $b-a$
④ $a \times b$ ⑤ $a \div b$

38 다음 식의 계산 순서를 차례로 나열한 것은?

$$2-\left\{\dfrac{7}{2}-(-6) \times \left(-\dfrac{1}{3}\right)^2\right\} \div \left(-\dfrac{5}{2}\right)$$

순서: ㉠ ㉡ ㉢ ㉣ ㉤

① ㉠, ㉡, ㉢, ㉣, ㉤ ② ㉠, ㉢, ㉤, ㉣, ㉡
③ ㉢, ㉡, ㉣, ㉤, ㉠ ④ ㉣, ㉡, ㉢, ㉠, ㉤
⑤ ㉣, ㉢, ㉡, ㉤, ㉠

Ⅱ-1. 문자의 사용과 식

39 다음 중 기호 ×, ÷를 생략하여 나타낸 것으로 옳은 것은?

① $1 \div x = x$
② $0.1 \times a = 0.a$
③ $b \times b \times b = 3b$
④ $(t+1) \times (-2) = t+1-2$
⑤ $y \times x \times (-2) \times y \times z = -2xy^2z$

40 다음을 문자를 사용한 식으로 나타내면?

> 2점짜리 문제 a개와 4점짜리 문제 b개를 맞혔을 때의 점수

① $6ab$점
② $8ab$점
③ $(a+b+6)$점
④ $(2a+4b)$점
⑤ (a^2+b^4)점

41 $a=-2$일 때, 다음 중 식의 값이 가장 큰 것은?

① $2a$
② $\dfrac{1}{a}$
③ $-a$
④ $a-3$
⑤ $-a^2$

42 키가 h cm인 사람의 표준 몸무게는 $0.9(h-100)$ kg이라 할 때, 키가 180 cm인 사람의 표준 몸무게는?

① 72 kg
② 74 kg
③ 76 kg
④ 78 kg
⑤ 80 kg

43 다음 중 다항식 $3x^2-2x+5$에 대한 설명으로 옳지 <u>않은</u> 것은?

① 항은 $3x^2$, $-2x$, 5의 3개이다.
② 상수항은 5이다.
③ x의 계수는 2이다.
④ $3x^2$의 차수는 2이다.
⑤ 다항식의 차수는 2이다.

44 다음 중 일차식인 것을 모두 고르면? (정답 2개)

① $x+3$
② x^2+x-2
③ $\dfrac{1}{x}$
④ -1
⑤ $\dfrac{x}{3}+1$

▶ 정답과 해설 41쪽

45 다음 중 옳지 <u>않은</u> 것은?

① $(-2) \times 6x = -12x$

② $18x \div \dfrac{2}{3} = 27x$

③ $(2x-5) \times (-3) = -6x+15$

④ $(9x-6) \div 3 = 3x-2$

⑤ $(12x-3) \div \left(-\dfrac{3}{5}\right) = 20x-5$

46 다음 중 $2x$와 동류항인 것은?

① $\dfrac{3}{x}$ ② $3y$ ③ xy

④ $-\dfrac{x}{3}$ ⑤ $\dfrac{1}{2}x^2$

47 $-2a+6+9a-4$를 계산하면?

① $-11a+2$ ② $-7a-10$ ③ $7a+2$

④ $7a+10$ ⑤ $11a+10$

48 $\dfrac{2x-3}{3} - \dfrac{3x+1}{4}$을 계산하시오.

49 $A=3x+y$, $B=2x-4y$일 때, $2A+3B$를 계산하면?

① $12x-10y$ ② $10x-8y$ ③ $8x-6y$

④ $6x-4y$ ⑤ $4x-2y$

50 $2a+3+\boxed{}=5a-2$일 때, $\boxed{}$ 안에 알맞은 식을 구하시오.

일일 과제 2회

I-1. 소인수분해

1 20 이하의 자연수 중에서 합성수의 개수는?

① 8   ② 9   ③ 10

④ 11   ⑤ 12

2 3×3과 $7 \times 7 \times 7$을 거듭제곱으로 나타내면 3의 거듭제곱의 밑은 a이고, 7의 거듭제곱의 지수는 b이다. 이때 $a+b$의 값을 구하시오.

3 다음은 주어진 자연수를 소인수분해 한 것이다. ☐ 안에 들어갈 수가 나머지 넷과 <u>다른</u> 하나는?

① $90 = 2 \times 3^{\square} \times 5$ ② $98 = 2 \times 7^{\square}$

③ $200 = 2^{\square} \times 5^2$ ④ $308 = 2^{\square} \times 7 \times 11$

⑤ $675 = 3^3 \times 5^{\square}$

4 다음 중 모든 소인수의 합이 가장 큰 것은?

① 21   ② 120   ③ 121

④ 175   ⑤ 405

5 다음 조건을 모두 만족시키는 자연수 N의 값을 구하시오.

> **조건**
> ㈎ N은 50보다 크고 70보다 작다.
> ㈏ N의 소인수 중 가장 큰 수는 5이다.

6 432를 자연수 x로 나누어 어떤 자연수의 제곱이 되도록 할 때, 다음 중 x의 값이 될 수 <u>없는</u> 것은?

① 3   ② 9   ③ 12

④ 27   ⑤ 48

7 아래 표를 이용하여 108의 약수를 구하려고 할 때, 다음 중 옳은 것은?

×	1	3	3^2	(가)
(나)	1			
2	2	2×3	2×3^2	
2^2	2^2	(다)		

① 108을 소인수분해 하면 $2^2 \times 3^2$이다.

② (가)에 알맞은 수는 3^4이다.

③ (나)에 알맞은 수는 2^1이다.

④ (다)에 알맞은 수는 36이다.

⑤ 2×3^3은 108의 약수이다.

8 다음 중 약수의 개수가 나머지 넷과 <u>다른</u> 하나는?

① 2×3^5 ② $2^3 \times 5^2$ ③ $3^2 \times 7^3$

④ 72   ⑤ 192

I-2. 최대공약수와 최소공배수

9 두 자연수 A, B의 최대공약수가 102일 때, 다음 중 A, B의 공약수가 <u>아닌</u> 것은?

① 6   ② 13   ③ 17

④ 51   ⑤ 102

10 다음 보기 중 두 수가 서로소인 것을 모두 고른 것은?

> **보기**
>
> ㄱ. 3, 19   ㄴ. 6, 14
> ㄷ. 15, 56   ㄹ. 23, 46
> ㅁ. $2^4 \times 3^2$, 5^3 ㅂ. 3×5^2, 5×7

① ㄱ, ㄴ, ㅁ   ② ㄱ, ㄷ, ㅁ   ③ ㄱ, ㄷ, ㅂ

④ ㄴ, ㄹ, ㅂ   ⑤ ㄷ, ㄹ, ㅁ

11 세 수 36, 54, 72의 최대공약수를 a, 최소공배수를 b라 할 때, $a+b$의 값은?

① 108   ② 234   ③ 250

④ 262   ⑤ 450

▶ 정답과 해설 42쪽

12 세 자연수 $2 \times x$, $6 \times x$, $14 \times x$의 최소공배수가 126이다. 이 세 자연수의 최대공약수를 a, 공약수의 개수를 b라 할 때, $a+b$의 값을 구하시오.

13 두 수 $2^4 \times 3^a \times 5$, $2^2 \times 3^5 \times 5^b$의 최대공약수는 $2^2 \times 3^4 \times 5$, 최소공배수는 $2^4 \times 3^5 \times 5^2$일 때, 자연수 a, b에 대하여 $a+b$의 값은?

① 3   ② 4   ③ 5
④ 6   ⑤ 7

14 두 자연수 $2^4 \times 5^3$, N의 최대공약수가 2^3이고 최소공배수가 $2^4 \times 3^2 \times 5^3$일 때, N의 값을 구하시오.

15 자연수 A로 60을 나누면 3이 부족하고, 50을 나누면 8이 남는다. 이때 A의 값이 될 수 있는 가장 큰 수는?

① 14   ② 21   ③ 28
④ 35   ⑤ 42

16 1과 100 사이의 자연수 중에서 두 분수 $\dfrac{1}{6}$, $\dfrac{1}{8}$의 어느 것에 곱해도 그 결과가 자연수가 되도록 하는 수의 개수는?

① 2   ② 4   ③ 6
④ 8   ⑤ 10

17 다음 수 중에서 정수가 아닌 음의 유리수의 개수는?

$$-3, \quad 1.5, \quad \frac{24}{4}, \quad 2, \quad -0.7, \quad -\frac{8}{2}, \quad 0$$

① 1   ② 2   ③ 3
④ 4   ⑤ 5

18 다음 중 옳지 <u>않은</u> 것은?

① 모든 정수는 유리수이다.
② 모든 음의 유리수는 음수이다.
③ 0은 양수도 아니고 음수도 아니다.
④ 모든 양의 유리수는 자연수이다.
⑤ 서로 다른 두 유리수 사이에는 또 다른 유리수가 반드시 존재한다.

19 수직선 위에서 -3과 5에 대응하는 두 점으로부터 같은 거리에 있는 점에 대응하는 수는?

① 0   ② $\frac{1}{2}$ ③ 1
④ $\frac{3}{2}$ ⑤ 2

20 다음 보기 중 옳은 것을 모두 고른 것은?

> **보기**
> ㄱ. 절댓값은 항상 0보다 크거나 같다.
> ㄴ. 절댓값이 같은 두 수는 서로 같다.
> ㄷ. 수직선 위에서 오른쪽에 있는 수가 왼쪽에 있는 수보다 절댓값이 항상 크다.
> ㄹ. 음의 정수의 절댓값은 0의 절댓값보다 크다.

① ㄱ, ㄴ   ② ㄱ, ㄷ   ③ ㄱ, ㄹ
④ ㄴ, ㄷ   ⑤ ㄴ, ㄷ, ㄹ

21 다음 수를 절댓값이 작은 수부터 차례로 나열할 때, 세 번째에 오는 수는?

$$\frac{3}{2}, \quad -\frac{24}{8}, \quad 2, \quad -1.8, \quad 10, \quad \frac{42}{7}$$

① $\frac{3}{2}$ ② $-\frac{24}{8}$ ③ 2
④ -1.8 ⑤ $\frac{42}{7}$

▶ 정답과 해설 42쪽

22 다음 중 두 수의 대소 관계가 옳은 것은?

① $0 < -1$ ② $\dfrac{3}{5} > 0.8$

③ $-\dfrac{1}{2} > -\dfrac{2}{5}$ ④ $0.2 < \left| -\dfrac{1}{4} \right|$

⑤ $|5| > |-6|$

23 다음 중 부등호를 사용하여 나타낸 것으로 옳은 것은?

① x는 3보다 크지 않다. ➡ $x < 3$

② x는 -2보다 작지 않다. ➡ $x > -2$

③ x는 -1 이상 3 미만이다. ➡ $-1 \leq x < 3$

④ x는 -3 초과 4 이하이다. ➡ $-3 \leq x \leq 4$

⑤ x는 1보다 크고 5 이하이다. ➡ $1 < x < 5$

24 두 수 $-\dfrac{19}{5}$와 2.7 사이에 있는 정수 중에서 절댓값이 가장 큰 수를 구하시오.

I-4. 정수와 유리수의 계산

25 다음 수직선으로 설명할 수 있는 덧셈식은?

① $(-3) + (-4) = -7$

② $(-3) + (+4) = +1$

③ $(-3) + (+7) = +4$

④ $(+4) + (-7) = -3$

⑤ $(+4) + (-3) = +1$

26 두 수 -2.3과 $\dfrac{3}{2}$ 사이에 있는 모든 정수의 합은?

① -2 ② -1 ③ 0

④ 1 ⑤ 2

27 다음을 계산하시오.

$$1 - 2 + 3 - 4 + 5 - 6 + 7 - 8 + \cdots + 99 - 100$$

28 3보다 -2만큼 작은 수를 a, -5보다 8만큼 큰 수를 b라 할 때, $a-b$의 값은?

① -2 ② -1 ③ 1

④ 2 ⑤ 3

29 a의 절댓값이 5이고 b의 절댓값이 3일 때, $a-b$의 값 중에서 가장 큰 값은?

① -8 ② -2 ③ 2

④ 5 ⑤ 8

30 네 수 2, $-\dfrac{1}{2}$, $\dfrac{5}{4}$, -4 중에서 가장 큰 수를 a, 가장 작은 수를 b라 할 때, $a \times b$의 값은?

① -8 ② -5 ③ $-\dfrac{5}{8}$

④ $\dfrac{5}{2}$ ⑤ 5

31 다음 중 가장 큰 수는?

① $\left(-\dfrac{1}{2}\right)^3$ ② $\left(-\dfrac{1}{3}\right)^2$ ③ $-\dfrac{1}{2^3}$

④ $-\left(-\dfrac{1}{3}\right)^2$ ⑤ $-\left(-\dfrac{1}{2}\right)^3$

32 다음을 만족시키는 두 수 a, b에 대하여 $a \times b$의 값을 구하시오.

$$22 \times (-0.2) + (-12) \times (-0.2)$$
$$= a \times (-0.2)$$
$$= b$$

33 -4의 역수를 A, $1\dfrac{1}{3}$의 역수를 B라 할 때, $A+B$의 값은?

① $-\dfrac{1}{2}$ ② $-\dfrac{1}{4}$ ③ $\dfrac{1}{4}$

④ $\dfrac{1}{2}$ ⑤ $\dfrac{3}{4}$

34 $A=(-12)\div(+3)$, $B=(-8)\div(-0.5)$일 때, $A\div B$의 값은?

① -4 ② $-\dfrac{1}{4}$ ③ $\dfrac{1}{4}$

④ $\dfrac{1}{2}$ ⑤ 4

35 다음 중 계산 결과가 나머지 넷과 다른 하나는?

① $2-3+4-1$

② $(-1)^4-(-1)^3$

③ $\left(-\dfrac{8}{3}\right)\div\left(-\dfrac{4}{3}\right)$

④ $\left(\dfrac{1}{3}-\dfrac{1}{4}\right)\times24$

⑤ $16\div(-2)^2\times(-1)^3$

36 $\left(-\dfrac{5}{4}\right)^2\times\square\div\left(-\dfrac{3}{2}\right)^3=\dfrac{5}{12}$일 때, $\square$ 안에 알맞은 수를 구하시오.

37 두 수 a, b에 대하여 $a+b<0$, $a-b>0$, $a\times b<0$일 때, 다음 중 옳은 것은?

① $a>0$, $b>0$, $|a|>|b|$

② $a>0$, $b<0$, $|a|<|b|$

③ $a>0$, $b<0$, $|a|>|b|$

④ $a<0$, $b>0$, $|a|<|b|$

⑤ $a<0$, $b>0$, $|a|>|b|$

38 $-2^2\times\{18+(-3)^3\}\div4$를 계산하면?

① -9 ② -6 ③ 3

④ 6 ⑤ 9

Ⅱ-1. 문자의 사용과 식

39 다음 중 기호 ×, ÷를 생략하여 나타낼 때, 나머지 넷과 <u>다른</u> 하나는?

① $x \times z \div y$ 　② $x \div (y \div z)$

③ $x \div y \div \dfrac{1}{z}$ 　④ $x \times \left(\dfrac{1}{y} \div \dfrac{1}{z} \right)$

⑤ $\dfrac{1}{x} \div \dfrac{1}{y} \div \dfrac{1}{z}$

40 다음 중 문자를 사용하여 나타낸 식으로 옳지 <u>않은</u> 것은?

① x원의 40 % ➡ $\dfrac{2}{5}x$원

② 한 권에 a원인 공책 2권과 한 자루에 b원인 볼펜 3자루의 가격 ➡ $(2a+3b)$원

③ 밑변의 길이와 높이가 각각 a cm, b cm인 삼각형의 넓이 ➡ $\dfrac{1}{2}ab$ cm²

④ 시속 5 km로 x시간 동안 달린 거리 ➡ $\dfrac{x}{5}$ km

⑤ 길이가 x cm인 리본을 4등분 하였을 때, 한 조각의 길이 ➡ $\dfrac{x}{4}$ cm

41 $x = -\dfrac{1}{2}$, $y = \dfrac{1}{3}$일 때, $2x^2 - 3y$의 값은?

① -2 　② $-\dfrac{1}{2}$ 　③ $\dfrac{1}{2}$

④ 1 　⑤ $\dfrac{3}{2}$

42 화씨온도 x °F를 섭씨온도로 나타내면 $\dfrac{5}{9}(x-32)$ °C 일 때, 68 °F를 섭씨온도로 나타내면 몇 °C인지 구하시오.

43 다음 중 옳은 것은?

① $-2x + y$는 단항식이다.

② $3 - y$에서 상수항은 3이다.

③ $\dfrac{x}{4} + 1$에서 x의 계수는 4이다.

④ $x^2 - x + 2$에서 다항식의 차수는 1이다.

⑤ $xy + z$에서 항은 3개이다.

44 두 식 $\dfrac{2}{3}(12x-4) - \dfrac{1}{3}$과 $\left(\dfrac{1}{3}x + \dfrac{2}{3} \right) \div \left(-\dfrac{1}{3} \right)^2$을 각각 계산하였을 때, 두 상수항의 곱은?

① -18 　② -12 　③ -1

④ 12 　⑤ 18

45 $4(x+2)+\dfrac{1}{3}(9-6x)$를 계산하면 $ax+b$일 때, 상수 a, b에 대하여 $b-a$의 값은?

① -13 ② -11 ③ -9

④ 9 ⑤ 11

46 $\dfrac{5a-3b+2}{3}-\dfrac{a-5b-1}{2}$을 계산하면?

① $\dfrac{7}{6}a-3b+\dfrac{1}{6}$ ② $\dfrac{7}{6}a+\dfrac{3}{2}b+\dfrac{7}{6}$

③ $\dfrac{13}{6}a-\dfrac{7}{2}b+\dfrac{1}{6}$ ④ $\dfrac{13}{6}a+\dfrac{1}{6}b+\dfrac{4}{3}$

⑤ $7a+9b+7$

47 다음 그림에서 옆으로 이웃하는 두 칸의 식을 더한 것이 바로 위 칸의 식과 같을 때, ㉠, ㉡에 들어갈 식을 각각 구하시오.

48 오른쪽 그림과 같은 직사각형에서 색칠한 부분의 넓이를 a를 사용한 식으로 나타내시오.

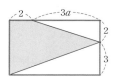

49 $A=\dfrac{1}{6}x+y$, $B=-\dfrac{1}{4}x-\dfrac{1}{2}y$일 때, $6A-4B$를 계산하면?

① $4y$ ② $x+4y$ ③ $2x-4y$

④ $2x+3y$ ⑤ $2x+8y$

50 다항식 A에 $-5x-3$을 더했더니 $x+3$이 되었고, 다항식 B에서 $5x-2$를 뺐더니 $3x-2$가 되었다. 이때 $A-B$를 계산하시오.

I-1. 소인수분해

1 다음을 만족시키는 자연수 a, b, c에 대하여 $a+b+c$의 값은?

> • a는 소수도 아니고 합성수도 아닌 수이다.
> • b는 가장 작은 소수이다.
> • c는 가장 작은 합성수이다.

① 6　　　　② 7　　　　③ 8
④ 9　　　　⑤ 10

2 다음 중 옳은 것은?

① $3+3+3+3=3^4$
② $7 \times 7 \times 7 \times 7 = 4^7$
③ $\dfrac{1}{3} \times \dfrac{1}{3} \times \dfrac{1}{3} \times \dfrac{1}{3} \times \dfrac{1}{3} = \left(\dfrac{1}{5}\right)^3$
④ $\dfrac{1}{5 \times 5 \times 5 \times 11 \times 11} = \dfrac{1}{5^3 \times 11^2}$
⑤ 2^3에서 밑은 3이고 지수는 2이다.

3 900을 소인수분해 하면 $2^a \times b^2 \times 5^c$일 때, 자연수 a, b, c에 대하여 $a+b+c$의 값은?

① 5　　　　② 6　　　　③ 7
④ 8　　　　⑤ 9

4 다음 중 수와 그 수의 소인수를 짝 지은 것으로 옳지 <u>않은</u> 것은?

① 16의 소인수 ➡ 2
② 24의 소인수 ➡ 2, 3
③ 42의 소인수 ➡ 2, 7
④ 80의 소인수 ➡ 2, 5
⑤ 140의 소인수 ➡ 2, 5, 7

5 27에 자연수 a를 곱하여 10의 배수이면서 어떤 자연수의 제곱이 되도록 할 때, a의 값이 될 수 있는 가장 작은 자연수를 구하시오.

6 882의 약수 중에서 어떤 자연수의 제곱이 되는 수의 개수는?

① 4   ② 6   ③ 9
④ 12   ⑤ 15

Ⅰ-2. 최대공약수와 최소공배수

9 다음 중 두 수 2×3^3, $2^2 \times 3^2 \times 7^2$의 공약수가 <u>아닌</u> 것은?

① 2   ② 3   ③ 2×3
④ 2×3^2 ⑤ $2^2 \times 3$

7 $2^2 \times 5 \times 7^x$의 약수가 24개일 때, 자연수 x의 값은?

① 1   ② 2   ③ 3
④ 4   ⑤ 5

10 10보다 크고 30보다 작은 자연수 중에서 28과 서로 소인 수의 개수는?

① 6   ② 7   ③ 8
④ 9   ⑤ 10

8 $\dfrac{144}{n}$가 자연수가 되도록 하는 자연수 n의 개수는?

① 6   ② 9   ③ 12
④ 15   ⑤ 18

11 세 수 6, 10, 15의 공배수 중에서 500에 가장 가까운 수를 구하시오.

12 두 수 $2^3 \times 3^a$, $2^b \times 3^2 \times 5$의 최대공약수가 $2^c \times 3^2$, 최소공배수가 $2^4 \times 3^3 \times 5$일 때, 자연수 a, b, c에 대하여 $a+b+c$의 값을 구하시오.

13 두 자리의 자연수 A, B의 최대공약수가 5이고 $A \times B = 375$일 때, $A+B$의 값은?

① 40   ② 50   ③ 60
④ 70   ⑤ 80

14 세 자연수 12, 18, N의 최대공약수가 6이고 최소공배수가 252일 때, 다음 중 N의 값이 될 수 <u>없는</u> 것은?

① 42   ② 84   ③ 126
④ 180   ⑤ 252

15 다음 조건을 모두 만족시키는 가장 작은 자연수 N의 값을 구하시오.

> **조건**
> ㈎ N은 28, 5×7로 모두 나누어떨어진다.
> ㈏ N은 네 자리의 자연수이다.

16 세 분수 $\dfrac{45}{4}$, $\dfrac{25}{6}$, $\dfrac{35}{9}$의 어느 것에 곱해도 그 결과가 자연수가 되도록 하는 가장 작은 기약분수는?

① $\dfrac{6}{5}$ ② $\dfrac{16}{5}$ ③ $\dfrac{36}{5}$
④ $\dfrac{54}{5}$ ⑤ $\dfrac{72}{5}$

17 다음은 승현이의 일기이다. 밑줄 친 부분을 양의 부호 + 또는 음의 부호 −를 사용하여 나타낸 것으로 옳은 것은?

> 어제는 ① 영상 6°C로 따뜻했는데 오늘은 영하 3°C로 추운 날이었다. ② 4일 후면 어머니 생신이라 선물을 사기 위해 동생과 할인점에 갔다. ③ 지하 2층 매장에서 선물을 사고 계산을 하는데 적립된 5000포인트가 있어서 동생과 내가 모은 20000원과 ④ 5000포인트를 사용하였다. 어제 받은 성적표에서 수학 성적이 지난 번 시험보다 ⑤ 5점이 떨어져 우울했는데 선물을 받고 기뻐하실 어머니를 생각하니 기분이 좋아졌다.

① −6°C
② −4일
③ +2층
④ +5000포인트
⑤ −5점

18 다음 수 중에서 절댓값이 가장 큰 수를 a, 절댓값이 가장 작은 수를 b라 할 때, $|a|-|b|$의 값은?

$$1.5, \quad -3, \quad \frac{5}{3}, \quad -1.2, \quad 6, \quad -1$$

① 1
② 3
③ 5
④ 7
⑤ 9

19 절댓값이 같고 부호가 반대인 두 수의 차가 18일 때, 두 수를 구하시오.

20 $-\frac{9}{5}$보다 작은 수 중에서 가장 큰 정수를 a, $\frac{15}{4}$보다 큰 수 중에서 가장 작은 정수를 b라 할 때, a, b의 값을 각각 구하시오.

21 다음 중 주어진 수에 대한 설명으로 옳지 않은 것을 모두 고르면? (정답 2개)

$$-6, \quad \frac{1}{4}, \quad 3.5, \quad 2, \quad -\frac{11}{5}, \quad -3$$

① 가작 작은 수는 −6이다.
② 가장 큰 수는 3.5이다.
③ 절댓값이 가장 작은 수는 $-\frac{11}{5}$이다.
④ 절댓값이 3 이상인 수는 3개이다.
⑤ −1보다 작은 수는 2개이다.

22 $4<|x|\le7$을 만족시키는 정수 x의 개수는?

① 5　　② 6　　③ 7
④ 8　　⑤ 9

23 두 유리수 $-\dfrac{9}{4}$와 $\dfrac{3}{2}$ 사이에 있는 정수가 아닌 유리수 중에서 분모가 4인 기약분수의 개수를 구하시오.

24 다음 조건을 모두 만족시키는 서로 다른 세 정수 a, b, c의 대소 관계로 옳은 것은?

> ──조건──
> ㈎ b와 c는 모두 -3보다 크다.
> ㈏ a는 3보다 크다.
> ㈐ b의 절댓값은 -3의 절댓값과 같다.
> ㈑ a는 c보다 -3에 더 가깝다.

① $a<b<c$　　② $a<c<b$　　③ $b<a<c$
④ $b<c<a$　　⑤ $c<b<a$

Ⅰ-4. 정수와 유리수의 계산

25 절댓값이 $\dfrac{3}{4}$인 음수와 절댓값이 $\dfrac{10}{3}$인 양수의 합을 구하시오.

26 오른쪽 그림에서 가로, 세로, 대각선에 있는 세 수의 합이 모두 같을 때, $A-B+C$의 값을 구하시오.

A		2
B	-1	
-4	1	C

27 어떤 수에 $-\dfrac{5}{3}$를 더해야 할 것을 잘못하여 뺐더니 12가 되었다. 이때 바르게 계산한 답을 구하시오.

28 -4보다 $\frac{1}{2}$만큼 큰 수를 a, 2보다 $-\frac{5}{3}$만큼 큰 수를 b라 할 때, $a < x < b$를 만족시키는 정수 x의 개수는?

① 2   ② 3   ③ 4
④ 5   ⑤ 6

29 다음과 같은 4장의 카드 중에서 3장을 뽑아 카드에 적힌 수를 곱한 값 중에서 가장 큰 수를 a, 가장 작은 수를 b라 할 때, $a - b$의 값을 구하시오.

$\boxed{-\frac{1}{3}}$ $\boxed{5}$ $\boxed{\frac{7}{6}}$ $\boxed{-2}$

30 두 수 a, b에 대하여
$$\langle a, b \rangle = \begin{cases} |a| + b & (|a| \geq |b|) \\ a - |b| & (|a| < |b|) \end{cases}$$
라 할 때, $\langle 5, -2 \rangle \times \langle 3, -6 \rangle$의 값을 구하시오.

31 $(-1)^{13} + (-1)^{20} - (-1)^{27}$을 계산하면?

① -3 ② -2 ③ -1
④ 1   ⑤ 2

32 다음은 분배법칙을 이용하여 13×102를 계산하는 과정이다. 이때 $a + b + c + d$의 값을 구하시오.

$$\begin{aligned} 13 \times 102 &= 13 \times (100 + a) \\ &= 13 \times 100 + 13 \times b \\ &= 1300 + c \\ &= d \end{aligned}$$

33 $-\frac{a}{2}$의 역수는 -2, $\frac{4}{b}$의 역수는 $1\frac{3}{4}$일 때, $a - b$의 값은?

① -8 ② -6 ③ -4
④ 6   ⑤ 8

34 $x=\left(-\dfrac{7}{4}\right)\div\dfrac{2}{3}\div\left(-\dfrac{3}{8}\right),\ y=\left(-\dfrac{1}{2}\right)^3\times\dfrac{6}{7}\div(-3)^2$ 일 때, $x\times y$의 값을 구하시오.

35 두 수 a, b에 대하여 $a\times b<0$, $a-b<0$, $a+b>0$ 일 때, 다음 수를 작은 것부터 차례로 나열한 것은?

$$a,\quad -a,\quad b,\quad -b$$

① $a,\ -a,\ b,\ -b$　　② $a,\ b,\ -a,\ -b$
③ $b,\ -a,\ a,\ -b$　　④ $-a,\ b,\ -b,\ a$
⑤ $-b,\ a,\ -a,\ b$

36 $1-\dfrac{1}{3}\times\left[5-\left\{-\dfrac{1}{2}\times(-1)^2+3\div(-0.4)\right\}\right]$ 를 계산하면?

① $-\dfrac{10}{3}$　　② $-\dfrac{8}{3}$　　③ -2

④ $-\dfrac{4}{3}$　　⑤ $-\dfrac{2}{3}$

37 $a=-3+(-5)\div(-6)\times7,$
$b=\dfrac{5}{3}-\left\{4+2\times\left(-\dfrac{1}{15}\right)\right\}$ 일 때, a에 가장 가까운 정수와 b에 가장 가까운 정수의 합은?

① 1　　② 2　　③ 3
④ 4　　⑤ 5

38 선주와 민수가 계단에서 게임을 하는데 이기면 3칸 올라가고, 지면 1칸 내려가기로 하였다. 두 사람의 처음 위치를 0이라 하고, 3칸 올라가는 것을 +3, 1 칸 내려가는 것을 −1이라 하자. 게임을 10번 하여 선주가 6번 이겼다고 할 때, 선주와 민수의 위치를 각각 구하시오.
(단, 비기는 경우는 없고, 계단은 충분히 많다.)

Ⅱ-1. 문자의 사용과 식

39 다음 중 $\dfrac{ab}{7(x+y)}$ 를 기호 $\times$, $\div$를 사용하여 나타낸 것은?

① $a \times b \div 7 \div x + y$

② $a \times b \div 7 \times (x+y)$

③ $a \times b \div 7 \div (x+y)$

④ $a \times b + \dfrac{1}{7} \times (x+y)$

⑤ $a \times b \times (x+y) \times \dfrac{1}{7}$

40 x시간 동안 $300\,\mathrm{km}$를 갔을 때의 속력을 문자를 사용한 식으로 바르게 나타내면?

① 시속 $0.3x\,\mathrm{km}$ 　　② 시속 $0.003x\,\mathrm{km}$

③ 시속 $300x\,\mathrm{km}$ 　　④ 시속 $\dfrac{x}{300}\,\mathrm{km}$

⑤ 시속 $\dfrac{300}{x}\,\mathrm{km}$

41 $a = -1$일 때, 다음 중 식의 값이 나머지 넷과 <u>다른</u> 하나는?

① a^3 　　② $-(-a)^2$ 　　③ $-(-a^3)$

④ $\dfrac{1}{a^2}$ 　　⑤ $1-2a^4$

42 민서는 버스를 탈 때 교통카드로 요금을 지불한다. 버스 요금은 720원이고 교통카드에 30000원을 충전하였을 때, 버스를 x회 이용한 후 교통카드의 잔액을 x를 사용한 식으로 나타내고, 버스를 20회 이용한 후 교통카드의 잔액을 구하시오.

43 다항식 $-\dfrac{6}{5}x^2 + \dfrac{1}{5}x - 5$에서 x^2의 계수를 a, x의 계수를 b, 상수항을 c라 할 때, $(a+b) \times c$의 값을 구하시오.

44 다음과 같은 설명이 적힌 두 상자 A, B가 있다. $2a-1$을 두 상자 A, B에 순서대로 통과시켰을 때, 나오는 식은?

> A: 들어온 식을 $-\dfrac{1}{5}$로 나눈 다음 7을 빼서 내보낸다.
>
> B: 들어온 식에 -2를 곱한 다음 4로 나누어 내보낸다.

① $-5a-4$ 　　② $-5a-1$ 　　③ $5a+1$

④ $5a+4$ 　　⑤ $5a+6$

45 다음 중 동류항끼리 짝 지어진 것을 모두 고르면?

(정답 2개)

① x, $-7y$　　② $\dfrac{5}{2}$, -1　　③ $2x$, $3x^2$

④ $-y$, $-\dfrac{1}{y}$　　⑤ $\dfrac{1}{4}x^2y$, $0.2x^2y$

48 오른쪽 그림에서 색칠한 부분의 넓이를 x를 사용한 식으로 나타내면?

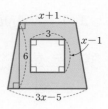

① $8x-2$　　② $8x-4$

③ $9x-5$　　④ $9x-9$

⑤ $12x-6$

46 $3(x-5)-4(2+x)+5(x+3)$을 계산하면?

① $-4x-2$　　② $4x-20$　　③ $4x-8$

④ $9x-10$　　⑤ $9x-8$

49 $A=5x-2$, $B=-7x+10$일 때,
$3\left(\dfrac{A}{2}-\dfrac{B}{6}\right)+B$를 계산하시오.

50 두 일차식 A, B가 다음 조건을 모두 만족시킬 때,
$3A-(4A-2B)$를 계산하면?

> **조건**
>
> ㈎ A에서 $-3x+1$을 빼면 B이다.
>
> ㈏ B에 $2x-3$을 더하면 $-5x+3$이다.

① $-10x+7$　　② $-6x+1$　　③ $-4x+5$

④ $18x-17$　　⑤ $24x-19$

47 $\dfrac{2x+1}{3}-\dfrac{3x-2}{4}+\dfrac{5x-3}{6}$을 계산하였을 때, x의 계수와 상수항의 곱을 구하시오.

일일 과제 4회

I-1. 소인수분해

1 다음 중 옳지 <u>않은</u> 것을 모두 고르면? (정답 2개)

① 1은 소수이다.
② 짝수인 소수는 2뿐이다.
③ 4는 합성수이다.
④ 두 소수의 합은 항상 합성수이다.
⑤ 모든 자연수는 자기 자신의 약수이다.

2 $1 \times 2 \times 3 \times \cdots \times 10$을 소인수분해 하면 $2^a \times 3^b \times 5^c \times 7^d$일 때, 자연수 a, b, c, d에 대하여 $a+b+c-d$의 값을 구하시오.

3 다음 중 두 수의 소인수가 같은 것은?

① 25, 81   ② 28, 63   ③ 30, 210
④ 60, 150   ⑤ 77, 121

4 $600 \times a = b^2$을 만족시키는 가장 작은 자연수 a, b에 대하여 $a+b$의 값을 구하시오.

5 $2^3 \times 3^2 \times 7$의 약수 중에서 두 번째로 큰 수는?

① 72   ② 126   ③ 168
④ 252   ⑤ 504

6 792의 약수 중에서 11의 배수의 개수는?

① 3   ② 6   ③ 9
④ 12   ⑤ 15

7 약수가 4개인 자연수 중에서 가장 작은 자연수를 구하시오.

10 세 자연수의 비가 2 : 7 : 8이고, 최소공배수가 168일 때, 세 자연수 중에서 가장 작은 수를 구하시오.

(I-2. 최대공약수와 최소공배수)

8 세 수 $2^4 \times 3 \times 5$, 500, 180의 최대공약수와 최소공배수는?

	최대공약수	최소공배수
①	2×5	$2^4 \times 3^2 \times 5^3$
②	$2^2 \times 5$	$2^4 \times 5^3$
③	$2^2 \times 5$	$2^4 \times 3^2 \times 5^3$
④	$2 \times 3 \times 5$	$2^4 \times 5^3$
⑤	$2^2 \times 3 \times 5$	$2^4 \times 3^2 \times 5^3$

11 세 자연수 24, 75, A의 최소공배수가 1800일 때, 다음 중 A의 값이 될 수 없는 것은?

① $2^2 \times 3$ ② $2^3 \times 3^2$ ③ $3^2 \times 5^2$
④ $2 \times 3^2 \times 5$ ⑤ $2^2 \times 3^2 \times 5^2$

12 다음 조건을 모두 만족시키는 가장 작은 세 자리의 자연수 x의 값을 구하시오.

> 조건
> ㈎ x와 30의 최대공약수는 6이다.
> ㈏ x와 45의 최대공약수는 9이다.

9 100 이하의 자연수 중에서 6, 8, 12의 공배수의 개수는?

① 3 ② 4 ③ 5
④ 6 ⑤ 7

13 두 자연수 a, b의 최대공약수는 6, 최소공배수는 90일 때, $a+b$의 값 중에서 가장 작은 수는?

① 48　　　② 60　　　③ 72

④ 84　　　⑤ 96

14 3으로 나누면 2가 남고, 4로 나누면 3이 남고, 5로 나누면 4가 남는 자연수 중에서 가장 작은 세 자리의 자연수는?

① 119　　　② 120　　　③ 121

④ 122　　　⑤ 123

15 다음 조건을 모두 만족시키는 자연수 x의 개수는?

┌─ 조건 ─────────────────────┐
(가) $\dfrac{120}{x}$, $\dfrac{90}{x}$이 모두 자연수이다.

(나) x와 5는 서로소이다.
└──────────────────────────┘

① 1　　　② 2　　　③ 3

④ 4　　　⑤ 5

(**I - 3**. 정수와 유리수)

16 다음 수 중에서 양의 유리수의 개수를 a, 음의 유리수의 개수를 b, 정수의 개수를 c라 할 때, $a+b+c$의 값은?

┌──────────────────────────┐
$\dfrac{13}{15}$, $-\dfrac{1}{17}$, 5, -4.5, 0, 6.3, $-\dfrac{4}{2}$
└──────────────────────────┘

① 9　　　② 10　　　③ 11

④ 12　　　⑤ 13

17 다음 보기 중 옳은 것을 모두 고른 것은?

┌─ 보기 ─────────────────────┐
ㄱ. 0은 양의 정수이다.

ㄴ. 정수가 아닌 유리수가 있다.

ㄷ. 자연수 중에 정수가 아닌 수도 있다.

ㄹ. 서로 다른 두 유리수 사이에는 무수히 많은 유리수가 존재한다.

ㅁ. 음의 유리수는 분자, 분모가 자연수인 분수에 음의 부호 −를 붙인 수이다.
└──────────────────────────┘

① ㄱ, ㄴ　　　② ㄴ, ㄷ　　　③ ㄴ, ㄹ

④ ㄷ, ㄹ　　　⑤ ㄴ, ㄹ, ㅁ

18 수직선 위에서 $\dfrac{15}{7}$에 가장 가까운 정수를 a, $-\dfrac{7}{4}$에 가장 가까운 정수를 b라 할 때, $|a|+|b|$의 값은?

① 2   ② 3   ③ 4
④ 5   ⑤ 6

19 다음 수직선 위의 4개의 점 A, B, C, D에 대하여 두 점 B, D에 대응하는 수가 각각 -3, 3이고, 네 점 A, B, C, D 사이의 간격이 모두 같을 때, 점 A에 대응하는 수를 구하시오.

20 절댓값이 다른 두 유리수 a, b에 대하여
$$a \circledcirc b = (a,\ b\ \text{중 절댓값이 작은 수}),$$
$$a \triangle b = (a,\ b\ \text{중 절댓값이 큰 수})$$
라 할 때, $\left(-\dfrac{17}{3}\right) \circledcirc \left\{\left(-\dfrac{7}{2}\right) \triangle 4\right\}$의 값을 구하시오.

21 다음 조건을 모두 만족시키는 서로 다른 세 수 a, b, c의 대소 관계를 부등호를 사용하여 나타내시오.

조건
㈎ a는 수직선 위에서 절댓값이 2이고 부호가 서로 다른 두 수에 대응하는 두 점 사이의 거리이다.
㈏ b는 수직선 위에서 $-\dfrac{17}{3}$에 가장 가까운 정수이다.
㈐ c는 절댓값이 5인 음의 정수이다.

22 다음 조건을 모두 만족시키는 정수 x의 개수는?

조건
㈎ x는 -5 이상이고 -1보다 크지 않다.
㈏ x의 절댓값은 3보다 작다.

① 1   ② 2   ③ 3
④ 4   ⑤ 5

Ⅰ-4. 정수와 유리수의 계산

23 다음 수 중에서 가장 큰 수를 a, 절댓값이 가장 작은 수를 b라 할 때, $a-b$의 값을 구하시오.

$$-3, \quad +1.4, \quad -\frac{1}{5}, \quad +\frac{9}{2}, \quad -\frac{1}{3}$$

24 $6-8+\{13-15-(-7+2)\}$를 계산하면?

① -2 ② -1 ③ 0
④ 1 ⑤ 2

25 -3보다 $\frac{5}{2}$만큼 작은 수를 A, 수직선 위에서 -4와 8에 대응하는 두 점의 한가운데 있는 점에 대응하는 수를 B라 할 때, $A+B$의 값은?

① $-\frac{11}{2}$ ② $-\frac{9}{2}$ ③ $-\frac{7}{2}$
④ $-\frac{5}{2}$ ⑤ $-\frac{3}{2}$

26 다음 조건을 모두 만족시키는 두 유리수 a, b에 대하여 $a-b$의 값은?

> ── 조건 ──
>
> (가) a의 절댓값은 $\frac{2}{3}$이고 b의 절댓값은 $\frac{8}{5}$이다.
>
> (나) 두 유리수 a, b의 합은 $-\frac{14}{15}$이다.

① $-\frac{34}{15}$ ② $-\frac{14}{15}$ ③ 0
④ $\frac{14}{15}$ ⑤ $\frac{34}{15}$

27 $a=\left(+\frac{8}{7}\right)\times(-2.1)$, $b=\left(-\frac{3}{2}\right)\times\left(-\frac{10}{9}\right)$일 때, $a\times b$의 값은?

① -4 ② $-\frac{10}{3}$ ③ $-\frac{5}{3}$
④ $\frac{5}{3}$ ⑤ 3

28 $\dfrac{1}{2} \times \left(-\dfrac{2}{3}\right) \times \dfrac{3}{4} \times \left(-\dfrac{4}{5}\right) \times \cdots \times \left(-\dfrac{48}{49}\right) \times \dfrac{49}{50}$ 를 계산하시오.

29 n이 1보다 큰 홀수일 때, 다음을 계산하면?

$$(-1)^{n} - (-1)^{n+1} + (-1)^{n-1} - (-1)^{2 \times n+1}$$

① -2　　　② -1　　　③ 0

④ 1　　　⑤ 2

30 $-1 < a < 0$인 유리수 a에 대하여 다음 중 가장 큰 수는?

① $-a$　　　② $-a^2$　　　③ $(-a)^2$

④ $-\dfrac{1}{a}$　　　⑤ $-\left(\dfrac{1}{a}\right)^2$

31 세 수 a, b, c에 대하여 $a \times c = 5$, $a \times (b+c) = 11$일 때, $a \times b$의 값은?

① 3　　　② 4　　　③ 5

④ 6　　　⑤ 7

32 0.3의 역수와 유리수 a의 역수의 곱이 $-\dfrac{5}{2}$일 때, a의 값을 구하시오.

33 어떤 수를 $-\dfrac{3}{2}$으로 나누어야 할 것을 잘못하여 더했더니 $-\dfrac{7}{6}$이 되었다. 이때 바르게 계산한 답을 구하시오.

34 다음 중 계산 결과가 옳지 <u>않은</u> 것은?

① $\left(-\dfrac{7}{5}\right)+(+13)+\left(-\dfrac{3}{5}\right)=11$

② $(+4)-\left(+\dfrac{2}{3}\right)-(-3)=\dfrac{19}{3}$

③ $(-2)\times\left(-\dfrac{1}{6}\right)\times(-3^2)=3$

④ $(-16)\times\dfrac{3}{4}\div\left(-\dfrac{6}{5}\right)=10$

⑤ $\dfrac{5}{6}\div\left(-\dfrac{3}{4}\right)\times\left(-\dfrac{3}{5}\right)=\dfrac{2}{3}$

35 0이 아닌 세 정수 a, b, c에 대하여 $c<b<a$, $\dfrac{a}{b}<0$, $a+b>0$, $a+c<0$일 때, 다음 중 옳은 것은?

① $|a|<|b|<|c|$ ② $|a|<|c|<|b|$
③ $|b|<|a|<|c|$ ④ $|b|<|c|<|a|$
⑤ $|c|<|b|<|a|$

36 $A=-\dfrac{26}{5}-\left\{(-1)^3+\dfrac{5}{6}\times\left(-\dfrac{3}{5}\right)^2-\dfrac{4}{5}\right\}$라 할 때, A보다 큰 모든 음의 정수의 합은?

① -15 ② -10 ③ -6
④ -3 ⑤ -1

37 다음과 같은 규칙으로 유리수 -1에 대하여 A → B → C의 순서대로 계산한 결과는?

> A: 주어진 수의 세제곱에 6을 더한다.
> B: 주어진 수에서 2를 빼고 $\dfrac{7}{3}$을 곱한다.
> C: 주어진 수의 역수를 $-\dfrac{5}{14}$로 나눈다.

① $-\dfrac{4}{5}$ ② $-\dfrac{2}{5}$ ③ $\dfrac{1}{5}$
④ $\dfrac{2}{5}$ ⑤ $\dfrac{4}{5}$

38 한 변의 길이가 $\dfrac{5}{2}$인 정사각형에서 가로의 길이는 20%만큼 늘이고, 세로의 길이는 40%만큼 줄여서 만든 직사각형의 넓이는?

① $\dfrac{7}{2}$ ② $\dfrac{9}{2}$ ③ $\dfrac{21}{2}$
④ 14 ⑤ $\dfrac{35}{2}$

II-1. 문자의 사용과 식

39 다음 보기 중 기호 ×, ÷를 생략하여 나타낸 식으로 옳은 것의 개수를 구하시오.

> **보기**
> ㄱ. $a+1\div b\times c=a+\dfrac{c}{b}$
> ㄴ. $(w+z)\times(-3)=w+z-3$
> ㄷ. $0.1\times x\times y-a\times b=0.xy-ab$
> ㄹ. $(x-y)\div 4+4\div z\times(-2)=\dfrac{x-y}{4}-\dfrac{8}{z}$

40 다음 중 문자를 사용하여 나타낸 식으로 옳은 것은?

① 현재 x세인 준호의 3년 후의 나이 ➡ $3x$세
② 정가가 a원인 제품을 10 % 할인한 가격
   ➡ $0.1a$원
③ 백의 자리의 숫자가 a, 십의 자리의 숫자가 b,
   일의 자리의 숫자가 c인 세 자리의 자연수
   ➡ abc
④ 시속 2 km로 x km를 걸었을 때 걸린 시간
   ➡ $2x$시간
⑤ 농도가 x %인 소금물 200 g에 들어 있는 소금의
   양 ➡ $2x$ g

41 $x=\dfrac{1}{3}$, $y=\dfrac{1}{4}$일 때, $9x^2-\dfrac{2}{y}$의 값을 구하시오.

42 지면에서 1 km 높아질 때마다 기온은 6 °C씩 낮아진다고 한다. 현재 지면의 기온이 20 °C일 때, 지면에서 높이가 2.5 km인 곳의 기온은?

① 2 °C   ② 3 °C   ③ 4 °C
④ 5 °C   ⑤ 6 °C

43 x의 계수가 7, 상수항이 -4인 x에 대한 일차식이 있다. $x=-2$일 때의 식의 값을 m, $x=3$일 때의 식의 값을 n이라 할 때, $|m-n|$의 값을 구하시오.

44 다음 식을 계산하시오.

$$(8x-10)\div\left(-\dfrac{2}{5}\right)-0.2(5x+10)$$
$$+6\left(\dfrac{x-1}{2}-\dfrac{x+4}{3}\right)$$

45 $x=-2$일 때,
$-x-3-\{-(x-1)-2(x+1)\}+4x-6$의 값을 구하시오.

46 $(-1)^{2n-1}(2x+3y)+(-1)^{2n}(2x-3y)$를 계산하면? (단, n은 자연수)

① $-6y$ ② $-4x$ ③ 0
④ $4x$ ⑤ $6y$

47 바둑돌을 사용하여 다음 그림과 같이 정사각형 모양을 만들려고 한다. [x단계]에 필요한 바둑돌의 개수를 x를 사용한 식으로 나타내시오.

[1단계]　　[2단계]　　[3단계]

48 어느 붕어빵 가게에서 붕어빵을 오전에는 x원에 팔다가 오후에는 30 % 할인하여 판매하였더니 오후에는 오전에 판매한 붕어빵의 개수의 2배만큼 팔렸다. 이 가게에서 하루 동안 팔린 붕어빵 한 개당 평균 가격은?

① $\frac{8}{15}x$원 ② $\frac{17}{30}x$원 ③ $\frac{4}{5}x$원
④ $\frac{5}{6}x$원 ⑤ $\frac{17}{20}x$원

49 어떤 다항식에서 $5x-2$를 빼야 할 것을 잘못하여 더했더니 $7x-3$이 되었다. 이때 바르게 계산한 식을 구하시오.

50 다음 그림에서 위 칸의 식이 바로 아래 이웃하는 왼쪽 칸의 식에서 오른쪽 칸의 식을 뺀 것과 같을 때, $X+Y$를 a를 사용한 식으로 나타내시오.

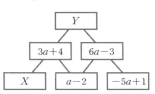

1 다음 중 소수의 개수를 a, 합성수의 개수를 b라 할 때, $b-a$의 값은? [3점]

1, 5, 7, 18, 34, 39, 43, 51

① 0   ② 1   ③ 2
④ 3   ⑤ 4

2 $2\times3\times5\times2\times2\times5\times2$를 거듭제곱으로 나타내면 $2^a\times3\times b^c$일 때, 자연수 a, b, c에 대하여 $a+b-c$의 값은? (단, b는 소수) [3점]

① 3   ② 5   ③ 7
④ 9   ⑤ 11

3 다음 중 250에 대한 설명으로 옳은 것은? [4점]

① 소인수분해 하면 $2^2\times5^3$이다.
② 소인수는 2, 3, 5이다.
③ 약수는 8개이다.
④ 2를 곱하면 어떤 자연수의 제곱이 된다.
⑤ $2^2\times5^2$은 250의 약수이다.

4 두 수 $2^2\times3^3\times5^4$, $3^2\times5^3\times7$의 공약수의 개수는? [4점]

① 6   ② 8   ③ 9
④ 10   ⑤ 12

5 50 이하의 자연수 중에서 27과 서로소인 수의 개수는? [4점]

① 33   ② 34   ③ 35
④ 36   ⑤ 37

6 두 수 $3^4\times5^2$, $3^2\times5^3\times7$의 최대공약수와 최소공배수는? [4점]

	최대공약수	최소공배수
①	$3^2\times5^2$	$3^4\times5^3$
②	$3^2\times5^2$	$3^4\times5^3\times7$
③	$3^4\times5^2$	$3^2\times5^3\times7$
④	$3^2\times5^2\times7$	$3^4\times5^3$
⑤	$3^4\times5^3\times7$	$3^2\times5^2$

7 세 수 34, 82, 130을 어떤 자연수로 나누면 모두 2가 남는다고 할 때, 이와 같은 자연수 중에서 가장 큰 수는? [4점]

① 12　　　　② 14　　　　③ 16
④ 18　　　　⑤ 20

8 수직선 위에서 -8과 4에 대응하는 두 점으로부터 같은 거리에 있는 점에 대응하는 수는? [4점]

① -4　　　　② -2　　　　③ -1
④ $-\dfrac{1}{2}$　　　　⑤ 0

9 다음 중 주어진 수에 대한 설명으로 옳지 <u>않은</u> 것은? [4점]

$$-4, \quad \dfrac{1}{2}, \quad 0, \quad -2, \quad \dfrac{8}{3}, \quad 2.5, \quad \dfrac{8}{4}$$

① 양의 정수는 1개이다.
② 음의 정수는 2개이다.
③ 세 번째로 작은 수는 0이다.
④ 정수가 아닌 유리수는 4개이다.
⑤ 절댓값이 가장 큰 수는 -4이다.

10 'x는 $-\dfrac{11}{3}$ 초과이고 5 이하이다.'를 부등호를 사용하여 바르게 나타낸 것은? [3점]

① $-\dfrac{11}{3} \leq x \leq 5$　　　　② $-\dfrac{11}{3} \leq x < 5$

③ $-\dfrac{11}{3} < x \leq 5$　　　　④ $-\dfrac{11}{3} < x < 5$

⑤ $\dfrac{11}{3} < x < 5$

11 다음 수 중에서 가장 큰 수를 a, 가장 작은 수를 b라 할 때, $a+b$의 값은? [4점]

$$+3, \quad -1.5, \quad 0, \quad 2, \quad -\dfrac{5}{3}$$

① $\dfrac{1}{3}$　　　　② $\dfrac{1}{2}$　　　　③ 1
④ $\dfrac{4}{3}$　　　　⑤ $\dfrac{3}{2}$

12 다음 중 계산 결과가 옳지 <u>않은</u> 것은? [4점]

① $(+2)+(-10)=-8$
② $(+13)-(+5)=+8$
③ $4-7+11+7=15$
④ $\left(-\dfrac{1}{5}\right)-\left(+\dfrac{4}{5}\right)=-1$
⑤ $\left(+\dfrac{1}{3}\right)-\left(-\dfrac{1}{2}\right)+\left(-\dfrac{13}{6}\right)=-1$

13 다음 수직선 위에서 점 A에 대응하는 수는? [4점]

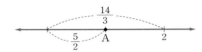

① $-\dfrac{1}{2}$ ② $-\dfrac{1}{3}$ ③ $-\dfrac{1}{4}$

④ $-\dfrac{1}{5}$ ⑤ $-\dfrac{1}{6}$

14 어떤 수에 $-\dfrac{2}{3}$를 곱해야 할 것을 잘못하여 나누었더니 $-\dfrac{7}{2}$이 되었다. 이때 바르게 계산한 답은? [4점]

① -2 ② $-\dfrac{14}{9}$ ③ $-\dfrac{4}{3}$

④ -1 ⑤ $-\dfrac{2}{3}$

15 다음 식의 계산 순서를 차례로 나열한 것은? [4점]

$$3-\left[\left\{(-1)^{101}-5\div\dfrac{1}{3}\right\}\times\dfrac{3}{8}-4\right]$$
$$\underset{㉠}{\uparrow}\quad\underset{㉡}{\uparrow}\quad\underset{㉢}{\uparrow}\quad\underset{㉣}{\uparrow}\quad\underset{㉤}{\uparrow}\quad\underset{㉥}{\uparrow}$$

① ㉡, ㉢, ㉣, ㉤, ㉥, ㉠
② ㉡, ㉣, ㉢, ㉤, ㉥, ㉠
③ ㉢, ㉣, ㉡, ㉤, ㉥, ㉠
④ ㉣, ㉡, ㉢, ㉠, ㉤, ㉥
⑤ ㉣, ㉡, ㉢, ㉥, ㉤, ㉠

16 다음 중 기호 $\times$, $\div$를 생략하여 나타낸 식으로 옳지 <u>않은</u> 것은? [4점]

① $x\div(y\times z)=\dfrac{x}{yz}$

② $x\div2\times y=\dfrac{x}{2y}$

③ $x\div(y\div z)=\dfrac{xz}{y}$

④ $2\times x-y\div3=2x-\dfrac{y}{3}$

⑤ $x\times x\times y\times y\times y=x^2y^3$

17 $x=-1$, $y=2$일 때, $-4x+3xy^2$의 값은? [3점]

① -28 ② -16 ③ -8

④ 10 ⑤ 16

18 $\dfrac{1}{3}(15x-9)-\dfrac{1}{4}(8x-4)$를 계산하면? [3점]

① $3x-13$ ② $3x-10$ ③ $3x-7$

④ $3x-4$ ⑤ $3x-2$

19 오른쪽 그림과 같은 직사각형에서 어두운 부분의 넓이를 x를 사용한 식으로 나타내면? [4점]

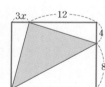

① $6x+72$ ② $6x+168$

③ $18x+72$ ④ $18x+120$

⑤ $24x+72$

20 다음 ☐ 안에 알맞은 식은? [4점]

$$7x - 4y - (\boxed{}) = -4x + 3y$$

① $11x + 7y$ ② $11x - 7y$ ③ $11x - y$
④ $3x + 7y$ ⑤ $3x - y$

(서술형)

21 360에 가능한 한 작은 자연수 a를 곱하여 어떤 자연수 b의 제곱이 되도록 할 때, $b - a$의 값을 구하시오. [5점]

22 어떤 두 자연수의 최대공약수가 7이고 곱이 245일 때, 이 두 자연수의 합을 구하시오. [5점]

23 수직선 위에서 $-\dfrac{13}{4}$에 가장 가까운 정수를 a, $\dfrac{10}{3}$에 가장 가까운 정수를 b라 할 때, 다음 물음에 답하시오.

(1) a, b의 값을 각각 구하시오. [3점]

(2) $|a| - |b|$의 값을 구하시오. [2점]

24 -6보다 $\dfrac{3}{4}$만큼 큰 수를 a, 2보다 -0.1만큼 작은 수를 b라 할 때, $a \div b$의 값을 구하시오. [5점]

25 윗변의 길이가 $x\,\mathrm{cm}$, 아랫변의 길이가 $y\,\mathrm{cm}$, 높이가 $h\,\mathrm{cm}$인 사다리꼴에 대하여 다음 물음에 답하시오.

(1) 사다리꼴의 넓이를 x, y, h를 사용한 식으로 나타내시오. [2점]

(2) $x = 3$, $y = 5$, $h = 6$일 때, 사다리꼴의 넓이를 구하시오. [3점]

· 객관식: 20문항, 서술형: 5문항
· 다음 물음에 알맞은 답을 골라 답안지에 작성하시오.
· 서술형은 풀이 과정을 자세히 쓰시오.

1 20과 40 사이에 있는 소수의 개수는? [3점]

① 2   ② 4   ③ 6
④ 8   ⑤ 10

2 396을 소인수분해 하면 $2^a \times 3^b \times c$일 때, 자연수 a, b, c에 대하여 $a+b+c$의 값은? [3점]

① 10   ② 11   ③ 12
④ 14   ⑤ 15

3 다음 중 180의 약수가 <u>아닌</u> 것은? [3점]

① $2 \times 3 \times 5$ ② $2 \times 3^2 \times 5$ ③ $2 \times 3 \times 5^2$
④ $2^2 \times 3 \times 5$ ⑤ $2^2 \times 3^2 \times 5$

4 두 수 200, 240의 최대공약수는? [4점]

① 20   ② 40   ③ 60
④ 80   ⑤ 120

5 다음 중 옳은 것은? [4점]

① 90의 소인수는 2, 3, 7이다.
② 모든 자연수의 약수는 2개 이상이다.
③ 14와 91은 서로소이다.
④ 서로 다른 두 소수는 서로소이다.
⑤ 100 이하의 자연수 중에서 최소공배수가 25인 두 수의 공배수는 3개이다.

6 세 수 $2^a \times 3$, $2^3 \times 3$, $2^b \times 3^c$의 최대공약수가 12, 최소공배수가 288일 때, 자연수 a, b, c에 대하여 $a-b+c$의 값은? (단, $a>b$) [4점]

① 2   ② 3   ③ 4
④ 5   ⑤ 6

7 세 자연수 15, 25, A의 최대공약수가 5이고 최소공배수가 150일 때, 다음 중 A의 값이 될 수 있는 것을 모두 고르면? (정답 2개) [4점]

① 10   ② 25   ③ 50
④ 65   ⑤ 90

8 다음 중 수직선 위의 5개의 점 A, B, C, D, E에 대한 설명으로 옳은 것은? [4점]

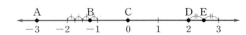

① 음수에 대응하는 점은 3개이다.

② 점 B에 대응하는 수는 $-\dfrac{11}{4}$이다.

③ 점 E에 대응하는 수는 $\dfrac{5}{2}$이다.

④ 절댓값이 가장 작은 수에 대응하는 점은 B이다.

⑤ 점 D에 대응하는 수는 점 A에 대응하는 수의 절댓값보다 크다.

9 다음 중 두 수의 대소 관계가 옳은 것은? [4점]

① $-4 > \dfrac{1}{12}$ ② $-\dfrac{4}{3} > -\dfrac{5}{4}$

③ $|-10| < 0$ ④ $|-3| < |+2|$

⑤ $\left|-\dfrac{5}{6}\right| > \dfrac{2}{3}$

10 두 수 $\dfrac{2}{3}$와 $\dfrac{27}{4}$ 사이에 있는 정수의 개수는? [4점]

① 3   ② 4   ③ 5

④ 6   ⑤ 7

11 오른쪽 그림에서 삼각형의 한 변에 놓인 네 수의 합이 모두 같을 때, $a - b$의 값은? [4점]

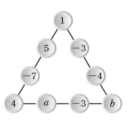

① -16 ② -8

③ -2 ④ 8

⑤ 16

12 6보다 -2만큼 큰 수를 a, $\dfrac{1}{4}$보다 $\dfrac{1}{3}$만큼 작은 수를 b라 할 때, $b \leq x \leq a$를 만족시키는 모든 정수 x의 값의 합은? [4점]

① 9   ② 10   ③ 11

④ 12   ⑤ 13

13 다음 중 계산 결과가 옳지 <u>않은</u> 것은? [4점]

① $(+5) + (-11) = -6$

② $\left(+\dfrac{2}{5}\right) - \left(-\dfrac{3}{2}\right) = \dfrac{19}{10}$

③ $(-4) \times (-3) = +12$

④ $\left(-\dfrac{1}{4}\right) \div \left(+\dfrac{1}{8}\right) = -2$

⑤ $(-2.7) \div \left(-\dfrac{2}{5}\right) \times \left(-\dfrac{4}{9}\right) = -\dfrac{1}{3}$

14 두 수 a, b의 절댓값이 같고 a가 b보다 $\frac{8}{3}$만큼 클 때, $a \times b$의 값은? [4점]

① $-\frac{16}{9}$ ② $-\frac{8}{9}$ ③ $-\frac{4}{9}$

④ $\frac{8}{9}$ ⑤ $\frac{16}{9}$

15 $(-1)^{24}+(-1)^{23}+(-1)^{22}+\cdots+(-1)^2+(-1)$ 을 계산하면? [4점]

① -3 ② -2 ③ -1

④ 0 ⑤ 1

16 두 수 A, B가 다음과 같을 때, $A+B$의 값은? [4점]

$$A = 15 \times \left\{\left(-\frac{3}{5}\right)-\left(-\frac{4}{3}\right)\right\}$$
$$B = 4-\frac{4}{3}\div\left\{\frac{7}{6}-12\times\left(-\frac{1}{3}\right)^2\right\}$$

① 20   ② 21   ③ 22
④ 23   ⑤ 24

17 다음 보기 중 문자를 사용하여 나타낸 식으로 옳은 것을 모두 고른 것은? [3점]

> **보기**
>
> ㄱ. 1000원짜리 과자 x개와 1500원짜리 음료수 y개의 가격은 $(1000x+1500y)$원이다.
> ㄴ. 한 변의 길이가 $a\,\mathrm{cm}$인 정사각형의 넓이는 $4a\,\mathrm{cm}^2$이다.
> ㄷ. 귤을 x명에게 5개씩 나누어 주고 4개가 남았을 때, 귤의 전체 개수는 $5x+4$이다.
> ㄹ. 포도 주스 $a\,\mathrm{L}$를 6명에게 똑같이 나누어 줄 때, 한 사람이 받는 양은 $\frac{6}{a}\mathrm{L}$이다.

① ㄱ, ㄴ   ② ㄱ, ㄷ   ③ ㄱ, ㄹ
④ ㄴ, ㄷ   ⑤ ㄷ, ㄹ

18 다음 중 일차식인 것은? [3점]

① $-0.0001a$ ② $0.1x^2-3$ ③ $4-\frac{1}{b}$

④ $1-6x+6x$ ⑤ $\frac{1}{y+9}$

19 일차식 $ax+b$에 $-\frac{3}{2}$을 곱하면 $9x-6$이 되고 $-3x+1$을 $\frac{3}{2}$으로 나누면 $cx+d$가 될 때, 상수 a, b, c, d에 대하여 $abcd$의 값은? [4점]

① -32 ② -16 ③ 16
④ 24   ⑤ 32

20 오른쪽 그림과 같은 도형의 둘레의 길이를 x를 사용한 식으로 나타내면? [4점]

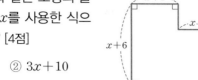

① $3x+8$ ② $3x+10$
③ $6x+10$ ④ $6x+16$
⑤ $6x+20$

23 아래 조건을 모두 만족시키는 a의 개수를 구하려고 한다. 다음 물음에 답하시오.

┌─ 조건 ─
│ (가) a는 $-\dfrac{25}{4}$ 이상이고 4보다 작다.
│ (나) a는 음의 정수이다.
└─

(1) (가)를 부등호를 사용하여 나타내시오. [2점]

(2) a의 개수를 구하시오. [3점]

─────── 서술형 ───────

21 540의 약수의 개수와 $2^n \times 3 \times 5^2$의 약수의 개수가 같을 때, 자연수 n의 값을 구하시오. [5점]

24 a의 절댓값이 4이고, b의 절댓값이 7이다. $a-b$의 값 중에서 가장 큰 값을 M, 가장 작은 값을 m이라 할 때, $M-m$의 값을 구하시오. [5점]

22 세 분수 $\dfrac{7}{2}, \dfrac{14}{9}, \dfrac{35}{3}$의 어느 것에 곱해도 그 결과가 자연수가 되도록 하는 가장 작은 기약분수를 $\dfrac{a}{b}$라 할 때, $a-b$의 값을 구하시오. [5점]

25 $\dfrac{2(3x+1)}{3} - \dfrac{3(2x-1)}{2}$을 계산하면 $ax+b$일 때, 상수 a, b에 대하여 $|a|+|b|$의 값을 구하시오. [5점]

· 객관식: 20문항, 서술형: 5문항
· 다음 물음에 알맞은 답을 골라 답안지에 작성하시오.
· 서술형은 풀이 과정을 자세히 쓰시오.

1 다음 중 옳은 것은? [3점]

① 짝수는 모두 합성수이다.
② 가장 작은 소수는 1이다.
③ 10 이하의 소수는 3개이다.
④ 모든 소수의 약수는 2개이다.
⑤ 자연수는 소수와 합성수로 이루어져 있다.

2 다음 중 소인수가 나머지 넷과 <u>다른</u> 하나는? [3점]

① 24   ② 36   ③ 54
④ 64   ⑤ 72

3 200에 두 자리의 자연수를 곱하여 어떤 자연수의 제곱이 되도록 할 때, 곱할 수 있는 가장 작은 자연수와 가장 큰 자연수의 합은? [4점]

① 116   ② 118   ③ 120
④ 122   ⑤ 124

4 세 수 12, 18, 24의 공배수 중에서 가장 작은 세 자리의 자연수는? [4점]

① 120   ② 132   ③ 144
④ 156   ⑤ 168

5 두 수 $3^2 \times 7^a$, $3^b \times 7^2 \times 11$의 최소공배수가 $3^3 \times 7^4 \times 11$일 때, 두 수의 최대공약수의 일의 자리의 숫자는 c이다. 이때 $a-b+c$의 값은?

(단, a, b는 자연수) [4점]

① 1   ② 2   ③ 3
④ 4   ⑤ 5

6 세 자연수 $5 \times a$, $30 \times a$, $42 \times a$의 최소공배수가 420일 때, 자연수 a의 값은? [4점]

① 2   ② 3   ③ 4
④ 5   ⑤ 6

7 다음 보기 중 옳은 것을 모두 고른 것은? [4점]

> **보기**
> ㄱ. 0은 유리수이다.
> ㄴ. 가장 작은 정수는 0이다.
> ㄷ. −1보다 큰 음의 정수는 없다.
> ㄹ. 절댓값이 가장 작은 정수는 1과 −1이다.

① ㄱ   ② ㄴ   ③ ㄱ, ㄷ
④ ㄴ, ㄷ   ⑤ ㄷ, ㄹ

8 다음 중 ☐ 안에 알맞은 부등호의 방향이 나머지 넷과 <u>다른</u> 하나는? [4점]

① $-2 \ \square \ \dfrac{1}{2}$ ② $\dfrac{1}{2} \ \square \ \dfrac{3}{4}$

③ $-\dfrac{4}{5} \ \square \ -\dfrac{2}{5}$ ④ $|-3.5| \ \square \ \dfrac{5}{2}$

⑤ $\left|-\dfrac{11}{2}\right| \ \square \ |-6|$

9 두 수 a, b에 대하여

$$\langle a,\ b \rangle = \begin{cases} a & (|a| > |b|) \\ b & (|a| \le |b|) \end{cases}$$

라 할 때, $\left\langle -\dfrac{5}{12},\ \left\langle \dfrac{7}{18},\ -\dfrac{7}{18} \right\rangle \right\rangle$의 값은? [4점]

① $-\dfrac{18}{7}$ ② $-\dfrac{5}{12}$ ③ $-\dfrac{7}{18}$

④ $\dfrac{7}{18}$ ⑤ $\dfrac{5}{12}$

10 $-\dfrac{7}{4} \le x < 3.1$을 만족시키는 정수 x의 개수는? [3점]

① 4   ② 5   ③ 6
④ 7   ⑤ 8

11 수직선 위에서 두 수 a, b에 대응하는 두 점 사이의 거리가 10이고, 이 두 점에서 같은 거리에 있는 점에 대응하는 수가 −3이다. 이때 $a \times b$의 값은? [4점]

① −16   ② −8   ③ −4
④ 8   ⑤ 16

12 오른쪽 그림과 같은 전개도를 접어서 정육면체를 만들면 마주 보는 면에 적힌 두 수가 서로 역수일 때, $(a-b) \div c$의 값은? [4점]

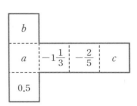

① −6   ② −3   ③ 0
④ 3   ⑤ 6

13 -6에 -3을 곱한 다음 2를 뺀 수가 있다. 이 수에서 4를 뺀 후 -3으로 나눈 수는? [4점]

① -6 ② -5 ③ -4

④ -3 ⑤ -2

14 서로 다른 세 수 a, b, c에 대하여 $a+c<0$, $a\div c>0$, $|a|=|b|$일 때, 다음 중 옳은 것은? [4점]

① $a\times b\times c<0$ ② $a+b+c>0$

③ $a+b-c<0$ ④ $-a-b+c<0$

⑤ $(a+c)\div b>0$

15 $-3^2+\left[\dfrac{1}{2}+(-1)^3\div\left\{6\times\left(-\dfrac{1}{3}\right)+6\right\}\right]\times4$를 계산하면? [4점]

① -10 ② -8 ③ -2

④ 5 ⑤ 10

16 $a=\dfrac{1}{3}$, $b=-\dfrac{1}{5}$, $c=-\dfrac{1}{6}$일 때, $\dfrac{3}{a}-\dfrac{5}{b}+\dfrac{9}{c}$의 값은? [4점]

① -70 ② -40 ③ -20

④ 20 ⑤ 40

17 다음 그림과 같이 바둑판에 바둑돌을 배열해 나갈 때, [20단계]에 배열되는 바둑돌의 개수는? [4점]

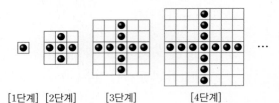

[1단계] [2단계]　　[3단계]　　　　[4단계]

① 69 ② 76 ③ 77

④ 80 ⑤ 81

18 다항식 $-4x^2+\dfrac{x}{2}-1$의 차수를 a, 항의 개수를 b, 상수항을 c, x의 계수를 d라 할 때, $a+b+c+d$의 값은? [3점]

① $\dfrac{7}{2}$ ② 4 ③ $\dfrac{9}{2}$

④ 5 ⑤ $\dfrac{11}{2}$

19 $(3x-5)-\left\{\dfrac{1}{2}(8x-14)+1\right\}$을 계산하면 $ax+b$일 때, 상수 a, b에 대하여 $a-b$의 값은? [3점]

① -2 ② -1 ③ 0

④ 1 ⑤ 2

20 두 인쇄소 A, B에서는 인쇄물이 10장 이하일 때는 기본요금을 받고 10장보다 많은 경우에는 한 장당 추가 요금을 받는다고 한다. 인쇄 비용이 다음과 같을 때, 인쇄소 A에서 x장, 인쇄소 B에서 x장을 인쇄할 때 드는 총비용은? (단, $x > 10$) [4점]

	A	B
기본요금(원)	1500	1700
추가 요금(원)	200	140

① $(140x + 300)$원 ② $(200x - 500)$원
③ $(340x - 200)$원 ④ $(340x + 800)$원
⑤ $(340x + 3200)$원

(서술형)

21 자연수 A를 소인수분해 하면 $2^a \times 3^b$이다. A의 약수가 15개일 때, A의 값을 모두 구하시오.
(단, a, b는 자연수) [5점]

22 어떤 두 자연수의 최대공약수는 2이고, 최소공배수는 24이다. 이 두 자연수의 합이 14일 때, 두 자연수의 차를 구하시오. [5점]

23 네 수 3, $-\dfrac{1}{5}$, $\dfrac{4}{3}$, -2 중에서 서로 다른 세 수를 뽑아 곱한 값 중 가장 큰 수를 A, 가장 작은 수를 B라 할 때, $A - B$의 값을 구하시오. [5점]

24 선우와 시아가 주사위 놀이를 하는데 짝수의 눈이 나오면 그 눈의 수만큼 점수를 얻고, 홀수의 눈이 나오면 그 눈의 수의 2배만큼 점수를 잃는다. 선우와 시아가 주사위를 각각 3번씩 던져서 나온 눈의 수가 다음 표와 같을 때, 선우가 얻은 점수와 시아가 얻은 점수의 곱을 구하시오. [5점]

	1회	2회	3회
선우	6	3	1
시아	4	5	2

25 어떤 다항식에서 $2x - 10$을 2배 하여 빼야 할 것을 잘못하여 $\dfrac{1}{2}$배 하여 더했더니 $6x - 11$이 되었다. 이때 바르게 계산한 식을 구하시오. [5점]

Ⅰ 수와 연산

1. 소인수분해

필수 기출

18~21쪽

1 ④	2 ④	3 29	4 ②, ③	5 ⑤	6 7
7 ③	8 ④	9 ④	10 12	11 ④	12 ②
13 ④	14 ①	15 32	16 ⑤	17 15	18 ③
19 ④	20 ③	21 1, 4, 25, 100	22 ③	23 ②	
24 ②	25 ⑤	26 ③	27 12		

1 ④ 9는 약수가 1, 3, 9의 3개이므로 합성수이다.

2 소수는 3, 23, 37, 43, 71, 83의 6개이므로 $x=6$
합성수는 15, 91($=7 \times 13$)의 2개이므로 $y=2$
$\therefore x-y=6-2=4$

3 25 이상 30 미만의 자연수 중에서 약수가 2개뿐인 수, 즉 소수는 29이다.

4 ① 2는 짝수이지만 소수이다.
② 5의 배수 중에서 소수는 5의 1개뿐이다.
④ 소수인 두 수 2와 3의 곱은 짝수이다.
⑤ 소수이면서 합성수인 자연수는 없다.
따라서 옳은 것은 ②, ③이다.

5 ① $2^3=8$　　　② $2 \times 2 \times 2=2^3$
③ $a \times a \times a=a^3$　　④ $\frac{1}{4} \times \frac{1}{4} \times \frac{1}{4}=\left(\frac{1}{4}\right)^3$
따라서 옳은 것은 ⑤이다.

6 $5 \times 3 \times 2 \times 3 \times 3 \times 2 \times 5=2^2 \times 3^3 \times 5^2$이므로
$a=2$, $b=3$, $c=2$
$\therefore a+b+c=2+3+2=7$

7 $2^3=8$이므로 $a=8$
$81=3^4$이므로 $b=4$
$\therefore a+b=8+4=12$

8
```
2) 168
2)  84
2)  42
3)  21
     7      ∴ 168=2³×3×7
```

9 ① $12=2^2 \times 3$　　　② $30=2 \times 3 \times 5$
③ $42=2 \times 3 \times 7$　　⑤ $98=2 \times 7^2$
따라서 소인수분해를 바르게 한 것은 ④이다.

10 $504=2^3 \times 3^2 \times 7$이므로 $a=3$, $b=2$, $c=7$
$\therefore a+b+c=3+2+7=12$

11 $990=2 \times 3^2 \times 5 \times 11$이므로 990의 소인수는 2, 3, 5, 11이다.
따라서 990의 소인수가 아닌 것은 ④이다.

12 $84=2^2 \times 3 \times 7$이므로 84의 소인수는 2, 3, 7이다.
따라서 구하는 소인수의 합은
$2+3+7=12$

13 ① $48=2^4 \times 3$이므로 소인수는 2, 3이다.
② $72=2^3 \times 3^2$이므로 소인수는 2, 3이다.
③ $96=2^5 \times 3$이므로 소인수는 2, 3이다.
④ $128=2^7$이므로 소인수는 2이다.
⑤ $144=2^4 \times 3^2$이므로 소인수는 2, 3이다.
따라서 소인수가 나머지 넷과 다른 하나는 ④이다.

14 $216=2^3 \times 3^3$에 자연수를 곱하여 어떤 자연수의 제곱이 되도록 하려면 모든 소인수의 지수가 짝수이어야 하므로 곱할 수 있는 가장 작은 자연수는
$2 \times 3=6$

15 $450=2 \times 3^2 \times 5^2$이므로 $a=2$
이때 $b^2=2 \times 3^2 \times 5^2 \times 2=900=30^2$이므로 $b=30$
$\therefore a+b=2+30=32$

16 $76 \times x=2^2 \times 19 \times x$가 어떤 자연수의 제곱이 되려면
$x=19 \times (자연수)^2$ 꼴이어야 한다.
따라서 두 번째로 작은 x의 값은
$19 \times 2^2=76$

17 $135=3^3 \times 5$를 자연수로 나누어 어떤 자연수의 제곱이 되도록 하려면 모든 소인수의 지수가 짝수이어야 하므로 나눌 수 있는 가장 작은 자연수는
$3 \times 5=15$

18 $18=2 \times 3^2$이므로
(개) 3^2　(내) 3　(대) 9　(래) 2　(매) 6
따라서 옳지 않은 것은 ③이다.

19 ④ 2^3은 2^2의 약수가 아니므로 $2^3 \times 7$은 주어진 수의 약수가 아니다.

20 $270=2 \times 3^3 \times 5$
① 2^5은 2의 약수가 아니므로 270의 약수가 아니다.
② 3^4은 3^3의 약수가 아니므로 2×3^4은 270의 약수가 아니다.
④ 5^2은 5의 약수가 아니므로 $2 \times 3^3 \times 5^2$은 270의 약수가 아니다.
⑤ 2^2은 2의 약수가 아니므로 $2^2 \times 3 \times 5$는 270의 약수가 아니다.
따라서 270의 약수인 것은 ③이다.

21 $300=2^2\times3\times5^2$이므로 300의 약수는
$(2^2$의 약수$)\times(3$의 약수$)\times(5^2$의 약수$)$ 꼴이다.
따라서 300의 약수 중에서 어떤 자연수의 제곱이 되는 수는
$1,\ 2^2=4,\ 5^2=25,\ 2^2\times5^2=100$

22 $56=2^3\times7$이므로 56의 약수의 개수는
$(3+1)\times(1+1)=8$

23 ① $(2+1)\times(1+1)=6$
② $(4+1)\times(2+1)=15$
③ $(1+1)\times(2+1)\times(1+1)=12$
④ $32=2^5$의 약수의 개수는
$\qquad5+1=6$
⑤ $100=2^2\times5^2$의 약수의 개수는
$\qquad(2+1)\times(2+1)=9$
따라서 약수의 개수가 가장 많은 것은 ②이다.

24 $2^3\times3^a$의 약수가 16개이므로
$(3+1)\times(a+1)=16$
$a+1=4$ $\qquad\therefore a=3$

25 ① $2^4\times5^3$의 약수의 개수는
$\qquad(4+1)\times(3+1)=20$
② $2^4\times5\times7$의 약수의 개수는
$\qquad(4+1)\times(1+1)\times(1+1)=20$
③ $2^4\times27=2^4\times3^3$의 약수의 개수는
$\qquad(4+1)\times(3+1)=20$
④ $2^4\times33=2^4\times3\times11$의 약수의 개수는
$\qquad(4+1)\times(1+1)\times(1+1)=20$
⑤ $2^4\times81=2^4\times3^4$의 약수의 개수는
$\qquad(4+1)\times(4+1)=25$
따라서 ☐ 안에 들어갈 수 없는 수는 ⑤이다.

26 $280=2^3\times5\times7$의 약수 중에서 5의 배수는 반드시 5를 소인수로 갖는다.
따라서 280의 약수 중에서 5의 배수의 개수는 $2^3\times7$의 약수의 개수와 같으므로
$(3+1)\times(1+1)=8$

27 $6=5+1$ 또는 $6=2\times3$이므로 약수가 6개인 자연수는 다음과 같다.
(ⅰ) $6=5+1$인 경우
$\quad a^5$ (a는 소수) 꼴이어야 하므로 가장 작은 자연수는
$\quad 2^5=32$
(ⅱ) $6=2\times3=(1+1)\times(2+1)$인 경우
$\quad a\times b^2$ ($a,\ b$는 서로 다른 소수) 꼴이어야 하므로 가장 작은 자연수는
$\quad 3\times2^2=12$
(ⅰ), (ⅱ)에서 구하는 가장 작은 자연수는 12이다.

22쪽

쌍둥이

| **1** 1 | **2** ㄴ, ㄷ | **3** ⑤ | **4** 2 | **5** 18 | **6** 10 |
| **7** ①, ⑤ | **8** ⑤ | **9** 4 | | | |

1 소수는 $2,\ 13,\ 19,\ 31$의 4개이므로 $a=4$
합성수는 $6,\ 21,\ 25,\ 27,\ 57$의 5개이므로 $b=5$
$\therefore b-a=5-4=1$

2 ㄱ. 1은 소수가 아닌 자연수이지만 합성수가 아니다.
ㄷ. 4의 배수는 $4,\ 8,\ 12,\ \ldots$이고 이 중 소수는 없다.
ㄹ. 가장 작은 합성수는 4이다.
따라서 옳은 것은 ㄴ, ㄷ이다
참고 ㄱ. 1은 소수도 아니고 합성수도 아니다.

3 ⑤ $\dfrac{1}{5}\times\dfrac{1}{5}\times\dfrac{1}{5}=\left(\dfrac{1}{5}\right)^3$

4 $600=2^3\times3\times5^2$이므로 $a=3,\ b=3,\ c=2$
$\therefore a-b+c=3-3+2=2$

5 $220=2^2\times5\times11$이므로 220의 소인수는 $2,\ 5,\ 11$이다.
따라서 구하는 소인수의 합은
$2+5+11=18$

6 $90\times☐=2\times3^2\times5\times☐$가 어떤 자연수의 제곱이 되도록 하려면 모든 소인수의 지수가 짝수이어야 하므로 ☐ 안에 알맞은 가장 작은 자연수는
$2\times5=10$

7 $315=3^2\times5\times7$
① 3^3은 3^2의 약수가 아니므로 315의 약수가 아니다.
⑤ 5^2은 5의 약수가 아니므로 $3^2\times5^2\times7$은 315의 약수가 아니다.

8 ① $(1+1)\times(2+1)\times(2+1)=18$
② $(1+1)\times(1+1)\times(1+1)\times(1+1)=16$
③ $108=2^2\times3^3$의 약수의 개수는
$\qquad(2+1)\times(3+1)=12$
④ $112=2^4\times7$의 약수의 개수는
$\qquad(4+1)\times(1+1)=10$
⑤ $243=3^5$의 약수의 개수는
$\qquad5+1=6$
따라서 약수의 개수가 가장 적은 것은 ⑤이다.

9 $3^a\times7^2$의 약수가 15개이므로
$(a+1)\times(2+1)=15$
$a+1=5$ $\qquad\therefore a=4$

1-1 7	**1-2** ①	**2-1** 8	**2-2** 7
3-1 15	**3-2** 28	**4-1** 1, 4, 9, 16, 25, 36, 49	
4-2 3			

1-1 $7^1=7$, $7^2=49$, $7^3=343$, $7^4=2401$, $7^5=16807$, ...이므로
7의 거듭제곱의 일의 자리의 숫자는 7, 9, 3, 1의 순서로
반복된다.
이때 $2025=4\times506+1$이므로 7^{2025}의 일의 자리의 숫자는
7^1의 일의 자리의 숫자와 같은 7이다.

> **참고** 자연수 A에 대하여 A^1, A^2, A^3, ...의 일의 자리
> 의 숫자를 구할 때, 일의 자리의 숫자만 구하여 규
> 칙적으로 반복됨을 이용할 수도 있다.

1-2 3의 거듭제곱의 일의 자리의 숫자는 3, 9, 7, 1의 순서로 반
복되고, $31=4\times7+3$이므로 3^{31}의 일의 자리의 숫자는 3^3
의 일의 자리의 숫자와 같은 7이다.
4의 거듭제곱의 일의 자리의 숫자는 4, 6의 순서로 반복되
고, $22=2\times11$이므로 4^{22}의 일의 자리의 숫자는 4^2의 일의
자리의 숫자와 같은 6이다.
따라서 $a=7$, $b=6$이므로
$a+b=7+6=13$

2-1 1, 2, 3, ..., 19, 20 중에서 3의 배수는
3, $6=2\times3$, $9=3\times3$, $12=2\times2\times3$, $15=3\times5$,
$18=2\times3\times3$
따라서 $1\times2\times3\times\cdots\times19\times20$을 소인수분해 하면 3은 모
두 8번 곱해지므로 소인수 3의 지수는 8이다.

2-2 1, 2, 3, ..., 29, 30 중에서 5의 배수는
5, $10=2\times5$, $15=3\times5$, $20=2\times2\times5$, $25=5\times5$,
$30=2\times3\times5$
따라서 $1\times2\times3\times\cdots\times29\times30$을 소인수분해 하면 5는 모
두 7번 곱해지므로 소인수 5의 지수는 7이다.

3-1 ㈏에서 소인수가 2개인 자연수는 합성수이고, 합이 8인 두
소인수는 3, 5이므로 ㈏를 만족시키는 자연수는
$3\times5=15$, $3^2\times5=45$, $3\times5^2=75$, ...
이때 ㈎를 만족시키는 자연수는 15이다.

> **다른 풀이**
> ㈏에서 소인수가 2개인 자연수는 합성수이다.
> 이때 ㈎를 만족시키는 합성수는
> 12, 14, 15, 16, 18, 20
> $12=2^2\times3$이므로 12의 소인수는 2, 3
> $14=2\times7$이므로 14의 소인수는 2, 7
> $15=3\times5$이므로 15의 소인수는 3, 5
> $16=2^4$이므로 16의 소인수는 2 ← 소인수가 1개이므로 조건을
>   만족시키지 않는다.
> $18=2\times3^2$이므로 18의 소인수는 2, 3

$20=2^2\times5$이므로 20의 소인수는 2, 5
따라서 ㈏에서 두 소인수의 합이 8인 수는 15이다.

3-2 ㈏에서 소인수가 2개인 자연수는 합성수이고, 차가 5인 두
소인수는 2, 7이므로 ㈏를 만족시키는 자연수는
$2\times7=14$, $2^2\times7=28$, $2^3\times7=56$, ...
이때 ㈎를 만족시키는 자연수는 28이다.

> **다른 풀이**
> ㈏에서 소인수가 2개인 자연수는 합성수이다.
> 이때 ㈎를 만족시키는 합성수는
> 24, 25, 26, 27, 28, 30
> $24=2^3\times3$이므로 24의 소인수는 2, 3
> $25=5^2$이므로 25의 소인수는 5 ← 소인수가 1개이므로
> $26=2\times13$이므로 26의 소인수는 2, 13   조건을 만족시키지
> $27=3^3$이므로 27의 소인수는 3 ←   않는다.
> $28=2^2\times7$이므로 28의 소인수는 2, 7
> $30=2\times3\times5$이므로 30의 소인수는 2, 3, 5 ← 소인수가 3개이
>   므로 조건을 만
> 따라서 ㈏에서 두 소인수의 차가 5인 수는 28이다.   족시키지 않는다.

4-1 약수의 개수가 홀수이려면 소인수분해 했을 때 모든 소인
수의 지수가 짝수이어야 하므로 (자연수)^2 꼴로 나타낼 수
있어야 한다.
이때 50보다 작은 자연수 중 (자연수)^2 꼴로 나타낼 수 있
는 수는
1, $2^2=4$, $3^2=9$, $4^2=16$, $5^2=25$, $6^2=36$, $7^2=49$

4-2 약수의 개수가 홀수이려면 소인수분해 했을 때 모든 소인
수의 지수가 짝수이어야 하므로 ㈏를 만족시키는 자연수는
(자연수)^2 꼴로 나타낼 수 있어야 한다.
이때 ㈎를 만족시키는 자연수는 $8^2=64$, $9^2=81$, $10^2=100$
의 3개이다.

서술형 완성   24~25쪽

1 11	**2** (1) $2\times3^3\times7$ (2) 7	**3** 90	**4** 32
5 (1) $2^2\times7^2$ (2) 풀이 참조 (3) 1, 2, 4, 7, 14, 28, 49, 98, 196			
6 177	**7** 4	**8** 12	**9** 375	**10** 48

1 $1260=2^2\times3^2\times5\times7$이므로   …… ①
$a=2$, $b=2$, $c=7$ …… ②
$\therefore a+b+c=2+2+7=11$ …… ③

단계	채점 기준	배점
①	1260을 소인수분해 하기	2점
②	a, b, c의 값 구하기	2점
③	$a+b+c$의 값 구하기	2점

2 (1) $378 = 2 \times 3^3 \times 7$

(2) 378의 소인수는 2, 3, 7이므로 소인수 중 가장 큰 수는 7
이다.

3 $360 = 2^3 \times 3^2 \times 5$에 자연수를 곱하여 모든 소인수의 지수가
짝수가 되게 해야 하므로 곱할 수 있는 수는
$2 \times 5 \times$ (자연수)^2 꼴이어야 한다. ······ ①
따라서 곱할 수 있는 자연수는 2×5, $2 \times 5 \times 2^2$, $2 \times 5 \times 3^2$,
$2 \times 5 \times 4^2$, ...이므로 구하는 가장 큰 두 자리의 자연수는
$2 \times 5 \times 3^2 = 90$ ······ ②

단계	채점 기준	배점
①	곱할 수 있는 자연수가 $2 \times 5 \times$ (자연수)^2 꼴임을 파악하기	5점
②	가장 큰 두 자리의 자연수 구하기	3점

4 $120 = 2^3 \times 3 \times 5$를 x로 나누어 모든 소인수의 지수가 짝수가
되게 해야 하므로 가장 작은 자연수 x의 값은
$2 \times 3 \times 5 = 30$ ······ ①
따라서 $y^2 = 120 \div 30 = 4 = 2^2$이므로
$y = 2$ ······ ②
$\therefore x + y = 30 + 2 = 32$ ······ ③

단계	채점 기준	배점
①	x의 값 구하기	5점
②	y의 값 구하기	2점
③	$x + y$의 값 구하기	1점

5 (1) $196 = 2^2 \times 7^2$

(2)

×	1	2	2^2
1	1	2	4
7	7	14	28
7^2	49	98	196

(3) 196의 약수는 1, 2, 4, 7, 14, 28, 49, 98, 196이다.

6 $98 = 2 \times 7^2$이므로 98의 약수의 개수는
$(1+1) \times (2+1) = 6$
$\therefore a = 6$ ······ ①
또 98의 약수는 1, 2, 7, $2 \times 7 = 14$, $7^2 = 49$, $2 \times 7^2 = 98$이
므로
$b = 1 + 2 + 7 + 14 + 49 + 98 = 171$ ······ ②
$\therefore a + b = 6 + 171 = 177$ ······ ③

단계	채점 기준	배점
①	a의 값 구하기	3점
②	b의 값 구하기	3점
③	$a + b$의 값 구하기	2점

7 $432 = 2^4 \times 3^3$이므로 432의 약수의 개수는
$(4+1) \times (3+1) = 20$ ······ ①
$2 \times 3^x \times 5$의 약수의 개수는
$(1+1) \times (x+1) \times (1+1) = 4 \times (x+1)$ ······ ②

따라서 $4 \times (x+1) = 20$이므로
$x + 1 = 5$ $\therefore x = 4$ ······ ③

단계	채점 기준	배점
①	432의 약수의 개수 구하기	2점
②	$2 \times 3^x \times 5$의 약수의 개수에 대한 식 세우기	2점
③	x의 값 구하기	4점

8 $\dfrac{84}{n}$가 자연수가 되려면 n은 84의 약수이어야 한다.
······ ①
$84 = 2^2 \times 3 \times 7$이므로 84의 약수의 개수는
$(2+1) \times (1+1) \times (1+1) = 12$ ······ ②
따라서 n의 개수는 12이다. ······ ③

단계	채점 기준	배점
①	n이 84의 약수임을 이해하기	3점
②	84의 약수의 개수 구하기	3점
③	n의 개수 구하기	2점

9 $54 \times a = 60 \times b = c^2$에서
$2 \times 3^3 \times a = 2^2 \times 3 \times 5 \times b = c^2$
어떤 자연수의 제곱이 되려면 모든 소인수의 지수가 짝수
이어야 하므로 가장 작은 자연수 a, b는
$a = 2 \times 3 \times 5^2 = 150$,
$b = 3^3 \times 5 = 135$ ······ ①
따라서 $c^2 = 2 \times 3^3 \times (2 \times 3 \times 5^2) = 8100 = 90^2$이므로
$c = 90$ ······ ②
$\therefore a + b + c = 150 + 135 + 90 = 375$ ······ ③

단계	채점 기준	배점
①	a, b의 값 구하기	6점
②	c의 값 구하기	3점
③	$a + b + c$의 값 구하기	1점

10 (대)에서 $2^a \times 3^b$ (a, b는 자연수)이라 하면 ······ ①
(내)에서 $(a+1) \times (b+1) = 10$
(i) $a+1 = 2$, $b+1 = 5$일 때,
$a = 1$, $b = 4$이므로
$2 \times 3^4 = 162$
(ii) $a+1 = 5$, $b+1 = 2$일 때,
$a = 4$, $b = 1$이므로
$2^4 \times 3 = 48$ ······ ②
(개)에서 구하는 자연수는 48이다. ······ ③

단계	채점 기준	배점
①	$2^a \times 3^b$ 꼴임을 알기	2점
②	(내), (대)를 만족시키는 자연수 구하기	6점
③	주어진 조건을 모두 만족시키는 자연수 구하기	2점

1 소수는 5, 47의 2개이다.

2 22 미만의 자연수 중 가장 큰 소수는 19이므로
$a=19$
10보다 큰 자연수 중 가장 작은 합성수는 12이므로
$b=12$
$\therefore a+b=19+12=31$

3 ① 169의 약수는 1, 13, 169이므로 169는 합성수이다.
② 2는 소수이지만 짝수이다.
③ 6의 약수는 1, 2, 3, 6의 4개이므로 짝수이지만 6은 합성수이다.
⑤ 21의 약수는 1, 3, 7, 21이므로 합성수이다.
따라서 옳은 것은 ④이다.

4 엿을 접을 때마다 그 가닥수는 2배가 되므로 엿을 반복하여 접었을 때 그 가닥수는 다음과 같다.
1번 접은 경우: 2가닥
2번 접은 경우: $2\times2=2^2$(가닥)
3번 접은 경우: $2\times2\times2=2^3$(가닥)
⋮
12번 접은 경우: $\underbrace{2\times2\times\cdots\times2}_{12번}=2^{12}$(가닥)

5 재민: 7^3은 7을 3번 곱한 수야.
주미: 72를 소인수분해 하면 $2^3\times3^2$으로 나타낼 수 있어.
따라서 잘못 설명한 학생은 재민, 주미이다.

6 ① $48=2^4\times3$　　　② $132=2^2\times3\times11$
③ $256=2^8$　　　⑤ $1000=2^3\times5^3$
따라서 소인수분해를 바르게 한 것은 ④이다.

7 $200=2^3\times5^2$이고 $a<b$이므로
$a=2,\ b=5,\ c=3,\ d=2$
$\therefore b-a+c-d=5-2+3-2=4$

8 $54\times300=(2\times3^3)\times(2^2\times3\times5^2)$
$\qquad\qquad=2\times3\times3\times3\times2\times2\times3\times5\times5$
$\qquad\qquad=2^3\times3^4\times5^2$
따라서 $a=3,\ b=4,\ c=2$이므로
$a+b+c=3+4+2=9$

9 ① $96=2^5\times3$이므로 소인수는 2, 3이다.
② $108=2^2\times3^3$이므로 소인수는 2, 3이다.

③ $144=2^4\times3^2$이므로 소인수는 2, 3이다.
④ $162=2\times3^4$이므로 소인수는 2, 3이다.
⑤ $198=2\times3^2\times11$이므로 소인수는 2, 3, 11이다.
따라서 2와 3 이외의 수를 소인수로 갖는 것은 ⑤이다.

10 $196=2^2\times7^2$이므로 소인수는 2, 7이다.
① $50=2\times5^2$이므로 소인수는 2, 5이다.
② $112=2^4\times7$이므로 소인수는 2, 7이다.
③ $121=11^2$이므로 소인수는 11이다.
④ $147=3\times7^2$이므로 소인수는 3, 7이다.
⑤ $225=3^2\times5^2$이므로 소인수는 3, 5이다.
따라서 196과 소인수가 같은 것은 ②이다.

11 $63=3^2\times7$이므로 $a=7\times(자연수)^2$ 꼴이어야 한다.
① $14=7\times2$　　② $21=7\times3$　　③ $28=7\times2^2$
④ $35=7\times5$　　⑤ $49=7\times7$
따라서 a의 값이 될 수 있는 것은 ③이다.

12 $504=2^3\times3^2\times7$이고 어떤 자연수의 제곱이 되려면 모든 소인수의 지수가 짝수이어야 하므로 나눌 수 있는 가장 작은 자연수는
$2\times7=14$

13 $136=2^3\times17$이므로 주어진 표를 완성하면 다음과 같다.

×	1	2	(가) 2^2	2^3
1	1	2	2^2	(라) 2^3
(나) 17	17	(다) 2×17	$2^2\times17$	(마) $2^3\times17$

④ (라)에 알맞은 수는 2^3이므로 어떤 자연수의 제곱인 수가 아니다.

14 $2^4\times3^5$의 약수를 작은 것부터 순서대로 나열하면
1, 2, 3, 2^2, 2×3, 2^3, …
따라서 다섯 번째로 작은 수는
$2\times3=6$

15 ① $(2+1)\times(3+1)=12$
② $(2+1)\times(2+1)=9$
③ $(1+1)\times(1+1)\times(1+1)=8$
④ $120=2^3\times3\times5$의 약수의 개수는
$\quad(3+1)\times(1+1)\times(1+1)=16$
⑤ $525=3\times5^2\times7$의 약수의 개수는
$\quad(1+1)\times(2+1)\times(1+1)=12$
따라서 약수의 개수가 가장 많은 것은 ④이다.

16 $756=2^2\times3^3\times7$의 약수 중에서 7의 배수는 반드시 7을 소인수로 갖는다.
따라서 756의 약수 중에서 7의 배수의 개수는 $2^2\times3^3$의 약수의 개수와 같으므로
$(2+1)\times(3+1)=12$

17 ㈎에서 맨 앞자리의 숫자는 1이다. ······ ①

㈏에서 두 번째 자리의 숫자는 7이다. ······ ②

㈐에서 뒤의 두 자리의 자연수는 31이다. ······ ③

따라서 통장 비밀번호는 1731이다. ······ ④

단계	채점 기준	배점
①	맨 앞자리의 숫자 구하기	2점
②	두 번째 자리의 숫자 구하기	2점
③	뒤의 두 자리의 자연수 구하기	2점
④	통장 비밀번호 구하기	2점

18 $156=2^2\times3\times13$이므로 $2^2\times3\times13\times a=b^2$이 되려면 a는 $3\times13\times$(자연수)^2 꼴이어야 한다.

이때 가장 작은 자연수 a는

$3\times13=39$ ······ ①

$b^2=2\times2\times3\times13\times(3\times13)=(2\times3\times13)^2=78^2$이므로

$b=78$ ······ ②

$\therefore b-a=78-39=39$ ······ ③

단계	채점 기준	배점
①	a의 값 구하기	4점
②	b의 값 구하기	4점
③	$b-a$의 값 구하기	2점

19 $72=2^3\times3^2$이므로 72의 약수의 개수는

$(3+1)\times(2+1)=12$ ······ ①

$2^2\times3^a$의 약수의 개수는

$(2+1)\times(a+1)=3\times(a+1)$ ······ ②

따라서 $3\times(a+1)=12$이므로

$a+1=4$ $\therefore a=3$ ······ ③

단계	채점 기준	배점
①	72의 약수의 개수 구하기	2점
②	$2^2\times3^a$의 약수의 개수에 대한 식 세우기	2점
③	a의 값 구하기	4점

20 $N(x)=3$을 만족시키는 x는 (소수)^2 꼴이다. ······ ①

$\therefore 2^2=4$, $3^2=9$, $5^2=25$, $7^2=49$, $11^2=121$, $13^2=169$, ...

따라서 150 이하의 자연수 x는 4, 9, 25, 49, 121의 5개이다. ······ ②

단계	채점 기준	배점
①	x가 (소수)^2 꼴임을 알기	4점
②	150 이하의 자연수 x의 개수 구하기	6점

2. 최대공약수와 최소공배수

필수 기출
30~35쪽

1 ②	**2** ③	**3** ①	**4** ①, ③	**5** 45	**6** ④
7 6	**8** ⑤	**9** ②	**10** 37	**11** ③, ⑤	
12 ④	**13** ③	**14** ③	**15** 9	**16** ③	**17** ②
18 6	**19** 4	**20** ⑤	**21** ②	**22** 75	**23** ⑤
24 ⑤	**25** 105	**26** ②	**27** ③	**28** 6	**29** ③
30 ④	**31** ①	**32** 12	**33** ⑤	**34** ①	**35** ②
36 ②	**37** $\dfrac{55}{3}$				

1
$$\begin{array}{r}2^3\times3\ \times5\\2^2\times3^2\ \ \ \times7\\\hline\text{(최대공약수)}=2^2\times3\end{array}$$

2
$$\begin{array}{r}12=2^2\times3\\20=2^2\ \ \ \ \times5\\36=2^2\times3^2\\\hline\text{(최대공약수)}=2^2=4\end{array}$$

3
$$\begin{array}{r}3^4\times5^3\\2\times3^5\times5^2\\3^3\times5^4\times7\\\hline\text{(최대공약수)}=\ \ \ \ 3^3\times5^2\end{array}$$

따라서 $a=3$, $b=2$이므로

$a+b=3+2=5$

4
$$\begin{array}{r}2^3\times3^4\\2^4\times3^2\times7\\\hline\text{(최대공약수)}=2^3\times3^2\end{array}$$

두 수의 공약수는 두 수의 최대공약수인 $2^3\times3^2$의 약수이므로 두 수의 공약수가 아닌 것은 ①, ③이다.

5 두 자연수의 공약수는 두 수의 최대공약수인 $225=3^2\times5^2$의 약수이므로

1, 3, 5, $3^2=9$, $3\times5=15$, $5^2=25$, $3^2\times5=45$, $3\times5^2=75$, $3^2\times5^2=225$

따라서 이 중에서 50에 가장 가까운 수는 45이다.

6 a, b의 공약수의 개수는 두 수의 최대공약수인 $96=2^5\times3$의 약수의 개수와 같으므로

$(5+1)\times(1+1)=12$

7
$$\begin{array}{r}240=2^4\times3\ \times5\\2^2\times3^4\times5\\2^3\ \ \ \ \times5^2\times7\\\hline\text{(최대공약수)}=2^2\ \ \ \ \times5\end{array}$$

세 수의 공약수의 개수는 세 수의 최대공약수인 $2^2\times5$의 약수의 개수와 같으므로

$(2+1)\times(1+1)=6$

8 주어진 수와 12의 최대공약수를 각각 구하면
① 4 ② 6 ③ 3 ④ 4 ⑤ 1
따라서 12와 서로소인 것은 ⑤이다.

9 주어진 두 수의 최대공약수를 각각 구하면
① 9 ② 1 ③ 3 ④ 2 ⑤ 11
따라서 두 수가 서로소인 것은 ②이다.

10 $6=2\times3$과 서로소인 수는 2의 배수도 아니고 3의 배수도 아닌 수이다.
15 미만의 자연수 중에서 2의 배수는 (짝수)
2, 4, 6, ..., 14
15 미만의 자연수 중에서 3의 배수는
3, 6, 9, 12
따라서 15 미만의 자연수 중에서 6과 서로소인 수는 1, 5, 7, 11, 13이므로 구하는 합은
$1+5+7+11+13=37$

11 ③ 3과 9는 홀수이지만 서로소가 아니다.
⑤ 9와 16은 서로소이지만 둘 다 소수가 아니다.

12
$$
\begin{array}{r}
2^3\times3 \\
2^2\times3^3\times5 \\
2^3\times3^2 \\
\hline
(최소공배수)=2^3\times3^3\times5
\end{array}
$$

13
$$
\begin{array}{r}
28=2^2\times7 \\
70=2\times5\times7 \\
\hline
(최소공배수)=2^2\times5\times7
\end{array}
$$

14
$$
\begin{array}{r}
2^2\times3\times5 \\
2^3\times5 \\
\hline
(최대공약수)=2^2\times5 \\
(최소공배수)=2^3\times3\times5
\end{array}
$$

15
$$
\begin{array}{r}
2^2\times3 \\
2^3\times3\times7 \\
2^4\times3^2 \\
\hline
(최소공배수)=2^4\times3^2\times7
\end{array}
$$
따라서 $a=4$, $b=2$, $c=7$이므로
$a-b+c=4-2+7=9$

16 세 자연수의 공배수는 세 수의 최소공배수인 $2^3\times3^2$의 배수이므로 공배수가 아닌 것은 ③이다.

17
$$
\begin{array}{r}
2^2\times5^2 \\
2\times3\times5 \\
3\times5^2 \\
\hline
(최소공배수)=2^2\times3\times5^2
\end{array}
$$
세 수의 공배수는 세 수의 최소공배수인 $2^2\times3\times5^2$의 배수이므로 공배수가 아닌 것은 ②이다.

18 A, B의 공배수는 두 수의 최소공배수인 32의 배수이므로 공배수 중에서 300 이하의 세 자리의 자연수는 128, 160, 192, 224, 256, 288의 6개이다.

19 $6\times x=2\times3\times x$, $9\times x=3^2\times x$, $12\times x=2^2\times3\times x$의 최소공배수는 $2^2\times3^2\times x$이므로
$2^2\times3^2\times x=144$ ∴ $x=4$

20 $4\times x=2^2\times x$, $8\times x=2^3\times x$, $10\times x=2\times5\times x$의 최소공배수는 $2^3\times5\times x$이므로
$2^3\times5\times x=280$ ∴ $x=7$
따라서 세 자연수 $2^2\times7$, $2^3\times7$, $2\times5\times7$의 최대공약수는
$2\times7=14$

21 두 자연수를 각각 $3\times k$, $5\times k$ (k는 자연수)라 하면 두 수의 최소공배수는 $3\times5\times k$이므로
$3\times5\times k=135$ ∴ $k=9$
따라서 두 자연수는 $3\times9=27$, $5\times9=45$이므로 두 자연수의 합은
$27+45=72$

22 최소공배수가 $3^2\times5^3\times7^2\times11$이므로
$a=3$, $b=2$, $c=2$
따라서 두 수 $3\times5^3\times11$, $3^2\times5^2\times7^2$의 최대공약수는
$3\times5^2=75$

23 최대공약수가 $2^3\times5^2$이므로 $b=2$
최소공배수가 $2^5\times3\times5^3\times7$이므로 $a=5$, $c=7$
∴ $a\times b\times c=5\times2\times7=70$

24 최대공약수가 $20=2^2\times5$이므로 $b=1$
최소공배수가 $2^3\times3^4\times5^c\times7$이므로 $a=3$, $c=2$
∴ $a+b+c=3+1+2=6$

25 45, N의 최대공약수가 15이므로
$45=15\times3$, $N=15\times n$ (n은 3과 서로소)라 하면
$n=1, 2, 4, 5, 7, ...$ ← n은 3과 서로소이므로 3의 배수가 아니다.
즉, N의 값이 될 수 있는 수는
15, 30, 60, 75, 105, ...
따라서 구하는 가장 작은 세 자리의 자연수는 105이다.

26 $9=3^2$, $25=5^2$, A의 최소공배수가 $1350=2\times3^3\times5^2$이므로 A는 2×3^3의 배수이고 $2\times3^3\times5^2$의 약수이어야 한다.
따라서 A의 값이 될 수 있는 자연수는 2×3^3, $2\times3^3\times5$, $2\times3^3\times5^2$의 3개이다.

27 $3^3 \times \square$, $3^2 \times 5 \times 7$의 최대공약수가 $63 = 3^2 \times 7$이므로 $\square$는 $7 \times a$(a는 5와 서로소) 꼴이어야 한다.

① $7 = 7 \times 1$　　② $21 = 7 \times 3$　　③ $35 = 7 \times 5$

④ $49 = 7 \times 7$　　⑤ $63 = 7 \times 3^2$

따라서 $\square$ 안에 들어갈 수 없는 것은 ③이다.

28 (두 수의 곱)＝(최대공약수)×(최소공배수)이므로

$720 =$ (최대공약수) $\times 120$

따라서 최대공약수는 6이다.

29 98, A의 최대공약수가 14이므로

$98 = 14 \times 7$, $A = 14 \times a$ (a는 7과 서로소)라 하자.

최소공배수가 490이므로

$14 \times 7 \times a = 490$　　$\therefore a = 5$

$\therefore A = 14 \times 5 = 70$

다른 풀이

(두 수의 곱)＝(최대공약수)×(최소공배수)이므로

$98 \times A = 14 \times 490$　　$\therefore A = 70$

30 $2^5 \times 3^2 \times 7$, N의 최대공약수가 $2^3 \times 3^2$이므로

$N = 2^3 \times 3^2 \times n$ (n은 2, 7과 서로소)이라 하자.

최소공배수가 $2^5 \times 3^2 \times 7 \times 11$이므로

$2^5 \times 3^2 \times 7 \times n = 2^5 \times 3^2 \times 7 \times 11$　　$\therefore n = 11$

$\therefore N = 2^3 \times 3^2 \times 11$

다른 풀이

(두 수의 곱)＝(최대공약수)×(최소공배수)이므로

$(2^5 \times 3^2 \times 7) \times N = (2^3 \times 3^2) \times (2^5 \times 3^2 \times 7 \times 11)$

$\therefore N = 2^3 \times 3^2 \times 11$

31 어떤 자연수로 44를 나누면 2가 남으므로 어떤 수로 $44 - 2$, 즉 42를 나누면 나누어떨어진다.

따라서 구하는 수는 30, 42의 최대공약수이므로

$$\begin{array}{r} 30 = 2 \times 3 \times 5 \\ 42 = 2 \times 3 \quad\ \times 7 \\ \hline 2 \times 3 \end{array}$$

$2 \times 3 = 6$

32 어떤 자연수로 28을 나누면 4가 남고, 57을 나누면 3이 부족하므로 어떤 수로 $28 - 4$, $57 + 3$, 즉 24, 60을 나누면 나누어떨어진다.

따라서 구하는 수는 24, 60의 최대공약수이므로

$$\begin{array}{r} 24 = 2^3 \times 3 \\ 60 = 2^2 \times 3 \times 5 \\ \hline 2^2 \times 3 \end{array}$$

$2^2 \times 3 = 12$

33 3으로 나누면 1이 남는다.

5로 나누면 1이 남는다. $\left.\begin{array}{l}\\\\\end{array}\right\}$ 1씩 남는다.

9로 나누면 1이 남는다. ➡ (3, 5, 9의 공배수)＋1

이때 3, 5, 9의 최소공배수는 $3^2 \times 5 = 45$이므로 공배수는

$$\begin{array}{r} 3 = 3 \\ 5 = \quad\ \ 5 \\ 9 = 3^2 \\ \hline 3^2 \times 5 \end{array}$$

45, 90, 135, ...

따라서 세 자리의 자연수 중에서 가장 작은 수는

$135 + 1 = 136$

34 3으로 나누면 1이 남는다.

4로 나누면 2가 남는다. $\left.\begin{array}{l}\\\\\end{array}\right\}$ 2씩 부족하다.

6으로 나누면 4가 남는다. ➡ (3, 4, 6의 공배수)－2

이때 3, 4, 6의 최소공배수는 $2^2 \times 3 = 12$이므로 구하는 가장 작은 자연수는

$$\begin{array}{r} 3 = \quad\quad 3 \\ 4 = 2^2 \\ 6 = 2 \times 3 \\ \hline 2^2 \times 3 \end{array}$$

$12 - 2 = 10$

35 n은 24, 40의 공약수이다.

따라서 n의 개수는 24, 40의 최대공약수인 2^3의 약수의 개수와 같으므로

$$\begin{array}{r} 24 = 2^3 \times 3 \\ 40 = 2^3 \quad\ \ \times 5 \\ \hline 2^3 \end{array}$$

$3 + 1 = 4$

36 구하는 수는 24, 36의 최소공배수이므로

$2^3 \times 3^2 = 72$

$$\begin{array}{r} 24 = 2^3 \times 3 \\ 36 = 2^2 \times 3^2 \\ \hline 2^3 \times 3^2 \end{array}$$

37 구하는 기약분수를 $\dfrac{a}{b}$라 하자.

a는 5와 11의 최소공배수이므로

$a = 5 \times 11 = 55$

b는 27과 12의 최대공약수이고 $27 = 3^3$, $12 = 2^2 \times 3$이므로

$b = 3$

따라서 구하는 기약분수는

$\dfrac{a}{b} = \dfrac{55}{3}$

Best 쌍둥이

36~37쪽

1 ①	2 ④	3 8	4 ②, ③	5 ④	6 ④, ⑤
7 ⑤	8 11	9 ③	10 14	11 15	12 182
13 ③					

1

$$\begin{array}{r} 2^2 \times 3^4 \times 5^3 \\ 3^2 \times 5^3 \\ 3^5 \times 5^2 \times 7 \\ \hline \text{(최대공약수)} = \quad 3^2 \times 5^2 \end{array}$$

2 A, B의 공약수는 두 수의 최대공약수인 $72 = 2^3 \times 3^2$의 약수이다.

②$2^3$　　③$2^2 \times 3$　　④$2^4$　　⑤$2^2 \times 3^2$

따라서 두 수의 공약수가 아닌 것은 ④이다.

3 $112=2^4\times7$, $2^3\times3\times7$, $280=2^3\times5\times7$의 공약수의 개수는 세 수의 최대공약수인 $2^3\times7$의 약수의 개수와 같으므로
$(3+1)\times(1+1)=8$

4 주어진 두 수의 최대공약수를 각각 구하면
① 1　② 3　③ 11　④ 1　⑤ 1
따라서 두 수가 서로소가 아닌 것은 ②, ③이다.

5
$$\begin{array}{r}2^3\times3^4\\2\times3\times5^3\\2^2\times3\times7\\\hline(\text{최소공배수})=2^3\times3^4\times5^3\times7\end{array}$$

6 A, B의 공배수는 두 수의 최소공배수인 $560=2^4\times5\times7$의 배수이므로 두 수의 공배수인 것은 ④, ⑤이다.

7 $3\times a$, $10\times a=2\times5\times a$, $25\times a=5^2\times a$의 최소공배수는 $2\times3\times5^2\times a$이므로
$a=7$

8 최대공약수가 $18=2\times3^2$, 최소공배수가 $1260=2^2\times3^2\times5\times7$이므로
$a=2$, $b=2$, $c=7$
$\therefore a+b+c=2+2+7=11$

9 270, A의 최대공약수가 30이므로
$270=30\times9$, $A=30\times a$ (a는 9와 서로소) 꼴이어야 한다.
① $120=30\times4$　② $150=30\times5$　③ $180=30\times6$
④ $210=30\times7$　⑤ $240=30\times8$
따라서 A의 값이 될 수 없는 것은 ③이다.
참고　$270=2\times3^3\times5$, $180=2^2\times3^2\times5$의 최대공약수는
$2\times3^2\times5=90$

10 54, N의 최대공약수가 18이므로
$54=18\times3$, $N=18\times n$ (n은 3과 서로소)이라 하자.
54, N의 최소공배수가 378이므로
$18\times3\times n=378$　$\therefore n=7$
$\therefore N=18\times7=126$
따라서 $126=2\times3^2\times7$, $70=2\times5\times7$의 최대공약수는
$2\times7=14$
다른 풀이
(두 수의 곱)$=$(최대공약수)$\times$(최소공배수)이므로
$54\times N=18\times378$　$\therefore N=126$

11 어떤 자연수로 50을 나누면 5가 남고, 72를 나누면 3이 부족하므로 어떤 수로 $50-5$, $72+3$, 즉 45, 75를 나누면 나누어떨어진다.
따라서 구하는 수는 45, 75의 최대공약수
이므로
$3\times5=15$
$$\begin{array}{r}45=3^2\times5\\75=3\times5^2\\\hline3\times5\end{array}$$

12 10으로 나누면 2가 남는다.
12로 나누면 2가 남는다. } 2씩 남는다.
20으로 나누면 2가 남는다. ➡ (10, 12, 20의 공배수)$+2$
이때 10, 12, 20의 최소공배수는
$2^2\times3\times5=60$이므로 공배수는
60, 120, 180, 240, 300, …
따라서 세 자리의 자연수 중에서 200에
가장 가까운 수는
$180+2=182$
$$\begin{array}{r}10=2\ \ \ \ \ \times5\\12=2^2\times3\\20=2^2\ \ \ \ \ \ \times5\\\hline2^2\times3\times5\end{array}$$

13 n은 72, 108의 공약수이므로 72, 108의 최대공약수인 $2^2\times3^2=36$의 약수이다.
따라서 자연수 n의 값이 아닌 것은 ③이다.
$$\begin{array}{r}72=2^3\times3^2\\108=2^2\times3^3\\\hline2^2\times3^2\end{array}$$

100점 완성

38~39쪽

1-1 ④	1-2 ③	2-1 ③	2-2 ①
3-1 71	3-2 ⑤	4-1 40	4-2 14
5-1 60, 120, 180, 360		5-2 ③	

1-1 $18=2\times3^2$, $30=2\times3\times5$의 최대공약수는 2×3이고, 2×3의 약수의 개수는 $(1+1)\times(1+1)=4$이므로
$18◎30=4$
이때 $4◎N=1$에서 4와 N은 서로소이므로 N의 값이 될 수 있는 것은 ④이다.

1-2 $48=2^4\times3$, $32=2^5$의 최대공약수는 2^4이고, 2^4의 약수의 개수는 $4+1=5$이므로
$\langle48,32\rangle=5$
이때 $\langle k,5\rangle=1$에서 k와 5는 서로소이므로 k의 값이 될 수 없는 것은 ③이다.

2-1 $2^a\times3^b\times5^c$, $288=2^5\times3^2$, $2^3\times3^2\times5$의 최소공배수가 $2^5\times3^3\times5^2$이므로 a의 값은 5 이하이고
$b=3$, $c=2$
따라서 세 수의 최대공약수는
2×3^2 또는 $2^2\times3^2$ 또는 $2^3\times3^2$
각각의 경우의 약수의 개수는
$(1+1)\times(2+1)=6$, $(2+1)\times(2+1)=9$,
$(3+1)\times(2+1)=12$
이때 세 수의 공약수가 9개이면 세 수의 최대공약수의 약수의 개수가 9이어야 하므로 세 수의 최대공약수는
$2^2\times3^2$　$\therefore a=2$
$\therefore a+b+c=2+3+2=7$

2-2 ㈏에서 $175=5^2\times7$, $2^a\times5^b\times7$, $2\times5^2\times7^c$의 최소공배수
가 $2^2\times5^2\times7^4$이므로 b의 값은 1 또는 2이고
$a=2$, $c=4$
따라서 세 수의 최대공약수는
5×7 또는 $5^2\times7$
각각의 경우의 약수의 개수는
$(1+1)\times(1+1)=4$, $(2+1)\times(1+1)=6$
이때 ㈎에서 공약수가 6개이면 세 수의 최대공약수의 약수
의 개수가 6이므로 세 수의 최대공약수는
$5^2\times7$ $\quad\therefore b=2$
$\therefore a-b+c=2-2+4=4$

3-1 ㈎에서 42, N의 최대공약수가 7이므로
$42=7\times6$, $N=7\times n$(n은 6과 서로소)이라 하면
$n=1, 5, 7, 11, 13, 17, \cdots$
즉, N의 값이 될 수 있는 수는
$7, 35, 49, 77, 91, 119, \cdots$
$\therefore A=119$
㈏에서 $36=2^2\times3^2$, M의 최소공배수가 $144=2^4\times3^2$이므
로 M은 2^4의 배수이고 $2^4\times3^2$의 약수이어야 한다.
따라서 M의 값이 될 수 있는 수는
$2^4=16$, $2^4\times3=48$, $2^4\times3^2=144$
$\therefore B=48$
$\therefore A-B=119-48=71$

3-2 80, 160, a의 최대공약수가 8이므로
$80=8\times10$, $160=8\times20$, $a=8\times k$(k는 10과 서로소)라
하면
$k=1, 3, 7, 9, 11, 13, \cdots$
즉, a의 값이 될 수 있는 수는
$8, 24, 56, 72, 88, 104, \cdots$
$\therefore x=88$
$18=2\times3^2$, $90=2\times3^2\times5$, b의 최소공배수가
$180=2^2\times3^2\times5$이므로 b는 2^2의 배수이고 $2^2\times3^2\times5$의 약
수이어야 한다.
따라서 b의 값이 될 수 있는 수는
$2^2=4$, $2^2\times3=12$, $2^2\times5=20$, $2^2\times3^2=36$,
$2^2\times3\times5=60$, $2^2\times3^2\times5=180$
$\therefore y=12$
$\therefore x+y=88+12=100$

4-1 A, B의 최대공약수가 8이고, $B-A=8$에서 $A<B$이므로
$A=8\times a$, $B=8\times b$(a, b는 서로소, $a<b$)라 하자.
이때 A, B의 최소공배수가 48이므로
$8\times a\times b=48$
$\therefore a\times b=6$

(i) $a=1$, $b=6$일 때,
$\quad A=8\times1=8$, $B=8\times6=48$
(ii) $a=2$, $b=3$일 때,
$\quad A=8\times2=16$, $B=8\times3=24$
그런데 $B-A=8$이므로
$A=16$, $B=24$
$\therefore A+B=16+24=40$

4-2 A, B의 최대공약수가 7이므로
$A=7\times a$, $B=7\times b$(a, b는 서로소, $a<b$)라 하면
$7\times a\times b=105$
$\therefore a\times b=15$
(i) $a=1$, $b=15$일 때,
$\quad A=7\times1=7$, $B=7\times15=105$
(ii) $a=3$, $b=5$일 때,
$\quad A=7\times3=21$, $B=7\times5=35$
그런데 A, B는 두 자리의 자연수이므로
$A=21$, $B=35$
$\therefore B-A=35-21=14$

5-1 24, 36, N의 최대공약수가 12이므로
$24=12\times2$, $36=12\times3$, $N=12\times n$(n은 자연수)이라 하
자.
최소공배수가 $360=12\times2\times3\times5$이므로 n은 5의 배수이
고 $2\times3\times5$의 약수이어야 한다.
$\therefore n=5, 2\times5, 3\times5, 2\times3\times5$
따라서 N의 값이 될 수 있는 수는
$12\times5=60$, $12\times2\times5=120$, $12\times3\times5=180$,
$12\times2\times3\times5=360$

> **참고** 세 자연수 A, B, C의 최대공약수가 G일 때,
> $A=G\times a$, $B=G\times b$, $C=G\times c$(a, b, c는 자연수)
> 라 하면 a, b, c 중 어느 두 수가 서로소이어야 하
> 는 것은 아니다.
> 즉, 항상 (최소공배수)$=a\times b\times c\times G$라 할 수 없다.

5-2 A, 24, 56의 최대공약수가 8이므로
$A=8\times a$(a는 자연수), $24=8\times3$, $56=8\times7$이라 하자.
최소공배수가 $336=8\times2\times3\times7$이므로 a는 2의 배수이고
$2\times3\times7$의 약수이어야 한다.
$\therefore a=2, 2\times3, 2\times7, 2\times3\times7$
따라서 A의 값이 될 수 있는 수는
$8\times2=16$, $8\times2\times3=48$, $8\times2\times7=112$,
$8\times2\times3\times7=336$
즉, A의 값이 될 수 없는 것은 ③이다.

1 최대공약수: 6, 최소공배수: 180　　　**2** 14　　**3** 22
4 (1) 14　(2) 28, 42, 70　　**5** 135　　**6** 40
7 (1) 42, 63, 105　(2) 7, 21　　**8** 173　　**9** $A=18$, $B=60$
10 6

1　$12=2^2\times3$, $18=2\times3^2$, $60=2^2\times3\times5$이므로 …… ①
세 수의 최대공약수는 $2\times3=6$ …… ②
세 수의 최소공배수는 $2^2\times3^2\times5=180$ …… ③

단계	채점 기준	배점
①	12, 18, 60을 소인수분해 하기	2점
②	12, 18, 60의 최대공약수 구하기	2점
③	12, 18, 60의 최소공배수 구하기	2점

2　$A=2^2\times3\times5^2$, $B=2\times3^2\times5$의 공약수의 개수는 최대공약수인 $2\times3\times5$의 약수의 개수와 같으므로
$x=(1+1)\times(1+1)\times(1+1)=8$ …… ①
$A=2^2\times3\times5^2$, $C=2^3\times5\times7$의 공약수의 개수는 최대공약수인 $2^2\times5$의 약수의 개수와 같으므로
$y=(2+1)\times(1+1)=6$ …… ②
∴ $x+y=8+6=14$ …… ③

단계	채점 기준	배점
①	x의 값 구하기	3점
②	y의 값 구하기	3점
③	$x+y$의 값 구하기	2점

3　$55=5\times11$과 서로소인 수는 5의 배수도 아니고 11의 배수도 아닌 수이다. …… ①
이때 30 이하의 자연수 중에서 5의 배수는 5, 10, 15, …, 30의 6개이고, 11의 배수는 11, 22의 2개이다. …… ②
따라서 구하는 수의 개수는
$30-6-2=22$ …… ③

단계	채점 기준	배점
①	55와 서로소인 수의 조건 알기	2점
②	30 이하의 자연수 중에서 5의 배수와 11의 배수의 개수 구하기	2점
③	30 이하의 자연수 중에서 55와 서로소인 자연수의 개수 구하기	2점

4　(1) $2\times a$, $3\times a$, $5\times a$의 최소공배수는 $2\times3\times5\times a$이므로
　　$2\times3\times5\times a=420$　　∴ $a=14$
(2) 세 자연수는
　　$2\times14=28$, $3\times14=42$, $5\times14=70$

5　N, $63=3^2\times7$의 최소공배수가 $3^3\times5\times7$이므로 N은 $3^3\times5$의 배수이고 $3^3\times5\times7$의 약수이어야 한다. …… ①
따라서 N의 값이 될 수 있는 수는 $3^3\times5$, $3^3\times5\times7$이므로 가장 작은 자연수는
$3^3\times5=135$ …… ②

단계	채점 기준	배점
①	N의 값이 될 수 있는 수의 조건 알기	4점
②	N의 값이 될 수 있는 가장 작은 자연수 구하기	4점

6　A, B의 최대공약수가 10이므로
$A=10\times a$, $B=10\times b$ (a, b는 서로소, $a>b$)라 하면
$10\times a\times10\times b=10\times50$
∴ $a\times b=5$
∴ $a=5$, $b=1$ …… ①
따라서 $A=10\times5=50$, $B=10\times1=10$이므로
$A-B=50-10=40$ …… ②

단계	채점 기준	배점
①	$A=10\times a$, $B=10\times b$로 놓고 a, b의 값 구하기	5점
②	$A-B$의 값 구하기	3점

7　(1) 어떤 수 a로 45를 나누면 3이 남고, 69를 나누면 6이 남고, 110을 나누면 5가 남으므로 어떤 수 a로 $45-3$, $69-6$, $110-5$, 즉 42, 63, 105를 나누면 나누어떨어진다.
(2) a가 될 수 있는 수는 42, 63, 105의 공약수 중에서 나머지인 6보다 큰 수이다.
이때 $42=2\times3\times7$, $63=3^2\times7$, $105=3\times5\times7$의 최대공약수가 $3\times7=21$이므로 21의 약수 중에서 6보다 큰 수는 7, 21이다.

8　$1\dfrac{2}{5}=\dfrac{7}{5}$이므로 a는 5, 9, 12의 최소공배수이다.
이때 5, $9=3^2$, $12=2^2\times3$이므로
$a=2^2\times3^2\times5=180$ …… ①
또 b는 7, 56, 35의 최대공약수이다.
이때 7, $56=2^3\times7$, $35=5\times7$이므로
$b=7$ …… ②
∴ $a-b=180-7=173$ …… ③

단계	채점 기준	배점
①	a의 값 구하기	3점
②	b의 값 구하기	3점
③	$a-b$의 값 구하기	2점

9　㈎, ㈐, ㈑에서
$A=2^a\times3^b$ (a, b는 2 이하의 자연수),
$B=2^c\times3^d\times5$ (c, d는 2 이하의 자연수)라 하자. …… ①
이때 ㈐에서 A의 약수가 6개이고 $6=2\times3=3\times2$이므로
$a+1=2$, $b+1=3$ 또는 $a+1=3$, $b+1=2$
∴ $a=1$, $b=2$ 또는 $a=2$, $b=1$ …… ②
(i) $a=1$, $b=2$일 때,
　$A=2\times3^2$이므로 ㈐, ㈑를 만족시키려면
　$c=2$, $d=1$
　∴ $A=2\times3^2=18$, $B=2^2\times3\times5=60$

(ii) $a=2$, $b=1$일 때,

$\quad$ $A=2^2\times 3$이므로 (다), (라)를 만족시키려면

$\quad$ $c=1$, $d=2$

$\quad$ $\therefore A=2^2\times 3=12$, $B=2\times 3^2\times 5=90$

(i), (ii)에서 80보다 작은 두 자연수 A, B의 값은

$A=18$, $B=60$ $\qquad\qquad$ …… ③

단계	채점 기준	배점
①	A, B를 소인수를 사용하여 나타내기	2점
②	A의 소인수의 지수 구하기	3점
③	A, B의 값 구하기	5점

10 A, B의 최대공약수가 6이므로

$A=6\times a$, $B=6\times b$ (a, b는 서로소, $a<b$)라 하자.

이때 $A\times B=432$이므로

$(6\times a)\times(6\times b)=432$

$\therefore a\times b=12$ $\qquad\qquad$ …… ①

(i) $a=1$, $b=12$일 때,

$\quad$ $A=6\times 1=6$, $B=6\times 12=72$

(ii) $a=3$, $b=4$일 때,

$\quad$ $A=6\times 3=18$, $B=6\times 4=24$

그런데 A, B는 두 자리의 자연수이므로

$A=18$, $B=24$ $\qquad\qquad$ …… ②

$\therefore B-A=24-18=6$ $\qquad\qquad$ …… ③

단계	채점 기준	배점
①	$A=6\times a$, $B=6\times b$로 놓고 $a\times b$의 값 구하기	4점
②	A, B의 값 구하기	4점
③	$B-A$의 값 구하기	2점

실전 테스트 42~44쪽

1 ②	**2** ④	**3** ④	**4** ③	**5** ①, ⑤	**6** ③
7 ④	**8** ⑤	**9** ③	**10** ⑤	**11** ④	**12** ②, ④
13 ①	**14** ③	**15** ①	**16** ②	**17** ⑤	**18** ③
19 6	**20** 120	**21** 900	**22** 122		

1 $\quad$ $1080=2^3\times 3^3\times 5$

$\qquad$ $2^4\times 3^2\times 5^2$

$\qquad$ $2^3\times 3^2\times 5^4$

$\overline{\text{(최대공약수)}=2^3\times 3^2\times 5}$

따라서 $a=3$, $b=2$, $c=1$이므로

$a+b+c=3+2+1=6$

2 $45=3^2\times 5$, $315=3^2\times 5\times 7$의 공약수는 두 수의 최대공약수인 $3^2\times 5$의 약수이므로 공약수가 아닌 것은 ④이다.

3 A, B의 공약수는 두 수의 최대공약수인 $2^2\times 5^3\times 11$의 약수이므로

1, 2, $2^2=4$, 5, $2\times 5=10$, 11, $2^2\times 5=20$, $2\times 11=22$, $\ldots$

이 중에서 20 이하인 수는 1, 2, 4, 5, 10, 11, 20의 7개이다.

4 $2^2\times 3\times 7$과 보기의 수의 최대공약수를 각각 구하면

ㄱ. $15=3\times 5$이므로 3 $\qquad$ ㄴ. $65=5\times 13$이므로 1

ㄷ. 1 $\qquad\qquad\qquad\qquad$ ㄹ. 3

ㅁ. 1 $\qquad\qquad\qquad\qquad$ ㅂ. 7

따라서 주어진 수와 서로소인 것은 ㄴ, ㄷ, ㅁ이다.

5 주어진 수를 소인수분해 하면

① 61 $\qquad\qquad\qquad$ ② $87=3\times 29$

③ $95=5\times 19$ $\qquad$ ④ $117=3^2\times 13$

⑤ $143=11\times 13$

따라서 1보다 크고 10보다 작은 어떤 자연수와도 항상 서로소인 것은 ①, ⑤이다.

6 $\qquad$ $2^3\times 3^2\times 5$

$\qquad$ $2^2\times 3^4$ $\quad\times 7$

$\qquad$ $2\times 3^3\times 5^2$

$\overline{\text{(최대공약수)}=2\times 3^2}$

$\text{(최소공배수)}=2^3\times 3^4\times 5^2\times 7$

7 a, b의 공배수는 두 수의 최소공배수인 8의 배수이므로 주어진 수 중 공배수는 16, 72, 104, 136의 4개이다.

8 $70=2\times 5\times 7$, $5^2\times 7$의 공배수는 두 수의 최소공배수인 $2\times 5^2\times 7=350$의 배수이므로

350, 700, 1050, $\ldots$

따라서 두 수의 공배수 중 가장 큰 세 자리의 자연수는 700이다.

9 $5\times x$, $8\times x=2^3\times x$, $12\times x=2^2\times 3\times x$의 최소공배수는

$2^3\times 3\times 5\times x$이므로

$2^3\times 3\times 5\times x=360$ $\qquad\therefore x=3$

따라서 세 수 중 가장 큰 수는

$12\times x=12\times 3=36$

10 $2^2\times 3^a\times 7^4$, $3^3\times 5\times 7^b$의 최대공약수가 $3^2\times 7^3$이므로

$a=2$, $b=3$

따라서 $2^2\times 3^2\times 7^4$, $3^3\times 5\times 7^3$의 최소공배수는

$2^2\times 3^3\times 5\times 7^4$

11 최대공약수가 $40=2^3\times 5$이므로 $b=5$

최소공배수가 $720=2^4\times 3^2\times 5$이므로

$a=4$, $c=2$

$\therefore a+b+c=4+5+2=11$

12 $3^3 \times 5 \times 7$, $\square \times 7 \times 11$의 최소공배수가 $3^3 \times 5 \times 7 \times 11$이므로 $\square$는 $3^3 \times 5$의 약수이어야 한다.
따라서 $\square$ 안에 들어갈 수 없는 것은 ②, ④이다.

13 24, a의 최대공약수가 4이므로
$24 = 4 \times 6$, $a = 4 \times k$ (k는 6과 서로소)라 하면
$k = 1, 5, 7, 11, 13, \cdots$
따라서 50 미만의 자연수 중에서 a의 값이 될 수 있는 수는
$4, 4 \times 5 = 20, 4 \times 7 = 28, 4 \times 11 = 44$의 4개이다.

14 (두 수의 곱) = (최대공약수) × (최소공배수)이므로
$243 = 9 \times$ (최소공배수)
∴ (최소공배수) $= 27$

15 A, B의 최대공약수가 5이므로
$A = 5 \times a$, $B = 5 \times b$ (a, b는 서로소, $a < b$)라 하면
$5 \times a \times 5 \times b = 5 \times 105$
∴ $a \times b = 21$
(ⅰ) $a = 1$, $b = 21$일 때,
  $A = 5 \times 1 = 5$, $B = 5 \times 21 = 105$
(ⅱ) $a = 3$, $b = 7$일 때,
  $A = 5 \times 3 = 15$, $B = 5 \times 7 = 35$
(ⅰ), (ⅱ)에서 A의 값이 될 수 있는 자연수는 5, 15이므로 구하는 합은
$5 + 15 = 20$

16 12, 60, A의 최대공약수가 12이므로
$12 = 12 \times 1$, $60 = 12 \times 5$, $A = 12 \times a$ (a는 자연수)라 하자.
최소공배수가 $180 = 12 \times 3 \times 5$이므로 a는 3의 배수이고 3×5의 약수이어야 한다.
따라서 A의 값이 될 수 있는 수는
$12 \times 3 = 36$, $12 \times 3 \times 5 = 180$
따라서 구하는 합은
$36 + 180 = 216$

17 A로 223, 168을 나누면 모두 3이 남으므로 A로 $223 - 3$, $168 - 3$, 즉 220, 165를 나누면 나누어떨어진다.
따라서 구하는 수는 $220 = 2^2 \times 5 \times 11$, $165 = 3 \times 5 \times 11$의 최대공약수이므로
$5 \times 11 = 55$

18 N은 $16 = 2^4$, $24 = 2^3 \times 3$, $32 = 2^5$의 공배수이므로 세 수의 최소공배수인 $2^5 \times 3 = 96$의 배수이다.
따라서 300 이하의 자연수 중에서 N의 값이 될 수 있는 수는 96, $96 \times 2 = 192$, $96 \times 3 = 288$의 3개이다.

19 a와 b의 공약수는 최대공약수인 18의 약수이므로
1, 2, 3, 6, 9, 18 ······ ①

b와 c의 공약수는 최대공약수인 24의 약수이므로
1, 2, 3, 4, 6, 8, 12, 24 ······ ②
따라서 a, b, c의 공약수는 1, 2, 3, 6이므로 최대공약수는 6이다. ······ ③

단계	채점 기준	배점
①	a와 b의 공약수 구하기	2점
②	b와 c의 공약수 구하기	2점
③	a, b, c의 최대공약수 구하기	4점

20 세 자연수를 각각 $4 \times k = 2^2 \times k$, $5 \times k$, $6 \times k = 2 \times 3 \times k$ (k는 자연수)라 하면 세 수의 최소공배수는 $2^2 \times 3 \times 5 \times k$이므로
$2^2 \times 3 \times 5 \times k = 480$ ∴ $k = 8$ ······ ①
따라서 세 자연수는 $4 \times 8 = 32$, $5 \times 8 = 40$, $6 \times 8 = 48$이므로 구하는 합은
$32 + 40 + 48 = 120$ ······ ②

단계	채점 기준	배점
①	세 자연수를 각각 $4 \times k$, $5 \times k$, $6 \times k$로 놓고 k의 값 구하기	3점
②	세 자연수의 합 구하기	3점

21 ㈎에서 20과 75로 모두 나누어떨어지는 자연수는 20과 75의 공배수이다.
이때 $20 = 2^2 \times 5$, $75 = 3 \times 5^2$의 공배수는 두 수의 최소공배수인 $2^2 \times 3 \times 5^2 = 300$의 배수이므로
300, 600, 900, 1200, $\cdots$ ······ ①
이 중에서 ㈏를 만족시키는 자연수는
300, 600, 900 ······ ②
따라서 조건을 모두 만족시키는 가장 큰 자연수는 900이다. ······ ③

단계	채점 기준	배점
①	㈎를 만족시키는 자연수 구하기	4점
②	㈎, ㈏를 모두 만족시키는 자연수 구하기	2점
③	㈎, ㈏를 모두 만족시키는 가장 큰 자연수 구하기	2점

22 $\dfrac{x}{27}$, $\dfrac{x}{36}$가 자연수가 되도록 하는 자연수 x는 $27 = 3^3$, $36 = 2^2 \times 3^2$의 공배수이므로 X는 두 수의 최소공배수인 $2^2 \times 3^3 = 108$이다. ······ ①
$\dfrac{28}{y}$, $\dfrac{42}{y}$가 자연수가 되도록 하는 자연수 y는 $28 = 2^2 \times 7$, $42 = 2 \times 3 \times 7$의 공약수이므로 Y는 두 수의 최대공약수인 $2 \times 7 = 14$이다. ······ ②
∴ $X + Y = 108 + 14 = 122$ ······ ③

단계	채점 기준	배점
①	X의 값 구하기	2점
②	Y의 값 구하기	2점
③	$X + Y$의 값 구하기	2점

3. 정수와 유리수

필수 기출

1 ④	2 ④	3 ③	4 3	5 ③, ⑤	6 ②, ⑤
7 5	8 ④	9 ④	10 ⑤	11 ③	12 ⑤

13 $a=-1, b=2$ **14** ② **15** $a=-6, b=2$

16 $a=\dfrac{7}{2}, b=-3, c=\dfrac{5}{2}$ **17** ①, ④

18 $-9, 9$ **19** $-3.9, -\dfrac{9}{5}, \dfrac{3}{2}, 1, 0$ **20** ②

21 ⑤ **22** ③ **23** $-5, -4, -3, 3, 4, 5$ **24** ③

25 ⑤ **26** 0 **27** ④ **28** ① **29** ① **30** ③

31 ③ **32** -4 **33** ③ **34** ④

---

1 ④ 출발 3시간 전 ➡ -3시간

2 ① $+20\,\text{℃}$ ② $+7$일 ③ -3일 ⑤ -7000원
따라서 옳은 것은 ④이다.

3 ① $-5\,\text{t}$ ② -500원 ③ $+8848\,\text{m}$
④ $-8\,\text{℃}$ ⑤ -10점
따라서 부호가 나머지 넷과 다른 하나는 ③이다.

4 정수는 $4, 0, \dfrac{4}{2}(=2)$의 3개이다.

5 양수가 아닌 정수는 0 또는 음의 정수이다.
따라서 양수가 아닌 정수는 ③, ⑤이다.

6 ㉠에 들어갈 수 있는 수는 정수가 아닌 유리수이다.
① $-\dfrac{8}{4}=-2$ ➡ 정수 ④ $\dfrac{21}{7}=3$ ➡ 정수
따라서 ㉠에 들어갈 수 있는 수는 ②, ⑤이다.

7 양의 정수는 $+\dfrac{18}{6}(=3)$, 105의 2개이므로 $a=2$
정수가 아닌 유리수는 $-\dfrac{3}{4}, \dfrac{1}{2}, \dfrac{3}{5}$의 3개이므로 $b=3$
∴ $a+b=2+3=5$

8 정수가 아닌 양의 유리수이므로 ④이다.

9 ① 정수는 $0, -\dfrac{28}{4}(=-7), +3$의 3개이다.
② 양수는 $\dfrac{10}{7}, +3$의 2개이다.
③ 유리수는 $-4.2, -\dfrac{5}{3}, 0, \dfrac{10}{7}, -\dfrac{28}{4}, +3$의 6개이다.
④ 자연수는 $+3$의 1개이다.
⑤ 음의 정수는 $-\dfrac{28}{4}(=-7)$의 1개이다.
따라서 옳은 것은 ④이다.

---

10 ① 0보다 작은 정수는 무수히 많다.
② $\dfrac{1}{2}$은 유리수이지만 정수는 아니다.
③ 0과 1 사이에는 유리수가 무수히 많다.
④ 양의 정수가 아닌 정수는 0 또는 음의 정수이다.
따라서 옳은 것은 ⑤이다.

11 ③ C: $-\dfrac{3}{4}$

12 각각의 수를 수직선 위에 나타내면 다음 그림과 같다.

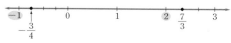

따라서 가장 왼쪽에 있는 수는 ⑤이다.

13 $-\dfrac{3}{4}$과 $\dfrac{7}{3}$을 수직선 위에 나타내면 다음 그림과 같다.

$-\dfrac{3}{4}$에 가장 가까운 정수는 -1이므로 $a=-1$
$\dfrac{7}{3}$에 가장 가까운 정수는 2이므로 $b=2$

14 두 수 $-6, 4$에 대응하는 두 점 P, Q 사이의 거리는 10이므로 두 점 P, Q에서 같은 거리에 있는 점 R에 대응하는 수는 다음 그림과 같이 -1이다.

15 두 수 a, b에 대응하는 두 점 사이의 거리가 8이므로 -2에 대응하는 점으로부터 거리가 $4\left(=\dfrac{8}{2}\right)$인 두 점에 대응하는 두 수는 다음 그림과 같이 $-6, 2$이다.

이때 $a<0$이므로
$a=-6, b=2$

16 $\left|-\dfrac{7}{2}\right|=\dfrac{7}{2}$이므로 $a=\dfrac{7}{2}$
절댓값이 3인 음수는 -3이므로 $b=-3$
절댓값이 $\dfrac{5}{2}$인 양수는 $\dfrac{5}{2}$이므로 $c=\dfrac{5}{2}$

17 ① 절댓값은 수직선 위에서 원점과 어떤 수에 대응하는 점 사이의 거리이다.
④ $|a|=a$이면 a는 0 또는 양수이다.

18 두 수는 수직선 위에서 원점으로부터 각각 $9\left(=\dfrac{18}{2}\right)$만큼 떨어져 있는 점에 대응하는 수인 $-9, 9$이다.

19 $|-3.9|=3.9$, $\left|\dfrac{3}{2}\right|=\dfrac{3}{2}=1.5$, $|0|=0$,

$\left|-\dfrac{9}{5}\right|=\dfrac{9}{5}=1.8$, $|1|=1$

따라서 절댓값이 큰 수부터 차례로 나열하면

-3.9, $-\dfrac{9}{5}$, $\dfrac{3}{2}$, 1, 0

20 수직선 위에 나타내었을 때, 원점에서 두 번째로 가까운 수는 절댓값이 두 번째로 작은 수이다.

주어진 수의 절댓값의 대소를 비교하면

$\left|-\dfrac{1}{2}\right|<\left|\dfrac{4}{3}\right|<\left|\dfrac{8}{5}\right|<|2.5|<|-3|$

따라서 원점에서 두 번째로 가까운 수는 ②이다.

21 ① 양수는 세 점 C, D, E에 대응하는 수의 3개이다.

② 점 B에 대응하는 수가 0이므로 절댓값이 0으로 가장 작다.

③ 점 D에 대응하는 수보다 절댓값이 작은 양의 정수는 1, 2의 2개이다.

④ 두 점 B, E에 대응하는 수 사이에는 1, 2의 2개의 정수가 있다.

⑤ 점 C에 대응하는 수는 2이고, 점 A에 대응하는 수는 -3이므로

$|2|<|-3|$

따라서 옳은 것은 ⑤이다.

22 절댓값이 $\dfrac{19}{4}=4.75$보다 작은 정수는 -4, -3, -2, -1, 0, 1, 2, 3, 4의 9개이다.

23 절댓값이 3 이상 6 미만인 정수는 절댓값이 3 또는 4 또는 5인 정수이므로 구하는 정수는 -5, -4, -3, 3, 4, 5이다.

24 ① (양수)>(음수)이므로 $3>-5$

② $\dfrac{1}{2}=\dfrac{4}{8}$이므로 $\dfrac{5}{8}>\dfrac{1}{2}$

③ $-\dfrac{1}{3}=-\dfrac{10}{30}$, $-0.3=-\dfrac{3}{10}=-\dfrac{9}{30}$이고

$\left|-\dfrac{10}{30}\right|>\left|-\dfrac{9}{30}\right|$이므로 $-\dfrac{1}{3}<-0.3$

④ $0>$(음수)이므로 $0>-\dfrac{6}{7}$

⑤ $|-10|=10$, $|+8|=8$이므로 $|-10|>|+8|$

따라서 대소 관계가 옳은 것은 ③이다.

25 ① (음수)<(양수)이므로 $-2\boxed{<}+1$

② $|-6|>|-4|$이므로 $-6\boxed{<}-4$

③ $|-3|=3$이므로 $0\boxed{<}|-3|$

④ $0.2=\dfrac{1}{5}$이므로 $0.2\boxed{<}\dfrac{2}{5}$

⑤ $\left|-\dfrac{1}{2}\right|=\dfrac{1}{2}=\dfrac{3}{6}$, $\dfrac{1}{3}=\dfrac{2}{6}$이므로 $\left|-\dfrac{1}{2}\right|\boxed{>}\dfrac{1}{3}$

따라서 부등호의 방향이 나머지 넷과 다른 하나는 ⑤이다.

26 $|-3.5|=3.5$이므로

$-5<-2<-\dfrac{3}{2}<0<+\dfrac{5}{3}<|-3.5|$

따라서 작은 수부터 차례로 나열할 때, 네 번째에 오는 수는 0이다.

27 ① 가장 작은 수는 $-\dfrac{3}{2}$이다.

② 가장 큰 수는 $\dfrac{13}{2}$이다.

③ 절댓값이 가장 작은 수는 0이다.

⑤ 절댓값이 4 이하인 정수는 0, $\dfrac{16}{4}(=4)$의 2개이다.

따라서 옳은 것은 ④이다.

28 -2보다 크고 1보다 작은 음의 정수는 -1뿐이므로

$a=-1$ ...... ㉠

0을 절댓값으로 갖는 수는 0뿐이므로 $b=0$ ...... ㉡

$\dfrac{5}{3}$와 $-\dfrac{17}{4}$을 수직선 위에 나타내면 다음 그림과 같다.

$\dfrac{5}{3}$에 가장 가까운 정수는 2이므로 $c=2$ ...... ㉢

$-\dfrac{17}{4}$에 가장 가까운 정수는 -4이므로 그 절댓값은

$|-4|=4$ $\therefore d=4$ ...... ㉣

따라서 ㉠, ㉡, ㉢, ㉣에서 $a<b<c<d$이므로 작은 수부터 차례로 나열하면 a, b, c, d이다.

29 x는 -4보다 작지 않고 6 미만이다. ➡ $-4\le x<6$

_{크거나 같다.}

30 ① $a>10$ ② $x\ge-7$ ④ $1<y\le5$ ⑤ $-1\le c<3$

따라서 옳은 것은 ③이다.

31 $-4<-\dfrac{7}{2}<-3$이므로 $-\dfrac{7}{2}\le x<2$를 만족시키는 정수 x는 -3, -2, -1, 0, 1의 5개이다.

32 $-\dfrac{9}{2}=-4\dfrac{1}{2}$, $\dfrac{8}{3}=2\dfrac{2}{3}$이므로 두 수 사이에 있는 정수는 -4, -3, -2, -1, 0, 1, 2이다.

이때 $|-4|=4$, $|-3|=3$, $|-2|=2$, $|-1|=1$, $|0|=0$이므로 절댓값이 가장 큰 수는 -4이다.

33 $-\dfrac{5}{2}=-\dfrac{15}{6}$, $\dfrac{2}{3}=\dfrac{4}{6}$이므로 두 수 사이에 있는 정수가 아닌 유리수 중에서 분모가 6인 기약분수는

$-\dfrac{13}{6}$, $-\dfrac{11}{6}$, $-\dfrac{7}{6}$, $-\dfrac{5}{6}$, $-\dfrac{1}{6}$, $\dfrac{1}{6}$의 6개이다.

34 ㈎에서 $-7<-\dfrac{19}{3}<-6$이므로 $-\dfrac{19}{3}<a\le6$을 만족시키는 정수 a는

-6, -5, -4, -3, -2, -1, 0, 1, 2, 3, 4, 5, 6

이 중에서 ㈏를 만족시키는 정수 a는 -6, -5, -4, 4, 5, 6의 6개이다.

1 ③	**2** 9	**3** ②	**4** ⑤	**5** ③	**6** ④
7 -4	**8** ②	**9** ③	**10** ①, ⑤		**11** ⑤
12 ②					

1 ① 출발 2시간 후 ➡ $+2$시간

② 지하 8층 ➡ -8층

④ 7 kg 증가 ➡ $+7$ kg

⑤ 해저 50 m ➡ -50 m

따라서 옳은 것은 ③이다.

2 양의 정수는 7, $+\dfrac{24}{3}(=8)$, 12의 3개이므로 $a=3$

음수는 $-\dfrac{1}{2}$, -2.8, -5의 3개이므로 $b=3$

$\therefore a \times b = 3 \times 3 = 9$

3 ① 정수는 $\dfrac{40}{8}(=5)$, 1, -11의 3개이다.

② 음의 정수는 -11의 1개이다.

③ 음수는 -7.3, -11, $-\dfrac{3}{4}$의 3개이다.

④ 양수는 $\dfrac{40}{8}$, 1, $\dfrac{2}{5}$, 10.7의 4개이다.

⑤ 정수가 아닌 유리수는 -7.3, $-\dfrac{3}{4}$, $\dfrac{2}{5}$, 10.7의 4개이다.

따라서 옳지 않은 것은 ②이다.

4 ⑤ 0과 1 사이에는 정수가 없다.

5 ① A: -2 ② B: $-\dfrac{3}{5}$ ④ D: $\dfrac{9}{4}$ ⑤ E: $\dfrac{11}{3}$

따라서 대응하는 수로 옳은 것은 ③이다.

6 ① 절댓값이 1보다 작은 정수는 0뿐이다.

② 절댓값이 0인 수는 0뿐이다.

③ 절댓값은 항상 0보다 크거나 같다.

⑤ 수직선 위에서 수의 절댓값이 클수록 0을 나타내는 점에
서 멀리 떨어져 있다.

따라서 옳은 것은 ④이다.

7 a가 b보다 8만큼 작으므로 두 수 a, b에 대응하는 두 점 사
이의 거리가 8이다.

따라서 a, b는 원점으로부터 거리가 각각 $4\left(=\dfrac{8}{2}\right)$인 두 점
에 대응하는 수이다.

이때 $a<0$이므로

$a=-4$

8 주어진 수의 절댓값의 대소를 비교하면

$|0| < \left|\dfrac{5}{3}\right| < |+1.7| < \left|-\dfrac{7}{4}\right| < |-1.9|$

따라서 절댓값이 가장 큰 수는 ②이다.

9 ① $-1.3=-\dfrac{13}{10}$이고 $\left|-\dfrac{13}{10}\right| > \left|-\dfrac{3}{10}\right|$이므로

$-1.3 < -\dfrac{3}{10}$

② $0 >$ (음수)이므로 $0 > -\dfrac{9}{2}$

③ $\dfrac{4}{7}=\dfrac{12}{21}$, $\dfrac{2}{3}=\dfrac{14}{21}$이므로 $\dfrac{4}{7}<\dfrac{2}{3}$

④ $\left|-\dfrac{5}{2}\right|=\dfrac{5}{2}$, $2=\dfrac{4}{2}$이므로 $\left|-\dfrac{5}{2}\right|>2$

⑤ $\left|-\dfrac{14}{3}\right|=\dfrac{14}{3}$, $|+5|=5=\dfrac{15}{3}$이므로

$\left|-\dfrac{14}{3}\right| < |+5|$

따라서 대소 관계가 옳지 않은 것은 ③이다.

10 ① 가장 큰 수는 $\dfrac{20}{5}$이다.

③, ④ 주어진 수의 절댓값의 대소를 비교하면

$|0| < \left|\dfrac{1}{4}\right| < \left|-\dfrac{13}{10}\right| < |2.5| < \left|-\dfrac{7}{2}\right| < \left|\dfrac{20}{5}\right| < |-7|$

⑤ 절댓값이 3 미만인 수는 $\dfrac{1}{4}$, 2.5, $-\dfrac{13}{10}$, 0의 4개이다.

따라서 옳지 않은 것은 ①, ⑤이다.

11 ⑤ x는 $-\dfrac{5}{2}$ 초과이고 $\dfrac{7}{2}$보다 크지 않다. ➡ $-\dfrac{5}{2}<x\leq\dfrac{7}{2}$

12 $-\dfrac{14}{3}=-4\dfrac{2}{3}$이므로 두 수 $-\dfrac{14}{3}$와 3.7 사이에 있는 정수
는 -4, -3, -2, -1, 0, 1, 2, 3의 8개이다.

1-1 9	**1-2** 6	**2-1** -5	**2-2** 3, 5
3-1 6	**3-2** ③	**4-1** 1.5	**4-2** D
5-1 ③	**5-2** b, c, a		

1-1 $-\dfrac{27}{9}=-3$이고 -3은 자연수가 아닌 정수이므로

$\left\langle -\dfrac{27}{9} \right\rangle = 2$

$\dfrac{7}{2}$은 정수가 아닌 유리수이므로 $\left\langle \dfrac{7}{2} \right\rangle = 3$

5는 자연수이므로 $\langle 5 \rangle = 1$

2.7은 정수가 아닌 유리수이므로 $\langle 2.7 \rangle = 3$

따라서 구하는 값은 $2+3+1+3=9$

1-2 -2.8은 정수가 아닌 음의 유리수이므로 $\langle\!\langle -2.8 \rangle\!\rangle = 2$

$\dfrac{14}{2}=7$이고 7은 양의 정수이므로 $\langle\!\langle 7 \rangle\!\rangle = 1$

$\dfrac{3}{4}$은 정수가 아닌 양의 유리수이므로 $\left\langle\!\left\langle \dfrac{3}{4} \right\rangle\!\right\rangle = 3$

-38은 음의 정수이므로 $\langle\!\langle -38 \rangle\!\rangle = 0$

따라서 구하는 값은 $2+1+3+0=6$

2-1 $|a|=3$이면 $a=3$ 또는 $a=-3$

(i) $a=3$일 때,

b의 값은 다음 그림과 같이 $b=-5$

(ii) $a=-3$일 때,

b의 값은 다음 그림과 같이 $b=1$

그런데 b는 음수이므로 (i), (ii)에서 $b=-5$

2-2 $|b|=1$이므로 $b=1$ 또는 $b=-1$

(i) $b=1$일 때,

a의 값은 다음 그림과 같이 $a=3$

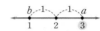

(ii) $b=-1$일 때,

a의 값은 다음 그림과 같이 $a=5$

(i), (ii)에서 a의 값은 3, 5이다.

3-1 (i) $|a|=0$, $|b|=3$일 때, $(0,\ -3)$의 1개

(ii) $|a|=1$, $|b|=2$일 때, $(1,\ -2)$, $(-1,\ -2)$의 2개

(iii) $|a|=2$, $|b|=1$일 때, $(2,\ 1)$, $(2,\ -1)$의 2개

(iv) $|a|=3$, $|b|=0$일 때, $(3,\ 0)$의 1개

(i)~(iv)에서 $(a,\ b)$의 개수는

$1+2+2+1=6$

3-2 (i) $|a|=0$, $|b|=4$일 때, $(0,\ 4)$의 1개

(ii) $|a|=1$, $|b|=3$일 때, $(-1,\ 3)$, $(1,\ 3)$의 2개

(iii) $|a|=2$, $|b|=2$일 때, $(-2,\ 2)$의 1개

(iv) $|a|=3$, $|b|=1$일 때, $(-3,\ -1)$, $(-3,\ 1)$의 2개

(v) $|a|=4$, $|b|=0$일 때, $(-4,\ 0)$의 1개

(i)~(v)에서 $(a,\ b)$의 개수는

$1+2+1+2+1=7$

4-1 $-\dfrac{5}{2}$, $+4$에서 (음수)<(양수)이므로 $-\dfrac{5}{2}<+4$

즉, $+4$로 이동한다.

$|-6|$, $|-3|$에서 $|-6|=6$, $|-3|=3$이므로

$|-6|>|-3|$

즉, $|-6|$으로 이동한다.

$-\dfrac{3}{4}$, $-\dfrac{3}{2}$에서 $-\dfrac{3}{2}=-\dfrac{6}{4}$이고 $\left|-\dfrac{3}{4}\right|<\left|-\dfrac{6}{4}\right|$이므로

$-\dfrac{3}{4}>-\dfrac{3}{2}$

즉, $-\dfrac{3}{4}$으로 이동한다.

$\dfrac{4}{3}$, 1.5에서 $1.5=\dfrac{3}{2}$이고 $\dfrac{4}{3}=\dfrac{8}{6}$, $\dfrac{3}{2}=\dfrac{9}{6}$이므로 $\dfrac{4}{3}<1.5$

즉, 1.5로 이동한다.

따라서 도착 지점에 적힌 수는 1.5이다.

4-2 5, $|-6|$에서 $|-6|=6$이므로 $5<|-6|$

즉, 왼쪽으로 이동한다.

$-\dfrac{2}{3}$, $-\dfrac{3}{4}$에서 $-\dfrac{2}{3}=-\dfrac{8}{12}$, $-\dfrac{3}{4}=-\dfrac{9}{12}$이고

$\left|-\dfrac{8}{12}\right|<\left|-\dfrac{9}{12}\right|$이므로 $-\dfrac{2}{3}>-\dfrac{3}{4}$

즉, 오른쪽으로 이동한다.

$|-3.5|$, $\dfrac{7}{4}$에서 $|-3.5|=3.5=\dfrac{14}{4}$이므로 $|-3.5|>\dfrac{7}{4}$

즉, 오른쪽으로 이동한다.

따라서 도착 지점은 D이다.

5-1 (나)에서 $b=-4$

(가), (다)에서 $|c|<5$, $c>3$이므로 $c=4$

(가), (라)에서 $|a|<|b|=4$이므로 a는 $-4<a<4$인 정수이다.

$\therefore b<a<c$

5-2 (가)에서 $a<3$이고 (나)에서 $|a|=|-4|=4$이므로

$a=-4$　　……㉠

(가)에서 $b<3$이고 (다)에서 $c<-4$이므로 (라)에서

$b<c<-4$　　……㉡

따라서 ㉠, ㉡에서 $b<c<a=-4$이므로 작은 수부터 차례로 나열하면 b, c, a이다.

🖊 서술형 완성

56~57쪽

1 (1) $-\dfrac{10}{2}$, -4　(2) $+\dfrac{2}{3}$, 6, $+2$　(3) $+\dfrac{2}{3}$, -2.5

2 (1) 풀이 참조　(2) -3, -2, -1, 0, 1, 2

3 A: 10, B: -4　**4** 1　　**5** $\dfrac{12}{4}$, 1　**6** -5, 5

7 (1) $x\geq3$　(2) $x<2$　(3) $-1<x\leq5$　**8** 9　　　**9** -7

10 $\dfrac{8}{3}$

1 (1) 음의 정수는 $-\dfrac{10}{2}(=-5)$, -4이다.

(2) 양의 유리수는 $+\dfrac{2}{3}$, 6, $+2$이다.

(3) 정수가 아닌 유리수는 $+\dfrac{2}{3}$, -2.5이다.

2 (1) 두 수 $-\dfrac{11}{3}$과 $\dfrac{12}{5}$를 수직선 위에 나타내면 다음 그림과 같다.

(2) (1)에서 $-4<-\dfrac{11}{3}<-3$, $2<\dfrac{12}{5}<3$이므로 두 수

$-\dfrac{11}{3}$과 $\dfrac{12}{5}$ 사이에 있는 정수는 -3, -2, -1, 0, 1, 2이다.

3 다음 그림에서 점 A에 대응하는 수는
-6 또는 10

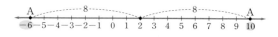

$\cdots\cdots$ ①

오른쪽 그림에서 점 B에 대응
하는 수는

-4 또는 2 $\cdots\cdots$ ②

따라서 두 점 A, B 사이의 거리는 점 A에 대응하는 수가
10, 점 B에 대응하는 수가 -4일 때 가장 멀다. $\cdots\cdots$ ③

단계	채점 기준	배점
①	점 A에 대응하는 수 모두 구하기	3점
②	점 B에 대응하는 수 모두 구하기	3점
③	두 점 A, B 사이의 거리가 가장 멀 때, 두 점 A, B에 대응하는 수 구하기	2점

4 $-\dfrac{23}{5}=-4\dfrac{3}{5}$에 가장 가까운 정수는 -5이므로

$a=-5$ $\cdots\cdots$ ①

$\dfrac{25}{4}=6\dfrac{1}{4}$에 가장 가까운 정수는 6이므로

$b=6$ $\cdots\cdots$ ②

$\therefore |b|-|a|=6-5=1$ $\cdots\cdots$ ③

단계	채점 기준	배점
①	a의 값 구하기	2점
②	b의 값 구하기	2점
③	$|b|-|a|$의 값 구하기	2점

5 주어진 수의 절댓값을 각각 구하면

$\left|-\dfrac{3}{2}\right|=\dfrac{3}{2}=1.5$, $|-2|=2$, $\left|\dfrac{12}{4}\right|=3$, $|+0.5|=0.5$,

$\left|-\dfrac{5}{2}\right|=\dfrac{5}{2}=2.5$, $|1|=1$ $\cdots\cdots$ ①

따라서 절댓값이 작은 수부터 차례로 나열하면

$+0.5$, 1, $-\dfrac{3}{2}$, -2, $-\dfrac{5}{2}$, $\dfrac{12}{4}$ $\cdots\cdots$ ②

따라서 절댓값이 가장 큰 수는 $\dfrac{12}{4}$이고 절댓값이 두 번째
로 작은 수는 1이다. $\cdots\cdots$ ③

단계	채점 기준	배점
①	주어진 수의 절댓값 구하기	4점
②	절댓값이 작은 수부터 차례로 나열하기	2점
③	절댓값이 가장 큰 수와 절댓값이 두 번째로 작은 수 구하기	2점

6 두 수의 절댓값이 같으므로 두 수에 대응하는 두 점은 원점
으로부터 같은 거리에 있다. $\cdots\cdots$ ①

이때 두 수에 대응하는 두 점 사이의 거리가 10이므로 한 점
은 원점으로부터 오른쪽으로 5만큼, 다른 한 점은 왼쪽으로
5만큼 떨어져 있다. $\cdots\cdots$ ②

따라서 두 수는 -5, 5이다. $\cdots\cdots$ ③

단계	채점 기준	배점
①	절댓값이 같음을 이용하여 두 수의 성질 알기	3점
②	두 점 사이의 거리가 10임을 이용하여 두 수의 위치 알기	3점
③	두 수 구하기	2점

7 (1) x는 3보다 크거나 같다. ➡ $x\geq 3$

(2) x는 2 미만이다. ➡ $x<2$

(3) x는 -1보다 크고 5보다 크지 않다. ➡ $-1<x\leq 5$
<u>작거나 같다.</u>

8 $-2=-\dfrac{8}{4}$, $1=\dfrac{4}{4}$ $\cdots\cdots$ ①

따라서 $-\dfrac{8}{4}$과 $\dfrac{4}{4}$ 사이에 있는 수 중에서 분모가 4인 정수

가 아닌 유리수는 $-\dfrac{7}{4}$, $-\dfrac{6}{4}$, $-\dfrac{5}{4}$, $-\dfrac{3}{4}$, $-\dfrac{2}{4}$, $-\dfrac{1}{4}$, $\dfrac{1}{4}$,

$\dfrac{2}{4}$, $\dfrac{3}{4}$의 9개이다. $\cdots\cdots$ ②

단계	채점 기준	배점
①	-2, 1을 분모가 4인 분수로 나타내기	3점
②	두 수 -2와 1 사이에 있는 수 중에서 분모가 4인 정수가 아닌 유리수의 개수 구하기	5점

9 두 수 2와 a에 대응하는 두 점
사이의 거리가 3이므로 오른쪽
그림에서 $a=-1$ 또는 $a=5$ $\cdots\cdots$ ①

(ⅰ) $a=-1$일 때, $b=-1$

이는 a, b가 서로 다른 두 수라는 조건을 만족시키지
않는다.

(ⅱ) $a=5$일 때,

b의 값은 다음 그림과 같이 $b=-7$

(ⅰ), (ⅱ)에서 $b=-7$ $\cdots\cdots$ ②

단계	채점 기준	배점
①	a의 값 구하기	4점
②	b의 값 구하기	6점

10 $-\dfrac{8}{3}=-\dfrac{16}{6}$, $-\dfrac{7}{2}=-\dfrac{21}{6}$이고 $\left|-\dfrac{16}{6}\right|<\left|-\dfrac{21}{6}\right|$이므로

$-\dfrac{8}{3}>-\dfrac{7}{2}$

$\therefore \left(-\dfrac{8}{3}\right)*\left(-\dfrac{7}{2}\right)=\left|-\dfrac{8}{3}\right|=\dfrac{8}{3}$ $\cdots\cdots$ ①

$-\dfrac{9}{4}<\dfrac{8}{3}$이므로

$\left(-\dfrac{9}{4}\right)*\left\{\left(-\dfrac{8}{3}\right)*\left(-\dfrac{7}{2}\right)\right\}=\left(-\dfrac{9}{4}\right)*\dfrac{8}{3}$

$=\left|\dfrac{8}{3}\right|=\dfrac{8}{3}$ $\cdots\cdots$ ②

단계	채점 기준	배점
①	$\left(-\dfrac{8}{3}\right)*\left(-\dfrac{7}{2}\right)$의 값 구하기	5점
②	$\left(-\dfrac{9}{4}\right)*\left\{\left(-\dfrac{8}{3}\right)*\left(-\dfrac{7}{2}\right)\right\}$의 값 구하기	5점

1 ③	2 ①	3 ②	4 ④	5 ⑤	6 ③
7 ①	8 ①, ④	9 ①	10 ②	11 ⑤	12 ②
13 ⑤	14 ②	15 ②	16 ③		

17 A: $-\dfrac{7}{2}$, B: -1, C: $-\dfrac{1}{4}$, D: 1, E: $\dfrac{8}{5}$, 2   **18** $-\dfrac{4}{3}$

19 4   **20** 7

---

1 ③ -10분

2 양의 정수는 $\dfrac{12}{6}(=2)$, 4, $+6$의 3개이므로 $a=3$

음의 정수는 -1, $-\dfrac{21}{3}(=-7)$의 2개이므로 $b=2$

∴ $a-b=3-2=1$

3 정수가 아닌 유리수는 -2.5, $\dfrac{3}{10}$의 2개이다.

4 각각의 수를 수직선 위에 나타내면 다음 그림과 같다.

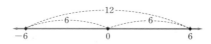

따라서 왼쪽에서 두 번째에 있는 수는 ④이다.

5 A: $-\dfrac{3}{2}$, B: $-\dfrac{2}{3}$, C: 1, D: $\dfrac{8}{3}$

① 음수는 $-\dfrac{3}{2}$, $-\dfrac{2}{3}$의 2개이다.

② 자연수는 1의 1개이다.

③ 점 A에 대응하는 수는 $-\dfrac{3}{2}$이다.

④ 점 B에 대응하는 수는 $-\dfrac{2}{3}$이다.

따라서 옳은 것은 ⑤이다.

6 절댓값이 $\dfrac{1}{5}$인 양수는 $\dfrac{1}{5}$이므로 $a=\dfrac{1}{5}$

$|-3.8|=3.8$이므로 $b=3.8$

∴ $a+b=\dfrac{1}{5}+3.8=\dfrac{1}{5}+\dfrac{19}{5}=\dfrac{20}{5}=4$

7 절댓값이 6인 서로 다른 두 수는 $+6$, -6이므로 수직선 위에서 이 두 수에 대응하는 두 점 사이의 거리는 다음 그림과 같이 12이다.

8 ① 음수는 절댓값이 클수록 작다.

④ $1>-3$이지만 $|1|<|-3|$이다.

9 주어진 수의 절댓값을 각각 구하면

$|-4.5|=4.5$, $\left|\dfrac{11}{2}\right|=\dfrac{11}{2}$, $|0|=0$, $\left|\dfrac{6}{3}\right|=|2|=2$,

$|-6|=6$, $\left|-\dfrac{5}{8}\right|=\dfrac{5}{8}$

따라서 절댓값이 큰 수부터 차례로 나열하면

-6, $\dfrac{11}{2}$, -4.5, $\dfrac{6}{3}$, $-\dfrac{5}{8}$, 0

따라서 절댓값이 세 번째로 큰 수는 -4.5이다.

10 $|a|<\dfrac{23}{6}$에서 $|a|=0$, 1, 2, 3

따라서 구하는 정수 a는 -3, -2, -1, 0, 1, 2, 3의 7개이다.

11 ① $5>2$

② (음수)<(양수)이므로 $-\dfrac{7}{6}<1$

③ (양수)>(음수)이므로 $+4>-7$

④ $-\dfrac{1}{2}=-\dfrac{2}{4}$이고 $\left|-\dfrac{2}{4}\right|<\left|-\dfrac{3}{4}\right|$이므로

$-\dfrac{1}{2}>-\dfrac{3}{4}$

따라서 대소 관계가 옳은 것은 ⑤이다.

12 $-4<-\dfrac{16}{5}<-3$이므로 $-\dfrac{16}{5}$보다 큰 수 중에서 가장 작은 정수는 -3이다.

∴ $a=-3$

$4<\dfrac{17}{4}<5$이므로 $\dfrac{17}{4}$보다 작은 수 중에서 가장 큰 정수는 4이다.

∴ $b=4$

13 큰 수부터 차례로 나열하면

5, $\dfrac{3}{4}$, 0, $-\dfrac{6}{5}$, -2.5, $-\dfrac{7}{2}$

절댓값이 큰 수부터 차례로 나열하면

5, $-\dfrac{7}{2}$, -2.5, $-\dfrac{6}{5}$, $\dfrac{3}{4}$, 0

⑤ 수직선 위에 나타내었을 때, 왼쪽에서 세 번째에 있는 수는 세 번째로 작은 $-\dfrac{6}{5}$이다.

14 x는 -3보다 작지 않고 7 이하이다.

➡ $-3\leq x\leq 7$

15 $-\dfrac{5}{2}=-2\dfrac{1}{2}$, $\dfrac{17}{5}=3\dfrac{2}{5}$이므로 구하는 정수 x는 -2, -1, 0, 1, 2, 3의 6개이다.

16 (가)에서 $|a|=|b|$이고 a, b는 서로 다른 두 수이므로

$a=-b$ ······ ㉠

(나)에서 $c<a<d$ ······ ㉡

(다)에서 $|c|<|a|=|b|<|d|$ ······ ㉢

따라서 ㉠, ㉡, ㉢에서 $b<c<a<d$이므로 작은 수부터 차례로 나열하면

b, c, a, d

17 A: $-\dfrac{7}{2}$, B: -1, C: $-\dfrac{1}{4}$, D: 1, E: $\dfrac{8}{5}$ $\qquad$ ······ ①

따라서 정수가 아닌 음의 유리수는 $-\dfrac{7}{2}$, $-\dfrac{1}{4}$의 2개이다.
$\qquad$ ······ ②

단계	채점 기준	배점
①	점 A, B, C, D, E에 대응하는 수 말하기	4점
②	정수가 아닌 음의 유리수의 개수 구하기	4점

18 주어진 수의 절댓값을 각각 구하면

$|1.4|=1.4$, $\left|-\dfrac{4}{3}\right|=\dfrac{4}{3}$, $|-2|=2$, $|-1.5|=1.5$,

$\left|\dfrac{8}{2}\right|=4$ $\qquad$ ······ ①

절댓값이 작은 수부터 차례로 나열하면

$-\dfrac{4}{3}$, 1.4, -1.5, -2, $\dfrac{8}{2}$ $\qquad$ ······ ②

따라서 원점에서 가장 가까운 수는 절댓값이 가장 작은

$-\dfrac{4}{3}$이다. $\qquad$ ······ ③

단계	채점 기준	배점
①	주어진 수의 절댓값 구하기	3점
②	주어진 수를 절댓값이 작은 수부터 차례로 나열하기	3점
③	원점에서 가장 가까운 수 구하기	2점

19 (개)에서 $-\dfrac{5}{3} \le a \le \dfrac{11}{2}$ $\qquad$ ······ ①

(내)에서 a가 될 수 있는 정수는 -3, -2, -1, 1, 2, 3이다.
$\qquad$ ······ ②

따라서 (개), (내)를 모두 만족시키는 정수 a는 -1, 1, 2, 3의
4개이다. $\qquad$ ······ ③

단계	채점 기준	배점
①	(개)를 부등호를 사용한 식으로 나타내기	3점
②	(내)를 만족시키는 정수 구하기	4점
③	(개), (내)를 모두 만족시키는 정수 a의 개수 구하기	3점

20 $-\dfrac{5}{7}=-\dfrac{10}{14}$, $\dfrac{1}{2}=\dfrac{7}{14}$ $\qquad$ ······ ①

따라서 $-\dfrac{5}{7}$와 $\dfrac{1}{2}$ 사이에 있는 정수가 아닌 유리수 중에서

분모가 14인 기약분수는 $-\dfrac{9}{14}$, $-\dfrac{5}{14}$, $-\dfrac{3}{14}$, $-\dfrac{1}{14}$, $\dfrac{1}{14}$,

$\dfrac{3}{14}$, $\dfrac{5}{14}$의 7개이다. $\qquad$ ······ ②

단계	채점 기준	배점
①	$-\dfrac{5}{7}$, $\dfrac{1}{2}$을 분모가 14인 분수로 나타내기	4점
②	분모가 14인 기약분수의 개수 구하기	6점

4. 정수와 유리수의 계산

필수 기출

62~69쪽

1 ⑤	**2** ㉠ 교환법칙, ㉡ 결합법칙	**3** ③	**4** ②
5 ⑤	**6** $\dfrac{23}{15}$	**7** $-\dfrac{1}{2}$ **8** ①	**9** 3 **10** ③
11 ①	**12** ④ **13** ②	**14** ② **15** ⑤	**16** ④
17 $\dfrac{31}{2}$ m	**18** 7 **19** ②	**20** ①	**21** $-\dfrac{2}{3}$
22 ①	**23** ③ **24** ③	**25** ④ **26** ②	**27** -2
28 ②	**29** ⑤ **30** ①	**31** ②	**32** ⑤
33 $-\dfrac{20}{7}$	**34** $\dfrac{7}{36}$	**35** ⑤ **36** ③	**37** -10
38 $-\dfrac{25}{2}$	**39** $\dfrac{27}{10}$ **40** -48		**41** ③
42 ②	**43** ② **44** ②	**45** ① **46** ④	**47** ⑤
48 $\dfrac{1}{2}$	**49** $-\dfrac{1}{4}$ **50** ③		

1 0에서 오른쪽으로 2칸 움직였으므로 $+2$, 여기서 다시 왼쪽
으로 5칸 움직였으므로 -5를 더한 것이다.

∴ $(+2)+(-5)=-3$

3 ① $(+6)-(-6)=(+6)+(+6)=+12$

② $\left(+\dfrac{3}{4}\right)+\left(-\dfrac{7}{8}\right)=\left(+\dfrac{6}{8}\right)+\left(-\dfrac{7}{8}\right)=-\dfrac{1}{8}$

③ $\left(-\dfrac{1}{5}\right)+\left(-\dfrac{9}{10}\right)=\left(-\dfrac{2}{10}\right)+\left(-\dfrac{9}{10}\right)=-\dfrac{11}{10}$

④ $\left(+\dfrac{3}{2}\right)-(-7)=\left(+\dfrac{3}{2}\right)+(+7)$

$\qquad = \left(+\dfrac{3}{2}\right)+\left(+\dfrac{14}{2}\right)=+\dfrac{17}{2}$

⑤ $(-0.6)-(-1.5)=(-0.6)+(+1.5)=+0.9$

따라서 옳은 것은 ③이다.

4 절댓값이 4인 음수는 -4, 절댓값이 $\dfrac{1}{2}$인 양수는 $+\dfrac{1}{2}$이므로

$(-4)+\left(+\dfrac{1}{2}\right)=\left(-\dfrac{8}{2}\right)+\left(+\dfrac{1}{2}\right)=-\dfrac{7}{2}$

5 $-\dfrac{5}{2}=-2\dfrac{1}{2}$보다 작은 수 중에서 가장 큰 정수는 -3이므로

$a=-3$

$\dfrac{14}{3}=4\dfrac{2}{3}$보다 큰 수 중에서 가장 작은 정수는 5이므로

$b=5$

∴ $a+b=-3+5=2$

6 가장 큰 수는 $+1.2$이고, 절댓값이 가장 작은 수는 $-\dfrac{1}{3}$이
므로

$a=+1.2$, $b=-\dfrac{1}{3}$

∴ $a-b=(+1.2)-\left(-\dfrac{1}{3}\right)=(+1.2)+\left(+\dfrac{1}{3}\right)$

$\qquad =\left(+\dfrac{18}{15}\right)+\left(+\dfrac{5}{15}\right)=\dfrac{23}{15}$

7 $a=-1-\left(-\dfrac{3}{2}\right)=(-1)+\left(+\dfrac{3}{2}\right)$

$\quad=\left(-\dfrac{2}{2}\right)+\left(+\dfrac{3}{2}\right)=\dfrac{1}{2}$

$\quad b=\dfrac{1}{5}-1.2=\left(+\dfrac{1}{5}\right)-(+1.2)$

$\quad\quad=\left(+\dfrac{1}{5}\right)+\left(-\dfrac{6}{5}\right)=-1$

$\quad\therefore\ a+b=\dfrac{1}{2}+(-1)=\dfrac{1}{2}+\left(-\dfrac{2}{2}\right)=-\dfrac{1}{2}$

8 A: $(-2)-(-10)=(-2)+(+10)=8(\text{℃})$
$\quad$B: $(-1)-(-8)=(-1)+(+8)=7(\text{℃})$
$\quad$C: $(+2)-(-2)=(+2)+(+2)=4(\text{℃})$
$\quad$D: $0-(-6)=6(\text{℃})$
$\quad$E: $(+2)-(-4)=(+2)+(+4)=6(\text{℃})$
$\quad$따라서 일교차가 가장 큰 도시는 A이다.

9 어떤 수를 □라 하면 □$+(-2)=-1$
$\quad\therefore$ □$=-1-(-2)=-1+(+2)=1$
$\quad$따라서 바르게 계산하면
$\quad 1-(-2)=1+(+2)=3$

10 $\left(+\dfrac{5}{3}\right)+(-2)-\left(+\dfrac{5}{6}\right)-\left(-\dfrac{3}{2}\right)$

$\quad=\left(+\dfrac{5}{3}\right)+(-2)+\left(-\dfrac{5}{6}\right)+\left(+\dfrac{3}{2}\right)$

$\quad=\left(+\dfrac{10}{6}\right)+\left(-\dfrac{12}{6}\right)+\left(-\dfrac{5}{6}\right)+\left(+\dfrac{9}{6}\right)$

$\quad=\dfrac{2}{6}=\dfrac{1}{3}$

11 ① $(+2)-(-7)+(-5)=(+2)+(+7)+(-5)=4$
$\quad$② $(-2.4)-(-3.6)+(-1.2)$
$\quad\quad=(-2.4)+(+3.6)+(-1.2)$
$\quad\quad=\{(-2.4)+(-1.2)\}+(+3.6)$
$\quad\quad=(-3.6)+(+3.6)=0$
$\quad$③ $1-\left(-\dfrac{1}{2}\right)-\left(-\dfrac{3}{2}\right)=(+1)+\left(+\dfrac{1}{2}\right)+\left(+\dfrac{3}{2}\right)$

$\quad\quad\quad\quad\quad\quad=(+1)+\left\{\left(+\dfrac{1}{2}\right)+\left(+\dfrac{3}{2}\right)\right\}$

$\quad\quad\quad\quad\quad\quad=(+1)+(+2)=3$

$\quad$④ $-\dfrac{5}{6}+1-\dfrac{7}{6}=\left(-\dfrac{5}{6}\right)+(+1)-\left(+\dfrac{7}{6}\right)$

$\quad\quad\quad\quad\quad=\left\{\left(-\dfrac{5}{6}\right)+\left(-\dfrac{7}{6}\right)\right\}+(+1)$

$\quad\quad\quad\quad\quad=(-2)+(+1)=-1$

$\quad$⑤ $\dfrac{1}{2}+\dfrac{1}{5}-\dfrac{1}{2}=\left(+\dfrac{1}{2}\right)+\left(+\dfrac{1}{5}\right)-\left(+\dfrac{1}{2}\right)$

$\quad\quad\quad\quad\quad=\left\{\left(+\dfrac{1}{2}\right)+\left(-\dfrac{1}{2}\right)\right\}+\left(+\dfrac{1}{5}\right)=\dfrac{1}{5}$

$\quad$따라서 계산 결과가 가장 큰 것은 ①이다.

12 ① $-8+11-2=(-8)+(+11)-(+2)$
$\quad\quad\quad\quad\quad\quad=\{(-8)+(-2)\}+(+11)$
$\quad\quad\quad\quad\quad\quad=(-10)+(+11)$
$\quad\quad\quad\quad\quad\quad=1$

$\quad$② $-\dfrac{4}{9}+\dfrac{1}{3}-\dfrac{3}{2}=\left(-\dfrac{4}{9}\right)+\left(+\dfrac{1}{3}\right)-\left(+\dfrac{3}{2}\right)$

$\quad\quad\quad\quad\quad\quad=\left\{\left(-\dfrac{4}{9}\right)+\left(-\dfrac{3}{2}\right)\right\}+\left(+\dfrac{1}{3}\right)$

$\quad\quad\quad\quad\quad\quad=\left\{\left(-\dfrac{8}{18}\right)+\left(-\dfrac{27}{18}\right)\right\}+\left(+\dfrac{1}{3}\right)$

$\quad\quad\quad\quad\quad\quad=\left(-\dfrac{35}{18}\right)+\left(+\dfrac{6}{18}\right)$

$\quad\quad\quad\quad\quad\quad=-\dfrac{29}{18}$

$\quad$③ $\dfrac{1}{5}-1-\dfrac{2}{3}=\left(+\dfrac{1}{5}\right)-(+1)-\left(+\dfrac{2}{3}\right)$

$\quad\quad\quad\quad\quad=\left(+\dfrac{1}{5}\right)+\left\{(-1)+\left(-\dfrac{2}{3}\right)\right\}$

$\quad\quad\quad\quad\quad=\left(+\dfrac{1}{5}\right)+\left\{\left(-\dfrac{3}{3}\right)+\left(-\dfrac{2}{3}\right)\right\}$

$\quad\quad\quad\quad\quad=\left(+\dfrac{1}{5}\right)+\left(-\dfrac{5}{3}\right)$

$\quad\quad\quad\quad\quad=\left(+\dfrac{3}{15}\right)+\left(-\dfrac{25}{15}\right)$

$\quad\quad\quad\quad\quad=-\dfrac{22}{15}$

$\quad$④ $3-4.5+\dfrac{5}{2}=(+3)-\left(+\dfrac{9}{2}\right)+\left(+\dfrac{5}{2}\right)$

$\quad\quad\quad\quad\quad=(+3)+\left\{\left(-\dfrac{9}{2}\right)+\left(+\dfrac{5}{2}\right)\right\}$

$\quad\quad\quad\quad\quad=(+3)+(-2)$

$\quad\quad\quad\quad\quad=1$

$\quad$⑤ $0.4+0.2-1.2-1.3$
$\quad\quad=(+0.4)+(+0.2)-(+1.2)-(+1.3)$
$\quad\quad=\{(+0.4)+(+0.2)\}+\{(-1.2)+(-1.3)\}$
$\quad\quad=(+0.6)+(-2.5)$
$\quad\quad=-1.9$
$\quad$따라서 계산 결과가 옳지 않은 것은 ④이다.

13 $-2-\left\{\left(-\dfrac{5}{6}+\dfrac{3}{4}\right)-\dfrac{2}{3}\right\}$

$\quad=-2-\left[\left\{\left(-\dfrac{5}{6}\right)+\left(+\dfrac{3}{4}\right)\right\}-\left(+\dfrac{2}{3}\right)\right]$

$\quad=-2-\left[\left\{\left(-\dfrac{10}{12}\right)+\left(+\dfrac{9}{12}\right)\right\}+\left(-\dfrac{2}{3}\right)\right]$

$\quad=-2-\left\{\left(-\dfrac{1}{12}\right)+\left(-\dfrac{2}{3}\right)\right\}$

$\quad=-2-\left\{\left(-\dfrac{1}{12}\right)+\left(-\dfrac{8}{12}\right)\right\}$

$\quad=-2-\left(-\dfrac{3}{4}\right)$

$\quad=-\dfrac{8}{4}+\left(+\dfrac{3}{4}\right)$

$\quad=-\dfrac{5}{4}$

14 세 수의 합은 $4+1+(-2)=3$
$\quad 4+(-3)+a=3$이므로 $1+a=3$
$\quad\therefore\ a=3-1=2$
$\quad b+1+3=3$이므로 $b+4=3$
$\quad\therefore\ b=3-4=-1$
$\quad\therefore\ a+b=2+(-1)=1$

15
① $-2+3=1$
② $2-6=-4$
③ $-3-(-6)=-3+6=3$
④ $3+(-5)=-2$
⑤ $8-3=5$
따라서 가장 큰 수는 ⑤이다.

16 $a=-6+\dfrac{2}{3}=-\dfrac{18}{3}+\dfrac{2}{3}=-\dfrac{16}{3}$

$b=2-\left(-\dfrac{3}{2}\right)=\dfrac{4}{2}+\dfrac{3}{2}=\dfrac{7}{2}$

따라서 $-\dfrac{16}{3}<x\le\dfrac{7}{2}$ 을 만족시키는 정수 x는 -5, -4, -3, -2, -1, 0, 1, 2, 3의 9개이다.

17 건물 A의 높이를 0 m라 하면 건물 B의 높이는
$0-\dfrac{43}{5}=-\dfrac{43}{5}\text{(m)}$
건물 C의 높이는
$-\dfrac{43}{5}+\dfrac{23}{2}=-\dfrac{86}{10}+\dfrac{115}{10}=\dfrac{29}{10}\text{(m)}$
건물 D의 높이는
$\dfrac{29}{10}+4=\dfrac{29}{10}+\dfrac{40}{10}=\dfrac{69}{10}\text{(m)}$
따라서 가장 높은 건물 D와 가장 낮은 건물 B의 높이의 차는
$\dfrac{69}{10}-\left(-\dfrac{43}{5}\right)=\dfrac{69}{10}+\dfrac{86}{10}=\dfrac{155}{10}=\dfrac{31}{2}\text{(m)}$

18 $a=-3$ 또는 $a=3$이고 $b=-4$ 또는 $b=4$이므로
(i) $a=-3$, $b=-4$일 때,
$a-b=-3-(-4)=-3+4=1$
(ii) $a=-3$, $b=4$일 때,
$a-b=-3-4=-7$
(iii) $a=3$, $b=-4$일 때,
$a-b=3-(-4)=3+4=7$
(iv) $a=3$, $b=4$일 때,
$a-b=3-4=-1$
(i)~(iv)에서 $a-b$의 값 중에서 가장 큰 값은 7이다.

19 (가)에서 $a=\dfrac{3}{4}$ 또는 $a=-\dfrac{3}{4}$이고 $b=\dfrac{2}{3}$ 또는 $b=-\dfrac{2}{3}$이므로
(i) $a=\dfrac{3}{4}$, $b=\dfrac{2}{3}$일 때,
$a+b=\dfrac{3}{4}+\dfrac{2}{3}=\dfrac{9}{12}+\dfrac{8}{12}=\dfrac{17}{12}$
(ii) $a=\dfrac{3}{4}$, $b=-\dfrac{2}{3}$일 때,
$a+b=\dfrac{3}{4}+\left(-\dfrac{2}{3}\right)=\dfrac{9}{12}+\left(-\dfrac{8}{12}\right)=\dfrac{1}{12}$
(iii) $a=-\dfrac{3}{4}$, $b=\dfrac{2}{3}$일 때,
$a+b=-\dfrac{3}{4}+\dfrac{2}{3}=-\dfrac{9}{12}+\dfrac{8}{12}=-\dfrac{1}{12}$
(iv) $a=-\dfrac{3}{4}$, $b=-\dfrac{2}{3}$일 때,
$a+b=-\dfrac{3}{4}+\left(-\dfrac{2}{3}\right)=-\dfrac{9}{12}+\left(-\dfrac{8}{12}\right)=-\dfrac{17}{12}$

그런데 (나)에서 $a+b=-\dfrac{1}{12}$이므로
$a=-\dfrac{3}{4}$, $b=\dfrac{2}{3}$
$\therefore a-b=-\dfrac{3}{4}-\dfrac{2}{3}=-\dfrac{9}{12}-\dfrac{8}{12}=-\dfrac{17}{12}$

21 $a=\dfrac{1}{2}\times\left(-\dfrac{5}{6}\right)=-\left(\dfrac{1}{2}\times\dfrac{5}{6}\right)=-\dfrac{5}{12}$

$b=\left(-\dfrac{4}{3}\right)\times(-1.2)=\left(-\dfrac{4}{3}\right)\times\left(-\dfrac{6}{5}\right)$
$\quad=+\left(\dfrac{4}{3}\times\dfrac{6}{5}\right)=+\dfrac{8}{5}$

$\therefore a\times b=\left(-\dfrac{5}{12}\right)\times\left(+\dfrac{8}{5}\right)=-\left(\dfrac{5}{12}\times\dfrac{8}{5}\right)=-\dfrac{2}{3}$

22 -2보다 $\dfrac{2}{5}$만큼 큰 수는 $-2+\dfrac{2}{5}=-\dfrac{10}{5}+\dfrac{2}{5}=-\dfrac{8}{5}$

4보다 $\dfrac{1}{4}$만큼 작은 수는 $4-\dfrac{1}{4}=\dfrac{16}{4}-\dfrac{1}{4}=\dfrac{15}{4}$
따라서 구하는 곱은
$\left(-\dfrac{8}{5}\right)\times\dfrac{15}{4}=-\left(\dfrac{8}{5}\times\dfrac{15}{4}\right)=-6$

23 $\underbrace{\left(-\dfrac{1}{3}\right)\times\left(-\dfrac{3}{5}\right)\times\left(-\dfrac{5}{7}\right)\times\cdots\times\left(-\dfrac{99}{101}\right)}_{\text{음수가 50개}}$

$=+\left(\dfrac{1}{3}\times\dfrac{3}{5}\times\dfrac{5}{7}\times\cdots\times\dfrac{99}{101}\right)$

$=\dfrac{1}{101}$

24 절댓값이 6인 음의 정수는 -6이므로 세 정수 중 나머지 두 수의 곱은 3이다.
한편 곱해서 3이 되는 두 음의 정수는 -1과 -3이므로 나머지 두 정수는 -1, -3이다.
따라서 구하는 세 정수의 합은
$(-6)+(-1)+(-3)=-10$

25 세 수의 곱이 가장 크려면 음수 2개, 양수 1개를 곱해야 하고 세 수의 절댓값의 곱이 가장 커야 하므로
$M=(-4)\times\left(-\dfrac{5}{2}\right)\times5=+\left(4\times\dfrac{5}{2}\times5\right)=50$
세 수의 곱이 가장 작으려면 음수 1개, 양수 2개를 곱해야 하고 세 수의 절댓값의 곱이 가장 커야 하므로
$m=(-4)\times\dfrac{12}{5}\times5=-\left(4\times\dfrac{12}{5}\times5\right)=-48$
$\therefore M+m=50+(-48)=2$

26
① $(-2)^2=4$
② $-(-2)^3=-(-8)=8$
③ $-2^2=-4$
④ $-3^2=-9$
⑤ $-(-3)^2=-9$
따라서 계산 결과가 가장 큰 것은 ②이다.

27 $(-3^2)\times\left(-\dfrac{1}{3}\right)^3\times(-6)=(-9)\times\left(-\dfrac{1}{27}\right)\times(-6)$
$\qquad\qquad\qquad\qquad\qquad=-\left(9\times\dfrac{1}{27}\times6\right)=-2$

28 $(-1)+(-1)^2+(-1)^3+(-1)^4+\cdots+(-1)^{2025}$
$=(-1)+1+(-1)+1+\cdots+(-1)+1+(-1)$
$=\{(-1)+1\}+\{(-1)+1\}+\cdots+\{(-1)+1\}+(-1)$
$=-1$

29 n이 짝수이므로 $(-1)^n=1$
$n+1$이 홀수이므로 $(-1)^{n+1}=-1$
$n+2$가 짝수이므로 $(-1)^{n+2}=1$
$\therefore (-1)^n-(-1)^{n+1}+(-1)^{n+2}-1^n$
$\quad =1-(-1)+1-1$
$\quad =1+1+1-1=2$

30 $58\times(-0.54)+42\times(-0.54)$
$=(58+42)\times(-0.54)$
$=100\times(-0.54)$
$=-54$

31 $a\times(b-c)=a\times b-a\times c=12$
$a\times b=4$이므로 $4-a\times c=12$
$\therefore a\times c=4-12=-8$

32 ⑤ $0.7=\dfrac{7}{10}$의 역수는 $\dfrac{10}{7}$

33 $a=-\dfrac{6}{7}$
$0.3=\dfrac{3}{10}$이므로 $b=\dfrac{10}{3}$
$\therefore a\times b=\left(-\dfrac{6}{7}\right)\times\dfrac{10}{3}=-\dfrac{20}{7}$

34 마주 보는 면에 있는 두 수의 곱이 1이므로 두 수는 서로 역수이다.
$0.9=\dfrac{9}{10}$의 역수는 $\dfrac{10}{9}$이므로 $A=\dfrac{10}{9}$
$\dfrac{3}{2}$의 역수는 $\dfrac{2}{3}$이므로 $B=\dfrac{2}{3}$
-4의 역수는 $-\dfrac{1}{4}$이므로 $C=-\dfrac{1}{4}$
$\therefore A-B+C=\dfrac{10}{9}-\dfrac{2}{3}+\left(-\dfrac{1}{4}\right)$
$\quad =\dfrac{40}{36}-\dfrac{24}{36}-\dfrac{9}{36}=\dfrac{7}{36}$

35 ① $\left(-\dfrac{5}{2}\right)\times\left(-\dfrac{3}{10}\right)=+\left(\dfrac{5}{2}\times\dfrac{3}{10}\right)=+\dfrac{3}{4}$
② $\left(-\dfrac{5}{6}\right)\div\left(+\dfrac{2}{3}\right)=\left(-\dfrac{5}{6}\right)\times\left(+\dfrac{3}{2}\right)$
$\quad =-\left(\dfrac{5}{6}\times\dfrac{3}{2}\right)=-\dfrac{5}{4}$
③ $\left(-\dfrac{2}{3}\right)\div(-4)=\left(-\dfrac{2}{3}\right)\times\left(-\dfrac{1}{4}\right)$
$\quad =+\left(\dfrac{2}{3}\times\dfrac{1}{4}\right)=+\dfrac{1}{6}$
④ $\left(-\dfrac{2}{7}\right)\times(-21)\times\left(-\dfrac{2}{15}\right)=-\left(\dfrac{2}{7}\times21\times\dfrac{2}{15}\right)$
$\quad =-\dfrac{4}{5}$

⑤ $\left(+\dfrac{5}{2}\right)\div\left(-\dfrac{10}{3}\right)\div\left(-\dfrac{9}{8}\right)=\left(+\dfrac{5}{2}\right)\times\left(-\dfrac{3}{10}\right)\times\left(-\dfrac{8}{9}\right)$
$\quad =+\left(\dfrac{5}{2}\times\dfrac{3}{10}\times\dfrac{8}{9}\right)$
$\quad =+\dfrac{2}{3}$
따라서 옳지 않은 것은 ⑤이다.

36 $a=\left(-\dfrac{3}{5}\right)\times\left(-\dfrac{4}{3}\right)=+\left(\dfrac{3}{5}\times\dfrac{4}{3}\right)=\dfrac{4}{5}$
$b=\left(+\dfrac{5}{2}\right)\div\left(-\dfrac{3}{2}\right)=\left(+\dfrac{5}{2}\right)\times\left(-\dfrac{2}{3}\right)$
$\quad =-\left(\dfrac{5}{2}\times\dfrac{2}{3}\right)=-\dfrac{5}{3}$
$\therefore a\times b=\dfrac{4}{5}\times\left(-\dfrac{5}{3}\right)=-\left(\dfrac{4}{5}\times\dfrac{5}{3}\right)=-\dfrac{4}{3}$

37 $a=15\div(-3)=-5$
$b=(-2)\times\left(-\dfrac{1}{4}\right)=\dfrac{1}{2}$
$\therefore a\div b=(-5)\div\dfrac{1}{2}=(-5)\times2=-10$

38 $\left(-\dfrac{1}{2}\right)\div\left(+\dfrac{2}{3}\right)\div\left(-\dfrac{3}{4}\right)\div\left(+\dfrac{4}{5}\right)$
$\qquad\qquad\qquad\qquad \div\cdots\div\left(+\dfrac{48}{49}\right)\div\left(-\dfrac{49}{50}\right)$
$=\left(-\dfrac{1}{2}\right)\times\left(+\dfrac{3}{2}\right)\times\left(-\dfrac{4}{3}\right)\times\left(+\dfrac{5}{4}\right)$
$\qquad\qquad\qquad\qquad \times\cdots\times\left(+\dfrac{49}{48}\right)\times\left(-\dfrac{50}{49}\right)$
음수가 25개
$=-\left(\dfrac{1}{2}\times\dfrac{3}{2}\times\dfrac{4}{3}\times\dfrac{5}{4}\times\cdots\times\dfrac{49}{48}\times\dfrac{50}{49}\right)$
$=-\left(\dfrac{1}{2}\times\dfrac{1}{2}\times50\right)$
$=-\dfrac{25}{2}$

39 어떤 수를 □라 하면 $\square\times\left(-\dfrac{2}{3}\right)=\dfrac{6}{5}$
$\therefore \square=\dfrac{6}{5}\div\left(-\dfrac{2}{3}\right)=\dfrac{6}{5}\times\left(-\dfrac{3}{2}\right)=-\dfrac{9}{5}$
따라서 바르게 계산하면
$\left(-\dfrac{9}{5}\right)\div\left(-\dfrac{2}{3}\right)=\left(-\dfrac{9}{5}\right)\times\left(-\dfrac{3}{2}\right)=\dfrac{27}{10}$

40 $(-2)^3\div\dfrac{3}{8}\times\left(-\dfrac{3}{2}\right)^2=(-8)\times\dfrac{8}{3}\times\dfrac{9}{4}=-48$

41 ① $(-54)\div(-3^2)=(-54)\times\left(-\dfrac{1}{9}\right)=6$
② $(-27)\div(-9)\times2=(-27)\times\left(-\dfrac{1}{9}\right)\times2=6$
③ $\dfrac{5}{6}\div\left(-\dfrac{1}{3}\right)^2\times\left(-\dfrac{4}{5}\right)=\dfrac{5}{6}\times9\times\left(-\dfrac{4}{5}\right)=-6$
④ $-5^2\times0.2\div\left(-\dfrac{5}{6}\right)=(-25)\times\dfrac{1}{5}\times\left(-\dfrac{6}{5}\right)=6$
⑤ $(-4)\div\dfrac{16}{3}\times(-8)=(-4)\times\dfrac{3}{16}\times(-8)=6$
따라서 계산 결과가 나머지 넷과 다른 하나는 ③이다.

42 $\left(-\dfrac{3}{4}\right)^2 \div \square \times \dfrac{8}{15} = -\dfrac{1}{2}$ 에서

$\dfrac{9}{16} \div \square \times \dfrac{8}{15} = -\dfrac{1}{2}$

$\dfrac{9}{16} \times \dfrac{1}{\square} \times \dfrac{8}{15} = -\dfrac{1}{2}, \ \dfrac{3}{10} \times \dfrac{1}{\square} = -\dfrac{1}{2}$

$\therefore \square = \dfrac{3}{10} \div \left(-\dfrac{1}{2}\right) = \dfrac{3}{10} \times (-2) = -\dfrac{3}{5}$

43 $a<0, \ b>0$일 때
① 알 수 없다.
② $-b<0$이므로 $a-b=a+(-b)<0$
③ $-a>0$이므로 $b-a=b+(-a)>0$
④ $a^2>0$이므로 $a^2+b>0$
⑤ $a^2>0$이므로 $a^2 \times b>0$
따라서 항상 음수인 것은 ②이다.

44 $a \times b < 0$에서 a와 b의 부호는 반대이고 $a>b$이므로
$a>0, \ b<0$
$b \div c < 0$에서 b와 c의 부호는 반대이므로 $c>0$
$\therefore a>0, \ b<0, \ c>0$

45 수직선에서 $a<0, \ b>0$이므로 $a \times b < 0, \ a \div b < 0$
$-b<0$이므로 $a-b=a+(-b)<0$
또 a의 절댓값이 b의 절댓값보다 크므로 $a+b<0$
따라서 옳은 것은 ①이다.

47 ① $-5+6 \div 2 = -5+3 = -2$
② $15 \div (-30) + \dfrac{5}{2} = 15 \times \left(-\dfrac{1}{30}\right) + \dfrac{5}{2}$
$\qquad\qquad = -\dfrac{1}{2} + \dfrac{5}{2} = 2$
③ $2 \times (-2) - (-6) = -4 + 6 = 2$
④ $(-2)^3 + (-3) \times (-1) = -8 + 3 = -5$
⑤ $4 \times \left\{\left(-\dfrac{1}{2}\right)^2 - (-1)\right\} = 4 \times \left(\dfrac{1}{4} + 1\right)$
$\qquad\qquad = 4 \times \dfrac{5}{4} = 5$
따라서 계산 결과가 가장 큰 것은 ⑤이다.

48 $2 - \left[\left(-\dfrac{1}{2}\right)^2 - \left\{-3 + \dfrac{3}{4} \times \left(1 - \dfrac{1}{3}\right)\right\} \div 2\right]$

$= 2 - \left\{\dfrac{1}{4} - \left(-3 + \dfrac{3}{4} \times \dfrac{2}{3}\right) \div 2\right\}$

$= 2 - \left\{\dfrac{1}{4} - \left(-3 + \dfrac{1}{2}\right) \div 2\right\}$

$= 2 - \left\{\dfrac{1}{4} - \left(-\dfrac{5}{2}\right) \div 2\right\}$

$= 2 - \left\{\dfrac{1}{4} - \left(-\dfrac{5}{2}\right) \times \dfrac{1}{2}\right\}$

$= 2 - \left\{\dfrac{1}{4} - \left(-\dfrac{5}{4}\right)\right\}$

$= 2 - \left(\dfrac{1}{4} + \dfrac{5}{4}\right)$

$= 2 - \dfrac{3}{2} = \dfrac{1}{2}$

49 $\left(-\dfrac{1}{2}\right) \odot \dfrac{2}{3} = \left(-\dfrac{1}{2}\right) - \dfrac{2}{3} \times 3 = -\dfrac{1}{2} - 2 = -\dfrac{5}{2}$

$\therefore \left\{\left(-\dfrac{1}{2}\right) \odot \dfrac{2}{3}\right\} \odot \left(-\dfrac{3}{4}\right) = \left(-\dfrac{5}{2}\right) \odot \left(-\dfrac{3}{4}\right)$

$\qquad\qquad = \left(-\dfrac{5}{2}\right) - \left(-\dfrac{3}{4}\right) \times 3$

$\qquad\qquad = -\dfrac{5}{2} + \dfrac{9}{4}$

$\qquad\qquad = -\dfrac{10}{4} + \dfrac{9}{4} = -\dfrac{1}{4}$

50 지수는 5번 이기고 3번 졌으므로 지수의 위치는
$5 \times (+2) + 3 \times (-1) = 10 - 3 = 7$
승희는 3번 이기고 5번 졌으므로 승희의 위치는
$3 \times (+2) + 5 \times (-1) = 6 - 5 = 1$
따라서 지수와 승희의 위치의 차는
$7 - 1 = 6$

Best 쌍둥이

70~71쪽

1 ③	**2** ④	**3** ③	**4** -8	**5** ①	**6** ⑤
7 ②	**8** ②	**9** ④	**10** ④	**11** ②	**12** ④

1 ① $(+5) - (-5) = (+5) + (+5) = 10$
② $\left(+\dfrac{1}{2}\right) + \left(-\dfrac{1}{4}\right) = \left(+\dfrac{2}{4}\right) + \left(-\dfrac{1}{4}\right) = \dfrac{1}{4}$
③ $\left(-\dfrac{1}{3}\right) + \left(-\dfrac{4}{9}\right) = \left(-\dfrac{3}{9}\right) + \left(-\dfrac{4}{9}\right) = -\dfrac{7}{9}$
④ $\left(+\dfrac{5}{4}\right) - (-2) = \left(+\dfrac{5}{4}\right) + (+2)$
$\qquad\qquad = \left(+\dfrac{5}{4}\right) + \left(+\dfrac{8}{4}\right) = \dfrac{13}{4}$
⑤ $(-0.3) - (-1.2) = (-0.3) + (+1.2) = 0.9$
따라서 옳지 않은 것은 ③이다.

2 ① $(+3) - (-6) + (-4) = (+3) + (+6) + (-4) = 5$
② $(-1.4) - (-2.6) + (-0.2)$
$\quad = (-1.4) + (+2.6) + (-0.2)$
$\quad = \{(-1.4) + (-0.2)\} + (+2.6)$
$\quad = (-1.6) + (+2.6) = 1$
③ $2 + \left(-\dfrac{1}{3}\right) - \left(-\dfrac{4}{3}\right) = (+2) + \left(-\dfrac{1}{3}\right) + \left(+\dfrac{4}{3}\right)$
$\qquad\qquad = (+2) + \left\{\left(-\dfrac{1}{3}\right) + \left(+\dfrac{4}{3}\right)\right\}$
$\qquad\qquad = (+2) + (+1) = 3$
④ $-\dfrac{5}{4} + 2 - \dfrac{3}{4} = \left(-\dfrac{5}{4}\right) + (+2) - \left(+\dfrac{3}{4}\right)$
$\qquad\qquad = \left\{\left(-\dfrac{5}{4}\right) + \left(-\dfrac{3}{4}\right)\right\} + (+2)$
$\qquad\qquad = (-2) + (+2) = 0$
⑤ $\dfrac{1}{3} + \dfrac{1}{4} - \dfrac{1}{12} = \left(+\dfrac{1}{3}\right) + \left(+\dfrac{1}{4}\right) - \left(+\dfrac{1}{12}\right)$
$\qquad\qquad = \left(+\dfrac{4}{12}\right) + \left(+\dfrac{3}{12}\right) + \left(-\dfrac{1}{12}\right) = \dfrac{6}{12} = \dfrac{1}{2}$
따라서 계산 결과가 가장 작은 것은 ④이다.

3 $a=-2-\dfrac{5}{3}=-\dfrac{11}{3}$, $b=2+\dfrac{14}{3}=\dfrac{20}{3}$

따라서 $-\dfrac{11}{3}\leq x<\dfrac{20}{3}$ 을 만족시키는 정수 x는 -3, -2, -1, 0, 1, 2, 3, 4, 5, 6의 10개이다.

4 $a=-6$ 또는 $a=6$이고 $b=-2$ 또는 $b=2$이므로
    (ⅰ) $a=-6$, $b=-2$일 때,
       $a-b=-6-(-2)=-6+2=-4$
    (ⅱ) $a=-6$, $b=2$일 때,
       $a-b=-6-2=-8$
    (ⅲ) $a=6$, $b=-2$일 때,
       $a-b=6-(-2)=6+2=8$
    (ⅳ) $a=6$, $b=2$일 때,
       $a-b=6-2=4$
    (ⅰ)~(ⅳ)에서 $a-b$의 값 중에서 가장 작은 값은 -8이다.

5 세 수의 곱이 가장 크려면 음수 2개, 양수 1개를 곱해야 하고 세 수의 절댓값의 곱이 가장 커야 하므로
$M=(-3)\times\left(-\dfrac{3}{2}\right)\times2=9$
세 수의 곱이 가장 작으려면 음수 1개, 양수 2개를 곱해야 하고 세 수의 절댓값의 곱이 가장 커야 하므로
$m=(-3)\times\dfrac{2}{3}\times2=-4$
$\therefore M-m=9-(-4)=9+4=13$

6 ① $-(-2)^2=-4$ ② $(-2)^3=-8$
③ $-2^3=-8$ ④ $(-3)^2=9$
⑤ $-(-3)^3=-(-27)=27$
따라서 계산 결과가 가장 큰 것은 ⑤이다.

7 $(-0.52)\times(-7)+(-0.48)\times(-7)$
$=\{(-0.52)+(-0.48)\}\times(-7)$
$=(-1)\times(-7)=7$
따라서 $a=-1$, $b=7$이므로
$a+b=(-1)+7=6$

8 $a=-\dfrac{3}{4}$, $b=\dfrac{1}{2}$이므로
$a\times b=\left(-\dfrac{3}{4}\right)\times\dfrac{1}{2}=-\dfrac{3}{8}$

9 ① $(+3)\times(-2)=-6$
② $(-8)\div(+2)=-4$
③ $\left(+\dfrac{8}{3}\right)\times\left(-\dfrac{3}{4}\right)=-2$
④ $\left(-\dfrac{5}{2}\right)\div(-5)=\left(-\dfrac{5}{2}\right)\times\left(-\dfrac{1}{5}\right)=+\dfrac{1}{2}$
⑤ $\left(-\dfrac{4}{3}\right)\times\left(+\dfrac{9}{8}\right)=-\dfrac{3}{2}$
따라서 옳은 것은 ④이다.

10 ① $(-48)\div(-4^2)=(-48)\times\left(-\dfrac{1}{16}\right)=3$
② $(-3)^3\times2\div(-18)=(-27)\times2\times\left(-\dfrac{1}{18}\right)=3$
③ $\dfrac{3}{4}\div\left(-\dfrac{1}{2}\right)^2\times\left(-\dfrac{1}{3}\right)=\dfrac{3}{4}\times4\times\left(-\dfrac{1}{3}\right)=-1$
④ $-4^2\times\dfrac{1}{4}\div\left(-\dfrac{4}{5}\right)=(-16)\times\dfrac{1}{4}\times\left(-\dfrac{5}{4}\right)=5$
⑤ $(-5)\div\dfrac{25}{3}\times(-10)=(-5)\times\dfrac{3}{25}\times(-10)=6$
따라서 옳지 않은 것은 ④이다.

11 $b\div c<0$에서 b와 c의 부호는 반대이고 $b>c$이므로
$b>0$, $c<0$
$a\times b>0$에서 a와 b의 부호는 같으므로 $a>0$
$\therefore a>0$, $b>0$, $c<0$

12 $-\dfrac{7}{2}-\left[3+2\div\left\{\dfrac{1}{3}-(-1)^2\times\dfrac{1}{2}\right\}\right]$
$=-\dfrac{7}{2}-\left\{3+2\div\left(\dfrac{1}{3}-1\times\dfrac{1}{2}\right)\right\}$
$=-\dfrac{7}{2}-\left\{3+2\div\left(\dfrac{1}{3}-\dfrac{1}{2}\right)\right\}$
$=-\dfrac{7}{2}-\left\{3+2\div\left(-\dfrac{1}{6}\right)\right\}$
$=-\dfrac{7}{2}-\{3+2\times(-6)\}$
$=-\dfrac{7}{2}-\{3+(-12)\}$
$=-\dfrac{7}{2}-(-9)$
$=-\dfrac{7}{2}+9$
$=\dfrac{11}{2}$

100점 완성
72~73쪽

1-1 $\dfrac{9}{10}$	1-2 15	2-1 $a=-4, b=-7, c=3$
2-2 $a=-4, b=9, c=5$	3-1 $\dfrac{14}{15}$	3-2 $\dfrac{3}{5}$
4-1 $\dfrac{1}{5}$	4-2 -9	5-1 ③	5-2 756 cm²

1-1 $\dfrac{1}{2}+\dfrac{1}{6}+\dfrac{1}{12}+\cdots+\dfrac{1}{90}$
$=\dfrac{1}{1\times2}+\dfrac{1}{2\times3}+\dfrac{1}{3\times4}+\cdots+\dfrac{1}{9\times10}$
$=\left(\dfrac{1}{1}-\dfrac{1}{2}\right)+\left(\dfrac{1}{2}-\dfrac{1}{3}\right)+\left(\dfrac{1}{3}-\dfrac{1}{4}\right)+\cdots+\left(\dfrac{1}{9}-\dfrac{1}{10}\right)$
$=1-\dfrac{1}{10}$
$=\dfrac{9}{10}$

1-2 $\dfrac{1}{2}+\dfrac{1}{6}+\dfrac{1}{12}+\cdots+\dfrac{1}{56}$

$=\dfrac{1}{1\times2}+\dfrac{1}{2\times3}+\dfrac{1}{3\times4}+\cdots+\dfrac{1}{7\times8}$

$=\left(\dfrac{1}{1}-\dfrac{1}{2}\right)+\left(\dfrac{1}{2}-\dfrac{1}{3}\right)+\left(\dfrac{1}{3}-\dfrac{1}{4}\right)+\cdots+\left(\dfrac{1}{7}-\dfrac{1}{8}\right)$

$=1-\dfrac{1}{8}=\dfrac{7}{8}$

따라서 $a=8$, $b=7$이므로

$a+b=8+7=15$

2-1 ㈏에서 $a=-4$ 또는 $a=4$

이때 ㈎에서 $a<3$이므로 $a=-4$

㈐에서 $|-4-2|=|b+1|$이므로 $|b+1|=6$

$b+1=-6$ 또는 $b+1=6$

$\therefore b=-7$ 또는 $b=5$

이때 ㈎에서 $b<3$이므로 $b=-7$

㈑에서 $-4-(-7)-c=0$ $\therefore c=3$

2-2 ㈏에서 $a-2=-6$ 또는 $a-2=6$

$\therefore a=-4$ 또는 $a=8$

이때 ㈎에서 $a<0$이므로 $a=-4$

㈐에서 $|-4|=|b|-5$이므로

$4=|b|-5$ $\therefore |b|=9$

$\therefore b=-9$ 또는 $b=9$

이때 ㈎에서 $b>0$이므로 $b=9$

㈑에서 $-4+9-c=0$ $\therefore c=5$

3-1 두 점 A, B 사이의 거리는

$2-\left(-\dfrac{2}{3}\right)=\dfrac{6}{3}+\dfrac{2}{3}=\dfrac{8}{3}$

두 점 A, C 사이의 거리는

$\dfrac{8}{3}\times\dfrac{3}{3+2}=\dfrac{8}{3}\times\dfrac{3}{5}=\dfrac{8}{5}$

따라서 점 C에 대응하는 수는

$-\dfrac{2}{3}+\dfrac{8}{5}=-\dfrac{10}{15}+\dfrac{24}{15}=\dfrac{14}{15}$

3-2 두 점 A, B 사이의 거리는

$\dfrac{9}{5}-(-1)=\dfrac{9}{5}+\dfrac{5}{5}=\dfrac{14}{5}$

두 점 A, C 사이의 거리는

$\dfrac{14}{5}\times\dfrac{4}{4+3}=\dfrac{14}{5}\times\dfrac{4}{7}=\dfrac{8}{5}$

따라서 점 C에 대응하는 수는

$-1+\dfrac{8}{5}=-\dfrac{5}{5}+\dfrac{8}{5}=\dfrac{3}{5}$

4-1 A: $-3-\dfrac{1}{4}+\dfrac{2}{3}=-\dfrac{36}{12}-\dfrac{3}{12}+\dfrac{8}{12}=-\dfrac{31}{12}$

B: $\left(-\dfrac{31}{12}\right)\times\left(-\dfrac{6}{5}\right)=\dfrac{31}{10}$

C: $\left\{\dfrac{31}{10}+\left(-\dfrac{3}{2}\right)\right\}\div8=\left\{\dfrac{31}{10}+\left(-\dfrac{15}{10}\right)\right\}\div8$

$=\dfrac{8}{5}\times\dfrac{1}{8}=\dfrac{1}{5}$

4-2 A: $(-4-3)\times\dfrac{2}{5}=(-7)\times\dfrac{2}{5}=-\dfrac{14}{5}$

B: $\left(-\dfrac{14}{5}\right)\div\dfrac{4}{3}=\left(-\dfrac{14}{5}\right)\times\dfrac{3}{4}=-\dfrac{21}{10}$

C: $\left(-\dfrac{21}{10}+\dfrac{6}{5}\right)\div\dfrac{1}{10}=\left(-\dfrac{21}{10}+\dfrac{12}{10}\right)\div\dfrac{1}{10}$

$=-\dfrac{9}{10}\times10=-9$

5-1 삼각형의 밑변의 길이는

$30-30\times\dfrac{60}{100}=30-18=12(\text{cm})$

삼각형의 높이는

$10+10\times\dfrac{40}{100}=10+4=14(\text{cm})$

따라서 삼각형의 넓이는

$\dfrac{1}{2}\times12\times14=84(\text{cm}^2)$

5-2 직사각형의 가로의 길이는

$30-30\times\dfrac{30}{100}=30-9=21(\text{cm})$

직사각형의 세로의 길이는

$30+30\times\dfrac{20}{100}=30+6=36(\text{cm})$

따라서 직사각형의 넓이는

$21\times36=756(\text{cm}^2)$

서술형 완성
74~75쪽

1 (1) $-\dfrac{4}{5}$ (2) $-\dfrac{3}{5}$ **2** -5 **3** 1.5   **4** -2

5 (1) $\dfrac{5}{4}$ (2) $-\dfrac{5}{2}$ (3) $-\dfrac{1}{2}$ **6** -3 **7** $-\dfrac{15}{2}$

8 (1) ㉣, ㉤, ㉢, ㉠, ㉡, ㉢ (또는 ㉤, ㉣, ㉢, ㉢, ㉡, ㉠)   (2) 41

9 $\dfrac{15}{64}$ **10** $\dfrac{45}{4}$

1 (1) 어떤 수를 □라 하면 $-\dfrac{7}{5}+□=-\dfrac{11}{5}$

$\therefore □=-\dfrac{11}{5}-\left(-\dfrac{7}{5}\right)=-\dfrac{11}{5}+\dfrac{7}{5}=-\dfrac{4}{5}$

(2) 바르게 계산하면

$-\dfrac{7}{5}-\left(-\dfrac{4}{5}\right)=-\dfrac{7}{5}+\dfrac{4}{5}=-\dfrac{3}{5}$

2 $|x|<2$이므로 x의 값이 될 수 있는 정수는

$-1,\ 0,\ 1$ ⋯⋯ ①

$|y|<5$이므로 y의 값이 될 수 있는 정수는

$-4,\ -3,\ -2,\ -1,\ 0,\ 1,\ 2,\ 3,\ 4$ ⋯⋯ ②

$x=-1$, $y=-4$일 때 $x+y$의 값이 가장 작으므로 구하는 값은

$(-1)+(-4)=-5$ ⋯⋯ ③

단계	채점 기준	배점
①	x의 값이 될 수 있는 정수 구하기	2점
②	y의 값이 될 수 있는 정수 구하기	2점
③	$x+y$의 값 중 가장 작은 값 구하기	2점

3

$$6.35 \times 5.2 + 6.35 \times (-4.9) - 0.3 \times 1.35$$
$$= 6.35 \times (5.2 - 4.9) - 0.3 \times 1.35 \quad\cdots\cdots ①$$
$$= 6.35 \times 0.3 - 0.3 \times 1.35$$
$$= 0.3 \times (6.35 - 1.35) \quad\cdots\cdots ②$$
$$= 0.3 \times 5 = 1.5 \quad\cdots\cdots ③$$

단계	채점 기준	배점
①	분배법칙 이용하기	2점
②	분배법칙 이용하기	2점
③	주어진 식 계산하기	2점

4

(가)에서 a, b, c는 절댓값이 서로 다른 정수이므로 (다)에서
$|a| = 9$, $|b| = 2$, $|c| = 1$ 또는 $|a| = 6$, $|b| = 3$, $|c| = 1$
$\quad\cdots\cdots ①$

(나)에서 $a + b + c = -4$이므로
$a = -6$, $b = 3$, $c = -1$ $\quad\cdots\cdots ②$
$\therefore a + b - c = -6 + 3 - (-1)$
$\qquad\qquad = -6 + 3 + 1 = -2 \quad\cdots\cdots ③$

단계	채점 기준	배점
①	$|a|$, $|b|$, $|c|$의 값 구하기	3점
②	a, b, c의 값 구하기	3점
③	$a + b - c$의 값 구하기	2점

5

(1) $a = 1 - \left(-\dfrac{1}{4}\right) = 1 + \dfrac{1}{4} = \dfrac{4}{4} + \dfrac{1}{4} = \dfrac{5}{4}$

(2) $b = -3 + \dfrac{1}{2} = -\dfrac{6}{2} + \dfrac{1}{2} = -\dfrac{5}{2}$

(3) $a \div b = \dfrac{5}{4} \div \left(-\dfrac{5}{2}\right) = \dfrac{5}{4} \times \left(-\dfrac{2}{5}\right) = -\dfrac{1}{2}$

6

한 변에 놓인 세 수의 합은
$$\dfrac{2}{3} + 1 + (-2) = \dfrac{2}{3} + (-1)$$
$$= \dfrac{2}{3} + \left(-\dfrac{3}{3}\right) = -\dfrac{1}{3} \quad\cdots\cdots ①$$

$-2 + \dfrac{7}{6} + B = -\dfrac{1}{3}$이므로
$$-\dfrac{12}{6} + \dfrac{7}{6} + B = -\dfrac{1}{3}, \ -\dfrac{5}{6} + B = -\dfrac{1}{3}$$
$$\therefore B = -\dfrac{1}{3} + \dfrac{5}{6} = -\dfrac{2}{6} + \dfrac{5}{6} = \dfrac{3}{6} = \dfrac{1}{2} \quad\cdots\cdots ②$$

$\dfrac{2}{3} + A + B = -\dfrac{1}{3}$이므로
$$\dfrac{2}{3} + A + \dfrac{1}{2} = -\dfrac{1}{3}, \ \dfrac{4}{6} + \dfrac{3}{6} + A = -\dfrac{1}{3}$$
$$\dfrac{7}{6} + A = -\dfrac{1}{3}$$
$$\therefore A = -\dfrac{1}{3} - \dfrac{7}{6} = -\dfrac{2}{6} - \dfrac{7}{6} = -\dfrac{9}{6} = -\dfrac{3}{2} \quad\cdots\cdots ③$$
$$\therefore A \div B = \left(-\dfrac{3}{2}\right) \div \dfrac{1}{2} = \left(-\dfrac{3}{2}\right) \times 2 = -3 \quad\cdots\cdots ④$$

단계	채점 기준	배점
①	한 변에 놓인 세 수의 합 구하기	2점
②	B의 값 구하기	2점
③	A의 값 구하기	2점
④	$A \div B$의 값 구하기	2점

7

$$A = \left(-\dfrac{5}{3}\right) \div \dfrac{10}{7} \times \left(-\dfrac{9}{14}\right)$$
$$= \left(-\dfrac{5}{3}\right) \times \dfrac{7}{10} \times \left(-\dfrac{9}{14}\right)$$
$$= + \left(\dfrac{5}{3} \times \dfrac{7}{10} \times \dfrac{9}{14}\right)$$
$$= \dfrac{3}{4} \quad\cdots\cdots ①$$

$$B = (-3)^3 \times \dfrac{2}{15} \div \left(-\dfrac{3}{5}\right)^2$$
$$= (-27) \times \dfrac{2}{15} \div \dfrac{9}{25}$$
$$= (-27) \times \dfrac{2}{15} \times \dfrac{25}{9}$$
$$= -\left(27 \times \dfrac{2}{15} \times \dfrac{25}{9}\right)$$
$$= -10 \quad\cdots\cdots ②$$
$$\therefore A \times B = \dfrac{3}{4} \times (-10) = -\dfrac{15}{2} \quad\cdots\cdots ③$$

단계	채점 기준	배점
①	A의 값 구하기	3점
②	B의 값 구하기	3점
③	$A \times B$의 값 구하기	2점

8

(2) $2 - (-9) \times \{4 - (-1)^3 \div (-2 + 5)\}$
$$= 2 - (-9) \times \{4 - (-1) \div (-2 + 5)\}$$
$$= 2 - (-9) \times \{4 - (-1) \div 3\}$$
$$= 2 - (-9) \times \left\{4 - (-1) \times \dfrac{1}{3}\right\}$$
$$= 2 - (-9) \times \left\{4 - \left(-\dfrac{1}{3}\right)\right\}$$
$$= 2 - (-9) \times \left(\dfrac{12}{3} + \dfrac{1}{3}\right)$$
$$= 2 - (-9) \times \dfrac{13}{3}$$
$$= 2 - (-39)$$
$$= 2 + 39 = 41$$

9

(나)에서 두 수 a, b에 대응하는 두 점 사이의 거리는 $\dfrac{3}{4}$이다. $\quad\cdots\cdots ①$

(가)에서 두 수 a, b에 대응하는 두 점은 원점으로부터 같은 거리에 있다. $\quad\cdots\cdots ②$

따라서 두 점은 원점으로부터 거리가 각각 $\dfrac{3}{4} \times \dfrac{1}{2} = \dfrac{3}{8}$이고,
(나)에서 $a > b$이므로
$$a = \dfrac{3}{8}, \ b = -\dfrac{3}{8} \quad\cdots\cdots ③$$
$$\therefore a - b^2 = \dfrac{3}{8} - \left(-\dfrac{3}{8}\right)^2 = \dfrac{3}{8} - \dfrac{9}{64}$$
$$= \dfrac{24}{64} - \dfrac{9}{64} = \dfrac{15}{64} \quad\cdots\cdots ④$$

단계	채점 기준	배점
①	두 수 a, b에 대응하는 두 점 사이의 거리 알기	2점
②	두 수 a, b에 대응하는 두 점이 원점으로부터 같은 거리에 있음을 알기	2점
③	a, b의 값 구하기	3점
④	$a - b^2$의 값 구하기	3점

10 계산 결과가 가장 큰 수가 되려면 계산 결과가 양수가 되어 야 하므로 음수 2개와 양수 1개를 선택해야 한다. …… ①

이때 나누는 수는 절댓값이 작을수록, 곱하는 수는 절댓값 이 클수록 계산 결과가 커지므로 계산 결과가 가장 큰 수가 되는 식은

$$\left(-\frac{3}{4}\right)\div\left(-\frac{1}{6}\right)\times\frac{5}{2} \ \text{또는} \ \frac{5}{2}\div\left(-\frac{1}{6}\right)\times\left(-\frac{3}{4}\right) \ \text{…… ②}$$

따라서 계산 결과는

$$\left(-\frac{3}{4}\right)\div\left(-\frac{1}{6}\right)\times\frac{5}{2}=\left(-\frac{3}{4}\right)\times(-6)\times\frac{5}{2}$$
$$=+\left(\frac{3}{4}\times6\times\frac{5}{2}\right)=\frac{45}{4} \quad \text{…… ③}$$

단계	채점 기준	배점
①	계산 결과가 가장 큰 수가 되는 조건 파악하기	3점
②	계산 결과가 가장 큰 수가 되는 식 구하기	4점
③	식 계산하기	3점

실전 테스트 76~78쪽

1 ① **2** ③ **3** ④ **4** ① **5** ⑤ **6** ②

7 ② **8** ① **9** ③ **10** ① **11** ② **12** ②

13 ③ **14** ⑤ **15** ② **16** ④

17 ㉠ $\frac{5}{6}$, ㉡ $-\frac{5}{12}$, ㉢ $\frac{1}{12}$ **18** $-5, -4, -3, 3, 4, 5$

19 4   **20** $\frac{1}{2}$

1 계산 결과를 각각 구하면

① $+7$ ② -7 ③ -3 ④ -4 ⑤ $+6$

따라서 계산 결과가 가장 큰 것은 ①이다.

2 점 A에 대응하는 수는

$$-2+\frac{16}{3}-\frac{7}{2}=\left(-\frac{12}{6}\right)+\left(+\frac{32}{6}\right)+\left(-\frac{21}{6}\right)=-\frac{1}{6}$$

3 ① $-\frac{1}{3}+\frac{7}{60}-\frac{3}{4}=\left(-\frac{20}{60}\right)+\left(+\frac{7}{60}\right)+\left(-\frac{45}{60}\right)=-\frac{29}{30}$

② $3.2-4.1+1.9=(+3.2)+(-4.1)+(+1.9)=1$

③ $1-5+7-4=(+1)+(-5)+(+7)+(-4)=-1$

④ $2+\frac{4}{5}-\frac{9}{5}-3=(+2)+\left(+\frac{4}{5}\right)+\left(-\frac{9}{5}\right)+(-3)$
$$=\{(+2)+(-3)\}+\left\{\left(+\frac{4}{5}\right)+\left(-\frac{9}{5}\right)\right\}$$
$$=(-1)+(-1)=-2$$

⑤ $-\frac{3}{2}+\frac{5}{6}+\frac{1}{6}-\frac{1}{2}$
$$=\left(-\frac{3}{2}\right)+\left(+\frac{5}{6}\right)+\left(+\frac{1}{6}\right)+\left(-\frac{1}{2}\right)$$
$$=\left\{\left(-\frac{3}{2}\right)+\left(-\frac{1}{2}\right)\right\}+\left\{\left(+\frac{5}{6}\right)+\left(+\frac{1}{6}\right)\right\}$$
$$=(-2)+(+1)=-1$$

따라서 계산 결과가 가장 작은 것은 ④이다.

4 $-\frac{11}{5}=-2\frac{1}{5}$, $\frac{5}{4}=1\frac{1}{4}$이므로 두 수 사이에 있는 정수는 $-2, -1, 0, 1$이다.

따라서 구하는 합은

$$(-2)+(-1)+0+1=-2$$

5 어떤 수를 □라 하면 $□-\frac{1}{3}=-\frac{1}{4}$

$$\therefore □=-\frac{1}{4}+\frac{1}{3}=-\frac{3}{12}+\frac{4}{12}=\frac{1}{12}$$

따라서 바르게 계산하면

$$\frac{1}{12}+\frac{1}{3}=\frac{1}{12}+\frac{4}{12}=\frac{5}{12}$$

6 $+4, -2, -6, -4, +2, +6, a, b, c, d, \ldots$라 하면

$(+2)+a=+6$이므로 $a=(+6)-(+2)=+4$

$(+6)+b=+4$이므로 $b=(+4)-(+6)=-2$

$(+4)+c=-2$이므로 $c=(-2)-(+4)=-6$

$(-2)+d=-6$이므로 $d=(-6)-(-2)=-6+2=-4$

⋮

따라서 $+4, -2, -6, -4, +2, +6$이 이 순서대로 반복 된다.

이때 $22=6\times3+4$이므로 22번째에 나오는 수는 4번째에 나오는 수와 같은 -4이다.

7 ① $8-3=5$

② $-2-6=-8$

③ $3-(-7)=3+7=10$

④ $6-(-3)=6+3=9$

⑤ $-1-(-5)=-1+5=4$

따라서 가장 작은 수는 ②이다.

8 절댓값이 $\frac{3}{2}$인 수를 a, 절댓값이 2인 수를 b라 하면

$a=-\frac{3}{2}$ 또는 $a=\frac{3}{2}$이고 $b=-2$ 또는 $b=2$이므로

(i) $a=-\frac{3}{2}$, $b=-2$일 때, $a+b=-\frac{3}{2}+(-2)=-\frac{7}{2}$

(ii) $a=-\frac{3}{2}$, $b=2$일 때, $a+b=-\frac{3}{2}+2=\frac{1}{2}$

(iii) $a=\frac{3}{2}$, $b=-2$일 때, $a+b=\frac{3}{2}+(-2)=-\frac{1}{2}$

(iv) $a=\frac{3}{2}$, $b=2$일 때, $a+b=\frac{3}{2}+2=\frac{7}{2}$

(i)~(iv)에서 $a+b$의 값 중에서 가장 큰 값은 $\frac{7}{2}$, 가장 작은 값은 $-\frac{7}{2}$이므로 구하는 곱은

$$\frac{7}{2}\times\left(-\frac{7}{2}\right)=-\frac{49}{4}$$

9 절댓값이 가장 큰 수는 $+\frac{3}{2}$이므로 $a=+\frac{3}{2}$

절댓값이 가장 작은 수는 $-\frac{1}{3}$이므로 $b=-\frac{1}{3}$

$$\therefore a\times b=\left(+\frac{3}{2}\right)\times\left(-\frac{1}{3}\right)=-\frac{1}{2}$$

10 $-\dfrac{3}{4}$과 $-\dfrac{1}{2}$에 대응하는 두 점

사이의 거리는

$-\dfrac{1}{2}-\left(-\dfrac{3}{4}\right)=-\dfrac{2}{4}+\dfrac{3}{4}=\dfrac{1}{4}$

이때 $-\dfrac{3}{4}$과 x에 대응하는 두 점 사이의 거리는

$\dfrac{1}{4}\times\dfrac{1}{2}=\dfrac{1}{8}$

따라서 $x=-\dfrac{3}{4}+\dfrac{1}{8}=-\dfrac{6}{8}+\dfrac{1}{8}=-\dfrac{5}{8}$,

$y=-\dfrac{1}{2}+\dfrac{1}{8}=-\dfrac{4}{8}+\dfrac{1}{8}=-\dfrac{3}{8}$이므로

$x+y=-\dfrac{5}{8}+\left(-\dfrac{3}{8}\right)=-1$

11 ①, ③, ④, ⑤ $-\dfrac{1}{4}$　② $\dfrac{1}{4}$

따라서 계산 결과가 나머지 넷과 다른 하나는 ②이다.

13 $A=\dfrac{1}{6}$, $B=-\dfrac{2}{3}$이므로

$A\div B=\dfrac{1}{6}\div\left(-\dfrac{2}{3}\right)=\dfrac{1}{6}\times\left(-\dfrac{3}{2}\right)=-\dfrac{1}{4}$

14 ① $-3^2\times(-4)=(-9)\times(-4)=36$

② $4\div\left(-\dfrac{1}{8}\right)=4\times(-8)=-32$

③ $\left(-\dfrac{3}{14}\right)\times\dfrac{5}{2}\times\left(-\dfrac{7}{10}\right)=+\left(\dfrac{3}{14}\times\dfrac{5}{2}\times\dfrac{7}{10}\right)=\dfrac{3}{8}$

④ $\left(-\dfrac{1}{3}\right)\div\left(-\dfrac{4}{3}\right)\times\left(-\dfrac{9}{16}\right)$

$=\left(-\dfrac{1}{3}\right)\times\left(-\dfrac{3}{4}\right)\times\left(-\dfrac{9}{16}\right)$

$=-\left(\dfrac{1}{3}\times\dfrac{3}{4}\times\dfrac{9}{16}\right)=-\dfrac{9}{64}$

⑤ $\left(-\dfrac{5}{2}\right)^2\times(-2)^3\div\dfrac{5}{2}=\dfrac{25}{4}\times(-8)\times\dfrac{2}{5}$

$=-\left(\dfrac{25}{4}\times8\times\dfrac{2}{5}\right)=-20$

따라서 옳은 것은 ⑤이다.

15 $\dfrac{b}{c}<0$에서 b와 c의 부호는 반대이고 $c-b<0$이므로

$b>0$, $c<0$

$a\times b>0$에서 a와 b의 부호는 같으므로 $a>0$

$\therefore a>0$, $b>0$, $c<0$

16 $\left(-\dfrac{1}{2}\right)^3\times4^2-\square\times\left\{1-\dfrac{1}{2}\div\left(-\dfrac{3}{4}\right)\right\}=-4$에서

$\left(-\dfrac{1}{8}\right)\times16-\square\times\left\{1-\dfrac{1}{2}\times\left(-\dfrac{4}{3}\right)\right\}=-4$

$\left(-\dfrac{1}{8}\right)\times16-\square\times\left(1+\dfrac{2}{3}\right)=-4$

$-2-\square\times\dfrac{5}{3}=-4$, $\square\times\dfrac{5}{3}=2$

$\therefore \square=2\div\dfrac{5}{3}=2\times\dfrac{3}{5}=\dfrac{6}{5}$

17 $-\dfrac{1}{3}+㉠=\dfrac{1}{2}$에서

$㉠=\dfrac{1}{2}-\left(-\dfrac{1}{3}\right)=\dfrac{3}{6}+\left(+\dfrac{2}{6}\right)=\dfrac{5}{6}$　……①

$㉡=\dfrac{5}{6}+\left(-\dfrac{5}{4}\right)=\dfrac{10}{12}+\left(-\dfrac{15}{12}\right)=-\dfrac{5}{12}$　……②

$㉢=\dfrac{1}{2}+\left(-\dfrac{5}{12}\right)=\dfrac{6}{12}+\left(-\dfrac{5}{12}\right)=\dfrac{1}{12}$　……③

단계	채점 기준	배점
①	㉠에 알맞은 수 구하기	4점
②	㉡에 알맞은 수 구하기	2점
③	㉢에 알맞은 수 구하기	2점

18 $a=4+(-2)=2$　……①

$b=-6-(-12)=-6+12=6$　……②

따라서 $2<|x|<6$을 만족시키는 정수 x의 절댓값은 3, 4,

5이므로 구하는 정수 x의 값은

$-5,\ -4,\ -3,\ 3,\ 4,\ 5$　……③

단계	채점 기준	배점
①	a의 값 구하기	2점
②	b의 값 구하기	2점
③	주어진 조건을 만족시키는 정수 x의 값 구하기	4점

19 $|-2|<|4|$이므로

$\langle-2,\ 4\rangle=|-2|+4=2+4=6$　……①

$|-4|\geq|2|$이므로

$\langle-4,\ 2\rangle=|-4|-2=4-2=2$　……②

$\therefore \langle-2,\ 4\rangle-\langle-4,\ 2\rangle=6-2=4$　……③

단계	채점 기준	배점
①	$\langle-2,\ 4\rangle$의 값 구하기	4점
②	$\langle-4,\ 2\rangle$의 값 구하기	4점
③	$\langle-2,\ 4\rangle-\langle-4,\ 2\rangle$의 값 구하기	2점

20 $-\dfrac{4}{3}$에 가장 가까운 정수는 -1이고 $\dfrac{12}{5}$에 가장 가까운 정

수는 2이므로 두 점 A, B 사이의 거리는

$2-(-1)=2+1=3$　……①

두 점 A, M 사이의 거리는 $3\times\dfrac{1}{3}=1$이므로 점 M에 대응

하는 수는

$-1+1=0$　……②

두 점 A, N 사이의 거리는 $3\times\dfrac{1}{2}=\dfrac{3}{2}$이므로 점 N에 대응

하는 수는

$-1+\dfrac{3}{2}=\dfrac{1}{2}$　……③

따라서 두 점 M, N 사이의 거리는

$\dfrac{1}{2}-0=\dfrac{1}{2}$　……④

단계	채점 기준	배점
①	두 점 A, B 사이의 거리 구하기	2점
②	점 M에 대응하는 수 구하기	3점
③	점 N에 대응하는 수 구하기	3점
④	두 점 M, N 사이의 거리 구하기	2점

1. 문자의 사용과 식

필수 기출

80~85쪽

1 ⑤	2 ②	3 ④	4 ①, ④	5 ⑤	
6 $200+10x+y$		7 ②	8 ①	9 ①	10 ②
11 $1029\,\text{m}$		12 (1) $3(a+b)\,\text{cm}^2$ (2) $48\,\text{cm}^2$			
13 ④	14 ②	15 5	16 ③	17 ④	18 ⑤
19 ②	20 3	21 ④	22 ④	23 8	24 ①
25 ③	26 ①	27 $9x$	28 $26a+2$		29 ③
30 $\frac{19}{10}x-32$		31 ⑤	32 $-11x+7$		33 ②
34 ②	35 ③	36 $14x+5$			

1
① $0.1 \times x \times x = 0.1x^2$
② $2 \times x + y = 2x + y$
③ $(x-y) \div 3 \times a = (x-y) \times \dfrac{1}{3} \times a = \dfrac{a(x-y)}{3}$
④ $x \times x \div y \div z \div (-1) = x \times x \times \dfrac{1}{y} \times \dfrac{1}{z} \times (-1) = -\dfrac{x^2}{yz}$
⑤ $5 \times (x+y) + x \times (-2) \div y$
$\quad = 5 \times (x+y) + x \times (-2) \times \dfrac{1}{y}$
$\quad = 5(x+y) - \dfrac{2x}{y}$
따라서 옳은 것은 ⑤이다.

2
① $a \div (b \times c) = a \div bc = a \times \dfrac{1}{bc} = \dfrac{a}{bc}$
② $a \times b \div c = ab \div c = ab \times \dfrac{1}{c} = \dfrac{ab}{c}$
③ $a \div b \div c = a \times \dfrac{1}{b} \times \dfrac{1}{c} = \dfrac{a}{bc}$
④ $a \times \dfrac{1}{b} \times \dfrac{1}{c} = \dfrac{a}{bc}$
⑤ $a \div b \times \dfrac{1}{c} = a \times \dfrac{1}{b} \times \dfrac{1}{c} = \dfrac{a}{bc}$
따라서 나머지 넷과 다른 하나는 ②이다.

3 $\dfrac{a+b}{5} - \dfrac{b^2}{2a} = (a+b) \div 5 - b^2 \div 2a$
$\qquad\qquad = (a+b) \div 5 - b \times b \div (2 \times a)$

4
① $x\,\text{kg}$의 $20\,\%$는 $x \times \dfrac{20}{100} = \dfrac{1}{5}x\,(\text{kg})$
② 1분은 60초이므로 x분 30초는 $(60x+30)$초
③ 2점짜리 숏 a개와 3점짜리 숏 b개를 넣었을 때의 점수는 $(2a+3b)$점
④ (시간)$=\dfrac{(거리)}{(속력)}$이므로 $x\,\text{km}$의 거리를 시속 $60\,\text{km}$로 달렸을 때 걸린 시간은 $\dfrac{x}{60}$시간

⑤ (소금의 양)$=\dfrac{(\text{소금물의 농도})}{100} \times (\text{소금물의 양})$이므로
농도가 $9\,\%$인 소금물 $x\,\text{g}$에 녹아 있는 소금의 양은
$\dfrac{9}{100} \times x = \dfrac{9}{100}x\,(\text{g})$
따라서 옳은 것은 ①, ④이다.

5 10자루에 a원인 연필 한 자루의 가격은 $\dfrac{a}{10}$원이므로 b원을 냈을 때의 거스름돈은 $\left(b - \dfrac{a}{10}\right)$원이다.

6 $2 \times 100 + x \times 10 + y \times 1 = 200 + 10x + y$

7 오른쪽 그림과 같이 사각형을 두 개의 삼각형으로 나누면 사각형의 넓이는
$\dfrac{1}{2} \times a \times 9 + \dfrac{1}{2} \times b \times 6 = \dfrac{9}{2}a + 3b$

8
① $1 - x = 1 - 3 = -2$
② $-2x + 5 = -2 \times 3 + 5 = -6 + 5 = -1$
③ $10 - x^2 = 10 - 3^2 = 10 - 9 = 1$
④ $x^2 - 2x = 3^2 - 2 \times 3 = 9 - 6 = 3$
⑤ $\dfrac{1}{x} = \dfrac{1}{3}$
따라서 식의 값이 가장 작은 것은 ①이다.

9 $-x^2 + 4y + 1 = -2^2 + 4 \times (-3) + 1$
$\qquad\qquad\qquad = -4 - 12 + 1 = -15$

10 $\dfrac{3}{x} - \dfrac{4}{y} - \dfrac{5}{z} = 3 \div x - 4 \div y - 5 \div z$
$\qquad\qquad = 3 \div \left(-\dfrac{1}{2}\right) - 4 \div \dfrac{2}{3} - 5 \div \left(-\dfrac{3}{4}\right)$
$\qquad\qquad = 3 \times (-2) - 4 \times \dfrac{3}{2} - 5 \times \left(-\dfrac{4}{3}\right)$
$\qquad\qquad = -6 - 6 + \dfrac{20}{3} = -\dfrac{16}{3}$

11 $0.6x + 331$에 $x=20$을 대입하면
$0.6 \times 20 + 331 = 12 + 331 = 343$
즉, 기온이 $20\,\degree\text{C}$일 때 소리의 속력이 초속 $343\,\text{m}$이므로
1초 동안 소리가 전달되는 거리는 $343\,\text{m}$이다.
따라서 3초 동안 소리가 전달되는 거리는
$343 \times 3 = 1029\,(\text{m})$

12 (1) (사다리꼴의 넓이)$=\dfrac{1}{2} \times (a+b) \times 6$
$\qquad\qquad\qquad\qquad = 3(a+b)\,(\text{cm}^2)$
(2) (1)의 식에 $a=6$, $b=10$을 대입하면
$3 \times (6+10) = 48$
따라서 구하는 사다리꼴의 넓이는 $48\,\text{cm}^2$이다.

13 ① 상수항이므로 일차식이 아니다.
② 분모에 문자가 있으므로 일차식이 아니다.
③ 다항식의 차수가 2이므로 일차식이 아니다.
④ $7a^2+4a-7a^2=4a$는 일차식이다.
⑤ $0\times x^3-x^2=-x^2$은 차수가 2이므로 일차식이 아니다.
따라서 일차식인 것은 ④이다.

14 ② 상수항은 -5이다.

15 차수가 가장 큰 항이 $3x^2$이므로 $a=2$
x의 계수는 -1이므로 $b=-1$
상수항은 4이므로 $c=4$
∴ $a+b+c=2+(-1)+4=5$

16 ① $3\times(-2a)=-6a$
② $5(x-1)=5x-5$
④ $(-8x+4)\div4=(-8x+4)\times\dfrac{1}{4}=-2x+1$
⑤ $(6y-1)\div(-3)=(6y-1)\times\left(-\dfrac{1}{3}\right)=-2y+\dfrac{1}{3}$
따라서 옳은 것은 ③이다.

17 $(4x-6)\div\left(-\dfrac{2}{3}\right)=(4x-6)\times\left(-\dfrac{3}{2}\right)=-6x+9$
따라서 $a=-6$, $b=9$이므로
$a+b=-6+9=3$

18 ① $-(3x-5)=-3x+5$
② $(9x-15)\div(-3)=(9x-15)\times\left(-\dfrac{1}{3}\right)=-3x+5$
③ $-3\left(x-\dfrac{5}{3}\right)=-3x+5$
④ $\left(\dfrac{1}{2}x-\dfrac{5}{6}\right)\div\left(-\dfrac{1}{6}\right)=\left(\dfrac{1}{2}x-\dfrac{5}{6}\right)\times(-6)=-3x+5$
⑤ $\dfrac{6x-5}{2}=3x-\dfrac{5}{2}$
따라서 나머지 넷과 다른 하나는 ⑤이다.

19 ① 차수가 다르므로 동류항이 아니다.
③, ④ 문자가 다르므로 동류항이 아니다.
⑤ $\dfrac{6}{a}$은 다항식이 아니다.
따라서 동류항끼리 짝 지어진 것은 ②이다.

20 $3y$와 동류항인 것은 $-y$, $-\dfrac{y}{2}$, $0.1y$의 3개이다.

21 ② $5(x-1)-(3x+6)=5x-5-3x-6=2x-11$
③ $-(-2x+3)-(5x-1)=2x-3-5x+1$
$=-3x-2$
④ $\dfrac{1}{3}(3x+9)-\dfrac{1}{2}(6-4x)=x+3-3+2x=3x$
⑤ $-6(2x+3)+10\left(\dfrac{1}{5}x-\dfrac{1}{2}\right)=-12x-18+2x-5$
$=-10x-23$
따라서 옳지 않은 것은 ④이다.

22 $(4y-8)\div\left(-\dfrac{4}{3}\right)+3(4y-3)$
$=(4y-8)\times\left(-\dfrac{3}{4}\right)+12y-9$
$=-3y+6+12y-9$
$=9y-3$
따라서 $a=9$, $b=-3$이므로
$a-b=9-(-3)=12$

23 $2x+5-(ax+b)=2x+5-ax-b$
$=(2-a)x+5-b$
따라서 $2-a=3$, $5-b=-4$이므로
$a=-1$, $b=9$
∴ $a+b=-1+9=8$

24 $2x-[x-\{y-2(x-3)-(x+y)\}]+4$
$=2x-\{x-(y-2x+6-x-y)\}+4$
$=2x-\{x-(-3x+6)\}+4$
$=2x-(x+3x-6)+4$
$=2x-(4x-6)+4$
$=2x-4x+6+4$
$=-2x+10$

25 $3x+7-\{2x+5(-x+2)-4\}$
$=3x+7-(2x-5x+10-4)$
$=3x+7-(-3x+6)$
$=3x+7+3x-6$
$=6x+1$
따라서 x의 계수는 6, 상수항은 1이므로 그 합은
$6+1=7$

26 $\dfrac{3x-4}{2}-\dfrac{5x-3}{3}=\dfrac{3(3x-4)}{6}-\dfrac{2(5x-3)}{6}$
$=\dfrac{9x-12-10x+6}{6}$
$=\dfrac{-x-6}{6}$
$=-\dfrac{1}{6}x-1$
따라서 $a=-\dfrac{1}{6}$, $b=-1$이므로
$6a+b=6\times\left(-\dfrac{1}{6}\right)+(-1)$
$=-1-1=-2$

27 $12\left(\dfrac{x-1}{6}+\dfrac{2x-1}{3}\right)-0.8(2x-5)+0.2(3x+10)$
$=2(x-1)+4(2x-1)-\dfrac{4}{5}(2x-5)+\dfrac{1}{5}(3x+10)$
$=2x-2+8x-4-\dfrac{8}{5}x+4+\dfrac{3}{5}x+2$
$=9x$

28 (색칠한 부분의 넓이)

= (큰 직사각형의 넓이) − (작은 직사각형의 넓이)

$= (4a+4) \times 8 - \{(4a+4)-(3a-1)\} \times (8-2)$

$= 32a+32 - (4a+4-3a+1) \times 6$

$= 32a+32 - (a+5) \times 6$

$= 32a+32-6a-30$

$= 26a+2$

29 직사각형의 가로의 길이는 $2x+9$, 세로의 길이는 $6+6=12$
이므로

(색칠한 부분의 넓이)

= (직사각형의 넓이) − (색칠하지 않은 삼각형의 넓이의 합)

$= (2x+9) \times 12$

$\qquad - \left\{ \frac{1}{2} \times 2x \times 6 + \frac{1}{2} \times 9 \times 4 + \frac{1}{2} \times (2x+9-x) \times 6 \right.$

$\qquad\qquad\qquad \left. + \frac{1}{2} \times x \times (12-4) \right\}$

$= 24x+108 - (6x+18+3x+27+4x)$

$= 24x+108 - (13x+45)$

$= 24x+108-13x-45$

$= 11x+63$

30 작년에 입학한 남학생 수가 x이므로 작년에 입학한 여학생
수는 $x-40$이다.

올해 입학한 남학생 수는

$x + x \times \frac{10}{100} = \frac{11}{10}x$

올해 입학한 여학생 수는

$(x-40) - (x-40) \times \frac{20}{100} = x-40 - \frac{1}{5}x+8$

$\qquad\qquad\qquad\qquad\qquad = \frac{4}{5}x-32$

따라서 올해 이 학교의 신입생 수는

$\frac{11}{10}x + \left(\frac{4}{5}x-32\right) = \frac{19}{10}x-32$

31 $2A-3B = 2(-x+2y) - 3(-3x-4y)$

$\qquad\qquad = -2x+4y+9x+12y$

$\qquad\qquad = 7x+16y$

32 $5A+B-2(3A-B) = 5A+B-6A+2B$

$\qquad\qquad\qquad\qquad = -A+3B$

$\qquad\qquad\qquad\qquad = -(2x-1)+3(-3x+2)$

$\qquad\qquad\qquad\qquad = -2x+1-9x+6$

$\qquad\qquad\qquad\qquad = -11x+7$

33 $-A+3B = -\frac{-x+4}{3} + 3 \times \frac{2x-1}{6}$

$\qquad\qquad = \frac{-2(-x+4)}{6} + \frac{3(2x-1)}{6}$

$\qquad\qquad = \frac{2x-8+6x-3}{6}$

$\qquad\qquad = \frac{8x-11}{6} = \frac{4}{3}x - \frac{11}{6}$

따라서 $a = \frac{4}{3}$, $b = -\frac{11}{6}$이므로

$a+b = \frac{4}{3} + \left(-\frac{11}{6}\right) = -\frac{3}{6} = -\frac{1}{2}$

34 ㈎에서 $A+(3x-5) = -x+1$이므로

$A = -x+1-(3x-5) = -x+1-3x+5 = -4x+6$

㈏에서 $-2x+1-B = -4x+3$이므로

$B = -2x+1-(-4x+3) = -2x+1+4x-3 = 2x-2$

$\therefore A+B = -4x+6+2x-2 = -2x+4$

35

$\left(\frac{1}{3}x+4\right) + C = -x+5$에서

$C = -x+5 - \left(\frac{1}{3}x+4\right)$

$\quad = -x+5 - \frac{1}{3}x-4 = -\frac{4}{3}x+1$

$C+(4x-2) = B$에서

$B = \left(-\frac{4}{3}x+1\right) + (4x-2) = \frac{8}{3}x-1$

$(-x+5)+B = A$에서

$A = (-x+5) + \left(\frac{8}{3}x-1\right) = \frac{5}{3}x+4$

36 어떤 다항식을 ☐라 하면

☐$-(6x-5) = 2x+15$

$\therefore$ ☐ $= 2x+15+(6x-5) = 8x+10$

따라서 바르게 계산한 식은

$8x+10+(6x-5) = 14x+5$

Best 쌍둥이 86~87쪽

1 ④	**2** ①	**3** ①	**4** ④	**5** ②	**6** ②
7 $-13x+36$	**8** ④	**9** $(26-6x)$ cm		**10** ②	
11 ③					

1 $2 \times a \div b - x \div (a-b) \times y = 2 \times a \times \frac{1}{b} - x \times \frac{1}{a-b} \times y$

$\qquad\qquad\qquad\qquad\qquad\qquad = \frac{2a}{b} - \frac{xy}{a-b}$

2 ① (마름모의 넓이)

$= \frac{1}{2} \times$ (한 대각선의 길이) $\times$ (다른 대각선의 길이)

$= \frac{1}{2} \times a \times b = \frac{ab}{2}$ (cm²)

3 $x+4y^2-1=4+4\times\left(\frac{1}{2}\right)^2-1$
$$=4+4\times\frac{1}{4}-1$$
$$=4+1-1=4$$

4 ㄷ. 항은 $-x^2$, $-4x$, 3이다.
따라서 보기 중 옳은 것은 ㄱ, ㄴ, ㄹ이다.

5 ② $\left(-\frac{8}{3}y\right)\div\left(-\frac{3}{2}\right)=\left(-\frac{8}{3}y\right)\times\left(-\frac{2}{3}\right)=\frac{16}{9}y$

6 $\frac{1}{2}(8x+4)+(4x-2)\div\left(-\frac{2}{5}\right)$
$$=4x+2+(4x-2)\times\left(-\frac{5}{2}\right)$$
$$=4x+2-10x+5$$
$$=-6x+7$$

7 $2x-3\left[x-4\left\{x-\frac{1}{7}(14x-21)\right\}\right]$
$$=2x-3\{x-4(x-2x+3)\}$$
$$=2x-3\{x-4(-x+3)\}$$
$$=2x-3(x+4x-12)$$
$$=2x-3(5x-12)$$
$$=2x-15x+36$$
$$=-13x+36$$

8 $\frac{4x+1}{5}-\frac{2x-2}{3}=\frac{3(4x+1)}{15}-\frac{5(2x-2)}{15}$
$$=\frac{12x+3-10x+10}{15}$$
$$=\frac{2x+13}{15}=\frac{2}{15}x+\frac{13}{15}$$
따라서 x의 계수는 $\frac{2}{15}$, 상수항은 $\frac{13}{15}$이므로 그 차는
$$\frac{13}{15}-\frac{2}{15}=\frac{11}{15}$$

9 직사각형의 가로의 길이는 $(7-x)$ cm, 세로의 길이는
$7-(2x+1)=6-2x$(cm)이므로 구하는 직사각형의 둘레의 길이는
$2\times\{(7-x)+(6-2x)\}=2\times(13-3x)$
$$=26-6x\text{(cm)}$$

10 $-A+9B-3(2B-A)=-A+9B-6B+3A$
$$=2A+3B$$
$$=2(3x-5)+3(-2x+3)$$
$$=6x-10-6x+9$$
$$=-1$$

11 어떤 다항식을 □라 하면
□$+(-3x+7)=x+1$
∴ □$=x+1-(-3x+7)$
$$=x+1+3x-7=4x-6$$
따라서 바르게 계산한 식은
$4x-6-(-3x+7)=4x-6+3x-7$
$$=7x-13$$

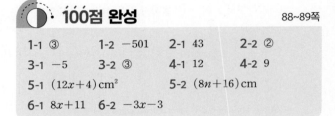

1-1 ③		1-2 -501	2-1 43	2-2 ②
3-1 -5		3-2 ③	4-1 12	4-2 9
5-1 $(12x+4)\,\text{cm}^2$			5-2 $(8n+16)\,\text{cm}$	
6-1 $8x+11$	6-2 $-3x-3$			

1-1 $x=-1$일 때,
$x^2+2x^3+3x^4+\cdots+249x^{250}$
$=(-1)^2+2\times(-1)^3+3\times(-1)^4+\cdots+249\times(-1)^{250}$
$=\{1+(-2)\}+\{3+(-4)\}$
$$+\cdots+\{247+(-248)\}+249$$
$=\underbrace{(-1)+(-1)+\cdots+(-1)}_{124\text{개}}+249$
$=-124+249=125$

1-2 $x=-1$일 때,
$x+2x^2+3x^3+\cdots+1001x^{1001}$
$=-1+2\times(-1)^2+3\times(-1)^3+\cdots+1001\times(-1)^{1001}$
$=(-1+2)+(-3+4)+\cdots+(-999+1000)-1001$
$=\underbrace{1+1+\cdots+1}_{500\text{개}}-1001$
$=500-1001=-501$

2-1 정삼각형을 1개, 2개, 3개, 4개, … 만드는 데 필요한 성냥개비의 개수는 각각
$3,\ 3+2\times1,\ 3+2\times2,\ 3+2\times3,\ \ldots$
즉, 정삼각형을 n개 만드는 데 필요한 성냥개비의 개수는
$3+2\times(n-1)=3+2n-2=2n+1$
따라서 $2n+1$에 $n=21$을 대입하면
$2\times21+1=43$

2-2 [1단계], [2단계], [3단계], [4단계], …에 붙어 있는 스티커의 개수는 각각
$1,\ 1+3\times1,\ 1+3\times2,\ 1+3\times3,\ \ldots$
즉, [n단계]에 붙어 있는 스티커의 개수는
$1+3\times(n-1)=1+3n-3=3n-2$
따라서 $3n-2$에 $n=70$을 대입하면
$3\times70-2=208$

3-1 $y-3-[-(x-4y)+\{2x+y-(6x+3y)\}]$
$=y-3-\{-x+4y+(2x+y-6x-3y)\}$
$=y-3-\{-x+4y+(-4x-2y)\}$
$=y-3-(-5x+2y)$
$=y-3+5x-2y$
$=5x-y-3$
$5x-y-3$에 $x=-\dfrac{1}{5}$, $y=1$을 대입하면
$5\times\left(-\dfrac{1}{5}\right)-1-3=-1-1-3=-5$

3-2 $-x-2y-[3x+y-2\{y-2(x+1)\}]+5$
$=-x-2y-\{3x+y-2(y-2x-2)\}+5$
$=-x-2y-(3x+y-2y+4x+4)+5$
$=-x-2y-(7x-y+4)+5$
$=-x-2y-7x+y-4+5$
$=-8x-y+1$
$-8x-y+1$에 $x=-1$, $y=2$를 대입하면
$-8\times(-1)-2+1=8-2+1=7$

4-1 상수항이 4인 x에 대한 일차식을 $kx+4\,(k\neq0)$라 하면
㈎에서
$a=k\times5+4=5k+4$
또 ㈏에서
$b=k\times2+4=2k+4$
$\therefore\ -2a+5b=-2(5k+4)+5(2k+4)$
$=-10k-8+10k+20$
$=12$

4-2 x의 계수가 3인 x에 대한 일차식을 $3x+k\,(k$는 상수$)$라 하면
$a=3\times(-3)+k=-9+k$
$b=3\times(-6)+k=-18+k$
$\therefore\ a-b=(-9+k)-(-18+k)$
$=-9+k+18-k$
$=9$

5-1 정사각형 한 개의 넓이는
$4\times4=16(\mathrm{cm}^2)$
이때 겹쳐지는 부분은 한 변의 길이가 $\dfrac{1}{2}\times4=2(\mathrm{cm})$인 정사각형이므로 그 넓이는
$2\times2=4(\mathrm{cm}^2)$
정사각형 x개를 겹쳐 놓으면 겹쳐지는 부분이 $(x-1)$개 생기므로 구하는 도형의 넓이는
$16x-4\times(x-1)=16x-4x+4$
$=12x+4(\mathrm{cm}^2)$

5-2 색종이 n장을 이어 붙이면 겹쳐지는 부분이 $(n-1)$개 생기므로 완성된 직사각형의 가로의 길이는
$6\times n-2\times(n-1)=6n-2n+2$
$=4n+2(\mathrm{cm})$
따라서 완성된 직사각형의 둘레의 길이는
$2\times\{(4n+2)+6\}=2\times(4n+8)$
$=8n+16(\mathrm{cm})$

6-1 ㈎에서 $A+(2x+1)=7x-10$이므로
$A=7x-10-(2x+1)$
$=7x-10-2x-1$
$=5x-11$
㈏에서 $B\times\left(-\dfrac{5}{2}\right)=-10x+5$이므로
$B=(-10x+5)\div\left(-\dfrac{5}{2}\right)$
$=(-10x+5)\times\left(-\dfrac{2}{5}\right)$
$=4x-2$
㈐에서 $C-(3x-4)=2x+8$이므로
$C=2x+8+(3x-4)$
$=5x+4$
$\therefore\ 2A-(3A-2B)+C$
$=2A-3A+2B+C$
$=-A+2B+C$
$=-(5x-11)+2(4x-2)+(5x+4)$
$=-5x+11+8x-4+5x+4$
$=8x+11$

6-2 ㈎에서 $A\times\dfrac{1}{2}=-6x+4$이므로
$A=(-6x+4)\div\dfrac{1}{2}$
$=(-6x+4)\times2$
$=-12x+8$
㈏에서 $B-(x+1)=-12x+8$이므로
$B=-12x+8+(x+1)$
$=-11x+9$
㈐에서 $C+(-2x-2)=-11x+9$이므로
$C=-11x+9-(-2x-2)$
$=-11x+9+2x+2$
$=-9x+11$
$\therefore\ A+3B-2(A+C)$
$=A+3B-2A-2C$
$=-A+3B-2C$
$=-(-12x+8)+3(-11x+9)-2(-9x+11)$
$=12x-8-33x+27+18x-22$
$=-3x-3$

서술형 완성

1 24

2 (1) 겉넓이: $(2ab+20a+20b)$ cm², 부피: $10ab$ cm³
(2) 겉넓이: 460 cm², 부피: 600 cm³

3 -8 **4** $\dfrac{2}{5}$ **5** $62a-29$ **6** $-\dfrac{1}{2}x-\dfrac{1}{6}y$

7 (1) $6x+2$ (2) $3x-1$ (3) $3x+3$

8 (1) $4x+20$ (2) 22 **9** $\dfrac{29}{2}a-\dfrac{9}{2}$

1
$$\frac{2x-y}{z}-\frac{z^2}{y}=\frac{2\times(-3)-(-1)}{5}-\frac{5^2}{-1} \quad \cdots\cdots ①$$
$$=\frac{-6+1}{5}+25$$
$$=-1+25=24 \quad \cdots\cdots ②$$

단계	채점 기준	배점
①	문자에 수를 대입하기	3점
②	식의 값 구하기	3점

2
(1) (직육면체의 겉넓이)$=2\times(a\times b+a\times 10+b\times 10)$
$$=2(ab+10a+10b)$$
$$=2ab+20a+20b(\text{cm}^2)$$
(직육면체의 부피)$=a\times b\times 10=10ab(\text{cm}^3)$
(2) (1)의 식에 $a=12$, $b=5$를 각각 대입하면
$2ab+20a+20b=2\times 12\times 5+20\times 12+20\times 5$
$$=120+240+100=460$$
$10ab=10\times 12\times 5=600$
따라서 구하는 직육면체의 겉넓이는 460 cm², 부피는 600 cm³이다.

3
$(ax+b)\times\left(-\dfrac{2}{3}\right)=6x-4$에서
$ax+b=(6x-4)\div\left(-\dfrac{2}{3}\right)$
$$=(6x-4)\times\left(-\dfrac{3}{2}\right)=-9x+6$$
$\therefore a=-9$, $b=6$ $\quad\cdots\cdots ①$
$(6x-4)\times\left(-\dfrac{5}{2}\right)=cx+d$에서
$cx+d=-15x+10$
$\therefore c=-15$, $d=10$ $\quad\cdots\cdots ②$
$\therefore a+b+c+d=-9+6+(-15)+10=-8$ $\quad\cdots\cdots ③$

단계	채점 기준	배점
①	a, b의 값 구하기	3점
②	c, d의 값 구하기	3점
③	$a+b+c+d$의 값 구하기	2점

4
$$\frac{2(2x-1)}{5}-\frac{x-1}{2}=\frac{4(2x-1)}{10}-\frac{5(x-1)}{10}$$
$$=\frac{8x-4-5x+5}{10}$$
$$=\frac{3x+1}{10}=\frac{3}{10}x+\frac{1}{10} \quad \cdots\cdots ①$$

따라서 $a=\dfrac{3}{10}$, $b=\dfrac{1}{10}$이므로
$$a+b=\frac{3}{10}+\frac{1}{10}=\frac{4}{10}=\frac{2}{5} \quad \cdots\cdots ②$$

단계	채점 기준	배점
①	주어진 식을 계산하기	5점
②	$a+b$의 값 구하기	3점

5
(도형의 넓이)
$=$(전체 직사각형의 넓이)
$\quad-(㉠+㉡)$
$=12\times\{(2a+1)+(4a-3)\}$
$\quad-\{2\times(2a+1)+3\times(2a+1)\}$ $\quad\cdots\cdots ①$
$=12(6a-2)-(4a+2+6a+3)$
$=72a-24-(10a+5)$
$=72a-24-10a-5$
$=62a-29$ $\quad\cdots\cdots ②$

단계	채점 기준	배점
①	도형의 넓이를 구하는 식 세우기	4점
②	도형의 넓이를 a를 사용한 식으로 나타내기	4점

6
$3(A+B)-2\{A+3(B-C)\}-4C$
$=3A+3B-2(A+3B-3C)-4C$
$=3A+3B-2A-6B+6C-4C$
$=A-3B+2C$ $\quad\cdots\cdots ①$
$=\left(\dfrac{1}{2}x-\dfrac{1}{6}y\right)-3\left(x+\dfrac{2}{3}y\right)+2(x+y)$
$=\dfrac{1}{2}x-\dfrac{1}{6}y-3x-2y+2x+2y$
$=-\dfrac{1}{2}x-\dfrac{1}{6}y$ $\quad\cdots\cdots ②$

단계	채점 기준	배점
①	주어진 식을 간단히 하기	3점
②	답 구하기	5점

7
(1) 대각선에 놓인 세 일차식의 합은
$(2x-2)+(5x+1)+(8x+4)=15x+3$
$4x+(5x+1)+A=15x+3$에서
$9x+1+A=15x+3$
$\therefore A=15x+3-(9x+1)$
$\quad=15x+3-9x-1$
$\quad=6x+2$
(2) $4x+B+(8x+4)=15x+3$에서
$B+12x+4=15x+3$
$\therefore B=15x+3-(12x+4)$
$\quad=15x+3-12x-4$
$\quad=3x-1$
(3) $A-B=6x+2-(3x-1)$
$\quad=6x+2-3x+1$
$\quad=3x+3$

8 (1) 선분 EF가 접은 선이므로

(선분 FG의 길이)=(선분 AF의 길이)

$\qquad =8-3=5$

(선분 IG의 길이)=(선분 AD의 길이)$=8$

$\therefore$ (사각형 EFGI의 넓이)$=\dfrac{1}{2}\times(x+5)\times 8$

$\qquad\qquad\qquad\qquad =4(x+5)$

$\qquad\qquad\qquad\qquad =4x+20$

(2) $4x+20$에 $x=\dfrac{1}{2}$을 대입하면

$4\times\dfrac{1}{2}+20=2+20=22$

9 사다리꼴의 윗변의 길이는

$a+a\times\dfrac{10}{100}=a+\dfrac{1}{10}a=\dfrac{11}{10}a$ $\qquad$ ······ ①

사다리꼴의 아랫변의 길이는

$(2a-1)-(2a-1)\times\dfrac{10}{100}=2a-1-\left(\dfrac{1}{5}a-\dfrac{1}{10}\right)$

$\qquad\qquad\qquad\qquad\qquad =2a-1-\dfrac{1}{5}a+\dfrac{1}{10}$

$\qquad\qquad\qquad\qquad\qquad =\dfrac{9}{5}a-\dfrac{9}{10}$ $\qquad$ ······ ②

따라서 사다리꼴의 넓이는

$\dfrac{1}{2}\times\left\{\dfrac{11}{10}a+\left(\dfrac{9}{5}a-\dfrac{9}{10}\right)\right\}\times 10=5\left(\dfrac{29}{10}a-\dfrac{9}{10}\right)$

$\qquad\qquad\qquad\qquad\qquad\qquad\quad =\dfrac{29}{2}a-\dfrac{9}{2}$ $\qquad$ ······ ③

단계	채점 기준	배점
①	사다리꼴의 윗변의 길이를 a를 사용한 식으로 나타내기	4점
②	사다리꼴의 아랫변의 길이를 a를 사용한 식으로 나타내기	4점
③	사다리꼴의 넓이를 a를 사용한 식으로 나타내기	2점

실전 테스트

92~94쪽

1 ②, ④	**2** ②	**3** ⑤	**4** ③	**5** ④	**6** ④
7 ④	**8** ④	**9** ③	**10** ①	**11** ③	**12** ⑤
13 ④	**14** ④	**15** ①	**16** ②		
17 $(25-6xy)$ cm, 1 cm		**18** $9x+3$			
19 $-x-9$		**20** $x+11$			

1 ① $x\div(2\times y)=x\div 2y=x\times\dfrac{1}{2y}=\dfrac{x}{2y}$

③ $x\div y\times z=x\times\dfrac{1}{y}\times z=\dfrac{xz}{y}$

⑤ $a-b\div x=a-b\times\dfrac{1}{x}=a-\dfrac{b}{x}$

따라서 옳은 것은 ②, ④이다.

2 ② (지불한 금액)$=x-\dfrac{20}{100}x$

$\qquad\qquad\qquad\quad =x-\dfrac{1}{5}x=\dfrac{4}{5}x$(원)

3 ① $a^2=(-2)^2=4$

② $(-a)^2=a^2=(-2)^2=4$

③ $-2a=-2\times(-2)=4$

④ $a+6=-2+6=4$

⑤ $10-a^2=10-(-2)^2=10-4=6$

따라서 식의 값이 나머지 넷과 다른 하나는 ⑤이다.

4 ① $x+3y=-3+3\times 4=-3+12=9$

② $3x^2-y=3\times(-3)^2-4=3\times 9-4=27-4=23$

③ $x^2+y^2=(-3)^2+4^2=9+16=25$

④ $-\dfrac{x}{y}=-\dfrac{-3}{4}=\dfrac{3}{4}$

⑤ $10-|xy|=10-|(-3)\times 4|$

$\qquad\qquad\quad =10-|-12|$

$\qquad\qquad\quad =10-12=-2$

따라서 식의 값이 가장 큰 것은 ③이다.

5 $30t-5t^2$에 $t=3$을 대입하면

$30\times 3-5\times 3^2=90-45=45$

따라서 이 물체의 3초 후의 높이는 45 m이다.

6 ㄴ. 분모에 문자가 있으므로 일차식이 아니다.

ㅁ. 상수항이므로 일차식이 아니다.

따라서 보기 중 일차식은 ㄱ, ㄷ, ㄹ, ㅂ의 4개이다.

7 $a=\dfrac{1}{10}$, $b=-1$, $c=2$이므로

$(c-b)\div a=\{2-(-1)\}\div\dfrac{1}{10}=3\times 10=30$

8 ① $-2x\times(-5)=10x$

② $(x+6)\div 3=(x+6)\times\dfrac{1}{3}=\dfrac{x}{3}+2$

③ $6\left(\dfrac{5}{2}x-\dfrac{1}{3}\right)=15x-2$

④ $(12x-4)\div(-4)=(12x-4)\times\left(-\dfrac{1}{4}\right)$

$\qquad\qquad\qquad\qquad\quad =-3x+1$

⑤ $(-2x+3)\div\left(-\dfrac{2}{3}\right)=(-2x+3)\times\left(-\dfrac{3}{2}\right)$

$\qquad\qquad\qquad\qquad\qquad =3x-\dfrac{9}{2}$

따라서 옳은 것은 ④이다.

9 정사각형을 1개, 2개, 3개, 4개, ... 만들 때 사용한 성냥개비의 개수는 각각

4, $4+3\times 1$, $4+3\times 2$, $4+3\times 3$, ...

즉, 정사각형을 n개 만들 때 사용한 성냥개비의 개수는
$4+3\times(n-1)=4+3n-3=3n+1$
따라서 $3n+1$에 $n=20$을 대입하면
$3\times20+1=61$

10 ㄷ. $\dfrac{4}{x}$는 다항식이 아니다.
ㄹ. 차수가 다르므로 동류항이 아니다.
따라서 보기 중 동류항끼리 짝 지어진 것은 ㄱ, ㄴ이다.

11 ③ $(-y+7)-(2y+1)=-y+7-2y-1$
$\qquad\qquad\qquad\qquad\quad =-3y+6$
④ $3(a-1)-(2a-5)=3a-3-2a+5$
$\qquad\qquad\qquad\qquad\quad =a+2$
⑤ $0.75x+\dfrac{1}{2}-\dfrac{1}{4}x+0.2=\dfrac{3}{4}x+\dfrac{1}{2}-\dfrac{1}{4}x+\dfrac{1}{5}$
$\qquad\qquad\qquad\qquad\qquad\quad =\dfrac{1}{2}x+\dfrac{7}{10}$
따라서 옳지 않은 것은 ③이다.

12 $3(5x+2)-2(4x-5)=15x+6-8x+10$
$\qquad\qquad\qquad\qquad\quad =7x+16$
따라서 x의 계수는 7이고 상수항은 16이므로 구하는 합은
$7+16=23$

13 $-4x^2-3x+1+ax^2+bx+2$
$=(-4+a)x^2+(-3+b)x+3$
이므로 이 식이 x에 대한 일차식이 되려면
$-4+a=0$, $-3+b\neq0$, 즉 $a=4$, $b\neq3$이어야 한다.

14 $\dfrac{5x-3}{2}-\dfrac{2x-4}{3}=\dfrac{3(5x-3)}{6}-\dfrac{2(2x-4)}{6}$
$\qquad\qquad\qquad\qquad =\dfrac{15x-9-4x+8}{6}$
$\qquad\qquad\qquad\qquad =\dfrac{11x-1}{6}$
$\qquad\qquad\qquad\qquad =\dfrac{11}{6}x-\dfrac{1}{6}$

15 $-\dfrac{3}{4}(8x-12)-\left\{(-10x+15)\div\left(-\dfrac{5}{3}\right)-3x\right\}$
$=-6x+9-\left\{(-10x+15)\times\left(-\dfrac{3}{5}\right)-3x\right\}$
$=-6x+9-(6x-9-3x)$
$=-6x+9-(3x-9)$
$=-6x+9-3x+9$
$=-9x+18$
따라서 $a=-9$, $b=18$이므로
$a-b=-9-18=-27$

16 $\square=(-3x+2)-(4x-1)$
$\quad =-3x+2-4x+1$
$\quad =-7x+3$

17 양초는 10초에 x cm씩 줄어들므로 1분에 $6x$ cm씩 줄어든다.
따라서 y분 동안 $6xy$ cm 줄어들므로 불을 붙인 지 y분 후에 남은 양초의 길이는
$(25-6xy)$ cm $\qquad\qquad\qquad\qquad$ ······ ①
따라서 $25-6xy$에 $x=0.2$, $y=20$을 대입하면 남은 양초의 길이는
$25-6\times0.2\times20=25-24=1$(cm) $\quad$ ······ ②

단계	채점 기준	배점
①	남은 양초의 길이를 x, y를 사용한 식으로 나타내기	5점
②	$x=0.2$, $y=20$일 때, 남은 양초의 길이 구하기	3점

18 (색칠한 부분의 넓이)
$=$(직사각형의 넓이)$-$(삼각형의 넓이)
$=(2x+3)\times6-\dfrac{1}{2}\times(x+5)\times6$ $\quad$ ······ ①
$=12x+18-3x-15$
$=9x+3$ $\qquad\qquad\qquad\qquad\qquad$ ······ ②

단계	채점 기준	배점
①	색칠한 부분의 넓이를 구하는 식 세우기	5점
②	색칠한 부분의 넓이를 x를 사용한 식으로 나타내기	5점

19 $3A-2(A-B)=3A-2A+2B$
$\qquad\qquad\quad =A+2B$ $\qquad\qquad$ ······ ①
$\qquad\qquad\quad =-3x-5+2(x-2)$
$\qquad\qquad\quad =-3x-5+2x-4$
$\qquad\qquad\quad =-x-9$ $\qquad\qquad$ ······ ②

단계	채점 기준	배점
①	주어진 식을 간단히 하기	3점
②	답 구하기	5점

20 어떤 다항식을 $\square$라 하면
$\square+(2x-5)=5x+1$
$\therefore \square=5x+1-(2x-5)$
$\qquad =5x+1-2x+5$
$\qquad =3x+6$ $\qquad\qquad\qquad$ ······ ①
따라서 바르게 계산한 식은
$3x+6-(2x-5)=3x+6-2x+5$
$\qquad\qquad\qquad\quad =x+11$ $\qquad$ ······ ②

단계	채점 기준	배점
①	어떤 다항식 구하기	5점
②	바르게 계산한 식 구하기	5점

1 ③	2 ④	3 ④	4 ③	5 ④	6 ③
7 ⑤	8 ②, ③	9 ①	10 ①	11 ①	12 17
13 ④	14 ③	15 ②	16 ⑤	17 ③	18 ④
19 ③	20 ②	21 ③	22 1.8	23 ③	24 ①
25 ②	26 $\frac{1}{3}$	27 6	28 ⑤	29 ③	30 ⑤
31 ⑤	32 ②	33 −130		34 ④	35 −21
36 ⑤	37 ②	38 ⑤	39 ⑤	40 ④	41 ③
42 ①	43 ③	44 ①, ⑤		45 ⑤	46 ④
47 ③	48 $-\frac{1}{12}x-\frac{5}{4}$		49 ①	50 $3a-5$	

1 소수는 5, 11, 17의 3개이다.

2 ① $5×5×5=5^3$
② $3^4=3×3×3×3=81$
③ $3+3+3+3+3+3=3×6$
⑤ $5×5×7×7×7=5^2×7^3$
따라서 옳은 것은 ④이다.

3 ① $56=2^3×7$　　　　② $64=2^6$
③ $96=2^5×3$　　　　⑤ $280=2^3×5×7$
따라서 소인수분해를 바르게 한 것은 ④이다.

4 $504=2^3×3^2×7$이므로 504의 소인수는 2, 3, 7이다.

5 $45=3^2×5$에 자연수를 곱하여 어떤 자연수의 제곱이 되도록 하려면 모든 소인수의 지수가 짝수이어야 하므로 곱할 수 있는 가장 작은 자연수는 5이다.

6 ③ 3^3은 3^2의 약수가 아니므로 $2^2×3^3$은 주어진 수의 약수가 아니다.

7 $2^3×3^4×5$의 약수의 개수는
$(3+1)×(4+1)×(1+1)=40$

8 ① $3^3×4=3^3×2^2$의 약수의 개수는
$(3+1)×(2+1)=12$
② $3^3×9=3^5$의 약수의 개수는
$5+1=6$
③ $3^3×16=3^3×2^4$의 약수의 개수는
$(3+1)×(4+1)=20$
④ $3^3×25=3^3×5^2$의 약수의 개수는
$(3+1)×(2+1)=12$
⑤ $3^3×49=3^3×7^2$의 약수의 개수는
$(3+1)×(2+1)=12$
따라서 □ 안에 들어갈 수 없는 수는 ②, ③이다.

9
$$
\begin{array}{r}
2^3×3 \\
2×3^2×5 \\
2^2×3~~~~~×7 \\
\hline
(최대공약수)=2~×3
\end{array}
$$

10 주어진 두 수의 최대공약수를 각각 구하면
① 1　　② 3　　③ 7　　④ 3　　⑤ 27
따라서 두 수가 서로소인 것은 ①이다.

11 $2^3×3^2$, $2^2×3×5$의 공배수는 두 수의 최소공배수인 $2^3×3^2×5$의 배수이다.
따라서 두 수의 공배수가 아닌 것은 ①이다.

12 최소공배수가 $2^3×3^3×11$이므로
$a=3$, $b=3$, $c=11$
∴ $a+b+c=3+3+11=17$

13 32, A의 최대공약수가 16이므로
$32=16×2$, $A=16×a$ (a는 2와 서로소)라 하면
$a=1, 3, 5, 7, 9, \ldots$ ← a는 2와 서로소이므로 홀수이다.
즉, A의 값이 될 수 있는 수는
16, 48, 80, 112, …
따라서 구하는 가장 큰 두 자리의 자연수는 80이다.

14 21, N의 최대공약수가 7이므로
$21=7×3$, $N=7×n$ (n은 3과 서로소)이라 하면
최소공배수가 42이므로
$7×3×n=42$　　∴ $n=2$
∴ $N=7×2=14$

다른 풀이
(두 수의 곱)=(최대공약수)×(최소공배수)이므로
$21×N=7×42$　　∴ $N=14$

15 9, 15의 어느 수로 나누어도 5가 남는 수는
(9, 15의 공배수)+5
이때 $9=3^2$, $15=3×5$의 최소공배수는 $3^2×5=45$이므로
공배수는
45, 90, 135, …
따라서 두 자리의 자연수 중에서 가장 작은 수는
$45+5=50$

16 x는 24, 36, 60의 공약수이다.
따라서 x의 개수는 $24=2^3×3$, $36=2^2×3^2$,
$60=2^2×3×5$의 최대공약수인 $2^2×3$의 약수의 개수와 같으므로
$(2+1)×(1+1)=6$

17 ① -12%　　② -7일　　④ $+3\,kg$　　⑤ -500원
따라서 옳은 것은 ③이다.

18 ① 양수는 $+\dfrac{12}{3}$, 7의 2개이다.

② 모두 유리수이므로 6개이다.

③ 정수가 아닌 유리수는 -2.1, $-\dfrac{5}{2}$의 2개이다.

⑤ 절댓값이 가장 작은 수는 0이다.

따라서 옳은 것은 ④이다.

19 ① A: -3　② B: $-\dfrac{5}{3}$　④ D: $\dfrac{5}{4}$　⑤ E: $\dfrac{5}{2}$

따라서 대응하는 수로 옳은 것은 ③이다.

20 -3의 절댓값은 3이므로 $a=3$

절댓값이 4인 양수는 4이므로 $b=4$

$\therefore a \times b = 3 \times 4 = 12$

21 ③ $\left|-\dfrac{5}{3}\right| = \dfrac{5}{3}$이므로 $\dfrac{5}{3} < 2$

따라서 절댓값이 2 이상인 수가 아닌 것은 ③이다.

22 큰 수부터 차례로 나열하면

4.2, $\dfrac{7}{2}$, 1.8, 1, $\dfrac{2}{3}$, $-\dfrac{1}{4}$, -2.5

따라서 세 번째에 오는 수는 1.8이다.

23 x는 $-\dfrac{3}{2}$보다 크고 $\dfrac{5}{4}$보다 크지 않다. $\Rightarrow -\dfrac{3}{2} < x \le \dfrac{5}{4}$
작거나 같다.

24 $-3 < -\dfrac{7}{3} < -2$이므로 $-\dfrac{7}{3} < x \le 3$을 만족시키는 정수

x는 -2, -1, 0, 1, 2, 3의 6개이다.

25 ① $(+5)+(+1)=+6$

② $(-3)-(+2)=(-3)+(-2)=-5$

③ $(-6)+(+2)=-4$

④ $(-3)-(-5)=(-3)+(+5)=+2$

⑤ $(+3)-(-1)=(+3)+(+1)=+4$

따라서 계산 결과가 가장 작은 것은 ②이다.

26 $\left(+\dfrac{5}{3}\right)+\left(-\dfrac{1}{2}\right)-\left(-\dfrac{2}{3}\right)-\left(+\dfrac{3}{2}\right)$

$=\left(+\dfrac{5}{3}\right)+\left(-\dfrac{1}{2}\right)+\left(+\dfrac{2}{3}\right)+\left(-\dfrac{3}{2}\right)$

$=\left\{\left(+\dfrac{5}{3}\right)+\left(+\dfrac{2}{3}\right)\right\}+\left\{\left(-\dfrac{1}{2}\right)+\left(-\dfrac{3}{2}\right)\right\}$

$=\left(+\dfrac{7}{3}\right)+(-2)$

$=\left(+\dfrac{7}{3}\right)+\left(-\dfrac{6}{3}\right)=\dfrac{1}{3}$

27 어떤 수를 □라 하면 □$+(-1)=4$

$\therefore$ □$=4-(-1)=4+1=5$

따라서 바르게 계산하면

$5-(-1)=5+1=6$

28 ① $-1+4=3$

② $3-7=-4$

③ $-2-(-4)=-2+4=2$

④ $4+(-3)=1$

⑤ $7-2=5$

따라서 가장 큰 수는 ⑤이다.

29 $x=-2$ 또는 $x=2$이고 $y=-3$ 또는 $y=3$이므로

(i) $x=-2$, $y=-3$일 때, $x+y=-2+(-3)=-5$

(ii) $x=-2$, $y=3$일 때, $x+y=-2+3=1$

(iii) $x=2$, $y=-3$일 때, $x+y=2+(-3)=-1$

(iv) $x=2$, $y=3$일 때, $x+y=2+3=5$

(i)~(iv)에서 $x+y$의 값이 될 수 없는 것은 ③이다.

30 ⑤ (마) 81

31 ⑤ $\left(+\dfrac{2}{3}\right)\times\left(-\dfrac{1}{2}\right)\times\left(+\dfrac{3}{4}\right)=-\left(\dfrac{2}{3}\times\dfrac{1}{2}\times\dfrac{3}{4}\right)=-\dfrac{1}{4}$

32 $(-1)^3=-1$

①, ③, ④, ⑤ 1　②-1

따라서 계산 결과가 $(-1)^3$과 같은 것은 ②이다.

33 $16\times\left(-\dfrac{13}{3}\right)+14\times\left(-\dfrac{13}{3}\right)=(16+14)\times\left(-\dfrac{13}{3}\right)$

$=30\times\left(-\dfrac{13}{3}\right)=-130$

34 ④ $0.2=\dfrac{1}{5}$의 역수는 5이다.

35 $a=-\dfrac{5}{2}-1=-\dfrac{5}{2}-\dfrac{2}{2}=-\dfrac{7}{2}$, $b=\dfrac{1}{6}$

$\therefore a \div b = \left(-\dfrac{7}{2}\right) \div \dfrac{1}{6} = \left(-\dfrac{7}{2}\right) \times 6 = -21$

36 $A=\left(-\dfrac{1}{2}\right)^3 \div (-4)^2 \times \left(\dfrac{4}{3}\right)^2 = \left(-\dfrac{1}{8}\right) \div 16 \times \dfrac{16}{9}$

$=\left(-\dfrac{1}{8}\right) \times \dfrac{1}{16} \times \dfrac{16}{9} = -\left(\dfrac{1}{8} \times \dfrac{1}{16} \times \dfrac{16}{9}\right) = -\dfrac{1}{72}$

$B=\left(-\dfrac{5}{3}\right) \times (-6)^2 \div \dfrac{10}{9} = \left(-\dfrac{5}{3}\right) \times 36 \div \dfrac{10}{9}$

$=\left(-\dfrac{5}{3}\right) \times 36 \times \dfrac{9}{10} = -\left(\dfrac{5}{3} \times 36 \times \dfrac{9}{10}\right) = -54$

$\therefore A \times B = \left(-\dfrac{1}{72}\right) \times (-54) = +\left(\dfrac{1}{72} \times 54\right) = \dfrac{3}{4}$

37 $a>0$, $b<0$일 때

① 알 수 없다.

② $-b>0$이므로 $a-b=a+(-b)>0$

③ $-a<0$이므로 $b-a=b+(-a)<0$

④ $a \times b < 0$

⑤ $a \div b < 0$

따라서 항상 양수인 것은 ②이다.

39
① $1 \div x = \dfrac{1}{x}$

② $0.1 \times a = 0.1a$

③ $b \times b \times b = b^3$

④ $(t+1) \times (-2) = -2(t+1)$

따라서 옳은 것은 ⑤이다.

41
① $2a = 2 \times (-2) = -4$

② $\dfrac{1}{a} = -\dfrac{1}{2}$

③ $-a = -(-2) = 2$

④ $a - 3 = -2 - 3 = -5$

⑤ $-a^2 = -(-2)^2 = -4$

따라서 식의 값이 가장 큰 것은 ③이다.

42 $0.9(h-100)$에 $h=180$을 대입하면
$0.9 \times (180-100) = 0.9 \times 80 = 72(\mathrm{kg})$

43 ③ x의 계수는 -2이다.

44 ② 다항식의 차수가 2이므로 일차식이 아니다.

③ 분모에 문자가 있는 식은 다항식이 아니므로 일차식이 아니다.

④ 상수항만 있으므로 일차식이 아니다.

따라서 일차식인 것은 ①, ⑤이다.

45 ⑤ $(12x-3) \div \left(-\dfrac{3}{5}\right) = (12x-3) \times \left(-\dfrac{5}{3}\right)$
$= -20x + 5$

46 동류항은 문자와 차수가 각각 같으므로 $2x$와 동류항인 것은 ④이다.

47 $-2a + 6 + 9a - 4 = (-2+9)a + 6 - 4$
$= 7a + 2$

48 $\dfrac{2x-3}{3} - \dfrac{3x+1}{4} = \dfrac{4(2x-3)}{12} - \dfrac{3(3x+1)}{12}$
$= \dfrac{8x - 12 - 9x - 3}{12}$
$= \dfrac{-x - 15}{12}$
$= -\dfrac{1}{12}x - \dfrac{5}{4}$

49 $2A + 3B = 2(3x+y) + 3(2x-4y)$
$= 6x + 2y + 6x - 12y$
$= 12x - 10y$

50 $\square = 5a - 2 - (2a+3)$
$= 5a - 2 - 2a - 3$
$= 3a - 5$

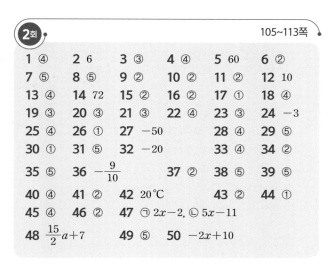

105~113쪽

1 ④	2 6	3 ③	4 ④	5 60	6 ②
7 ⑤	8 ⑤	9 ②	10 ②	11 ②	12 10
13 ④	14 72	15 ②	16 ②	17 ①	18 ④
19 ③	20 ③	21 ③	22 ④	23 ③	24 -3
25 ④	26 ①	27 -50		28 ④	29 ⑤
30 ①	31 ⑤	32 -20		33 ④	34 ②
35 ⑤	36 $-\dfrac{9}{10}$		37 ②	38 ⑤	39 ⑤
40 ④	41 ②	42 20℃		43 ②	44 ①
45 ④	46 ②	47 ⊙ $2x-2$, ⓛ $5x-11$			
48 $\dfrac{15}{2}a+7$		49 ⑤	50 $-2x+10$		

1 20 이하의 자연수 중에서 합성수는 4, 6, 8, 9, 10, 12, 14, 15, 16, 18, 20의 11개이다.

2 $3 \times 3 = 3^2$에서 밑은 3, 지수는 2이므로 $a=3$
$7 \times 7 \times 7 = 7^3$에서 밑은 7, 지수는 3이므로 $b=3$
$\therefore a + b = 3 + 3 = 6$

3 ① $90 = 2 \times 3^2 \times 5$이므로 $\square = 2$

② $98 = 2 \times 7^2$이므로 $\square = 2$

③ $200 = 2^3 \times 5^2$이므로 $\square = 3$

④ $308 = 2^2 \times 7 \times 11$이므로 $\square = 2$

⑤ $675 = 3^3 \times 5^2$이므로 $\square = 2$

따라서 $\square$ 안에 들어갈 수가 나머지 넷과 다른 하나는 ③이다.

4 ① $21 = 3 \times 7$이므로 21의 소인수의 합은 $3 + 7 = 10$

② $120 = 2^3 \times 3 \times 5$이므로 120의 소인수의 합은
$2 + 3 + 5 = 10$

③ $121 = 11^2$이므로 121의 소인수의 합은 11

④ $175 = 5^2 \times 7$이므로 175의 소인수의 합은 $5 + 7 = 12$

⑤ $405 = 3^4 \times 5$이므로 405의 소인수의 합은 $3 + 5 = 8$

따라서 모든 소인수의 합이 가장 큰 것은 ④이다.

5 (나)에서 N은 5의 배수이므로 (가)에서 50보다 크고 70보다 작은 수 중에서 5의 배수는
55, 60, 65
세 수를 각각 소인수분해 하면
$55 = 5 \times 11$, $60 = 2^2 \times 3 \times 5$, $65 = 5 \times 13$
따라서 (나)에서 소인수 중 가장 큰 수가 5인 수는 60이므로
$N = 60$

6 $432 = 2^4 \times 3^3$을 자연수 x로 나누어 어떤 자연수의 제곱이 되도록 하려면 모든 소인수의 지수가 짝수이어야 하므로 x는 432의 약수 중에서 $3 \times (\text{자연수})^2$ 꼴이어야 한다.

① $3 = 3 \times 1^2$ ② $9 = 3 \times 3$ ③ $12 = 3 \times 2^2$

④ $27 = 3 \times 3^2$ ⑤ $48 = 3 \times 4^2$

따라서 x의 값이 될 수 없는 것은 ②이다.

7 $108=2^2 \times 3^3$이므로 주어진 표를 완성하면

×	1	3	3^2	(가) 3^3
(나) 1	1	3	3^2	3^3
2	2	2×3	2×3^2	2×3^3
2^2	2^2	(다) $2^2 \times 3$	$2^2 \times 3^2$	$2^2 \times 3^3$

① 108을 소인수분해 하면 $2^2 \times 3^3$이다.
② (가)에 알맞은 수는 3^3이다.
③ (나)에 알맞은 수는 1이다.
④ (다)에 알맞은 수는 $2^2 \times 3 = 12$이다.
따라서 옳은 것은 ⑤이다.

8 ① 2×3^5의 약수의 개수는 $(1+1) \times (5+1) = 12$
② $2^3 \times 5^2$의 약수의 개수는 $(3+1) \times (2+1) = 12$
③ $3^2 \times 7^3$의 약수의 개수는 $(2+1) \times (3+1) = 12$
④ $72 = 2^3 \times 3^2$의 약수의 개수는 $(3+1) \times (2+1) = 12$
⑤ $192 = 2^6 \times 3$의 약수의 개수는 $(6+1) \times (1+1) = 14$
따라서 약수의 개수가 나머지 넷과 다른 하나는 ⑤이다.

9 A, B의 공약수는 두 수의 최대공약수인 102의 약수이므로
1, 2, 3, 6, 17, 34, 51, 102
따라서 두 수의 공약수가 아닌 것은 ②이다.

10 주어진 두 수의 최대공약수를 각각 구하면
ㄱ. 1   ㄴ. 2   ㄷ. 1   ㄹ. 23   ㅁ. 1   ㅂ. 5
따라서 보기 중 두 수가 서로소인 것은 ㄱ, ㄷ, ㅁ이다.

11
$$36 = 2^2 \times 3^2$$
$$54 = 2 \times 3^3$$
$$72 = 2^3 \times 3^2$$
$$\overline{\text{(최대공약수)} = 2 \times 3^2 = 18}$$
$$\text{(최소공배수)} = 2^3 \times 3^3 = 216$$
따라서 $a = 18$, $b = 216$이므로
$a + b = 18 + 216 = 234$

12 $2 \times x$, $6 \times x = 2 \times 3 \times x$, $14 \times x = 2 \times 7 \times x$의 최소공배수
는 $2 \times 3 \times 7 \times x$이므로
$2 \times 3 \times 7 \times x = 126$ ∴ $x = 3$
따라서 최대공약수는
$2 \times x = 2 \times 3 = 6$ ∴ $a = 6$
또 $6 = 2 \times 3$이므로 공약수의 개수는
$(1+1) \times (1+1) = 4$ ∴ $b = 4$
∴ $a + b = 6 + 4 = 10$

13 최대공약수가 $2^2 \times 3^4 \times 5$이므로 $a = 4$
최소공배수가 $2^4 \times 3^5 \times 5^2$이므로 $b = 2$
∴ $a + b = 4 + 2 = 6$

14 $2^4 \times 5^3$, N의 최대공약수가 2^3이므로
$N = 2^3 \times n$ (n은 2, 5와 서로소)이라 하자.

이때 두 수의 최소공배수가 $2^4 \times 3^2 \times 5^3$이므로
$2^4 \times n \times 5^3 = 2^4 \times 3^2 \times 5^3$ ∴ $n = 3^2$
∴ $N = 2^3 \times 3^2 = 72$

다른 풀이
(두 수의 곱) = (최대공약수) × (최소공배수)이므로
$(2^4 \times 5^3) \times N = 2^3 \times (2^4 \times 3^2 \times 5^3)$
∴ $N = 2^3 \times 3^2 = 72$

15 A로 60을 나누면 3이 부족하고, 50을 나누면 8이 남으므로
A로 60+3, 50−8, 즉 63, 42를 나누면 나누어떨어진다.
따라서 구하는 수는 $63 = 3^2 \times 7$, $42 = 2 \times 3 \times 7$의 최대공약
수이므로
$3 \times 7 = 21$

16 구하는 자연수는 1과 100 사이의 수 중에서 6, 8의 공배수
이다.
이때 $6 = 2 \times 3$, $8 = 2^3$의 최소공배수는 $2^3 \times 3 = 24$
따라서 구하는 수는 6, 8의 최소공배수인 24의 배수이므로
24, 48, 72, 96의 4개이다.

17 $-\dfrac{8}{2} = -4$이므로 정수가 아닌 음의 유리수는 -0.7의 1개
이다.

18 ④ $\dfrac{1}{3}$은 양의 유리수이지만 자연수가 아니다.

19 두 수 -3, 5에 대응하는 두 점 사이의 거리는 8이므로 두
점으로부터 같은 거리에 있는 점에 대응하는 수는 다음 그
림과 같이 1이다.

20 ㄴ. 3, -3은 절댓값이 3으로 같지만 서로 다른 수이다.
ㄷ. 수직선 위에서 음수끼리는 왼쪽에 있는 수가 오른쪽에
있는 수보다 절댓값이 크다.
따라서 보기 중 옳은 것은 ㄱ, ㄹ이다.

21 절댓값이 작은 수부터 차례로 나열하면
$\dfrac{3}{2}$, -1.8, 2, $-\dfrac{24}{8}$, $\dfrac{42}{7}$, 10
따라서 세 번째에 오는 수는 2이다.

22 ① $0 >$ (음수)이므로 $0 > -1$
② $\dfrac{3}{5} = 0.6$이므로 $\dfrac{3}{5} < 0.8$
③ $-\dfrac{1}{2} = -\dfrac{5}{10}$, $-\dfrac{2}{5} = -\dfrac{4}{10}$이고 $\left|-\dfrac{5}{10}\right| > \left|-\dfrac{4}{10}\right|$이므
로 $-\dfrac{1}{2} < -\dfrac{2}{5}$
④ $\left|-\dfrac{1}{4}\right| = |-0.25| = 0.25$이므로 $0.2 < \left|-\dfrac{1}{4}\right|$
⑤ $|5| = 5$, $|-6| = 6$이므로 $|5| < |-6|$
따라서 옳은 것은 ④이다.

23 ① $x \leq 3$ ② $x \geq -2$
④ $-3 < x \leq 4$ ⑤ $1 < x \leq 5$
따라서 옳은 것은 ③이다.

24 $-4 < -\dfrac{19}{5} < -3$이므로 두 수 $-\dfrac{19}{5}$와 2.7 사이에 있는 정수는
$-3, -2, -1, 0, 1, 2$
이때 $|-3|=3, \ |-2|=|2|=2, \ |-1|=|1|=1, \ |0|=0$
이므로 절댓값이 가장 큰 수는 -3이다.

25 0에서 오른쪽으로 4칸 움직였으므로 $+4$, 여기서 다시 왼쪽으로 7칸 움직였으므로 -7을 더한 것이다.
$\therefore (+4)+(-7)=-3$

26 두 수 -2.3과 $\dfrac{3}{2}=1.5$ 사이에 있는 정수는 $-2, -1, 0, 1$
이므로 구하는 합은
$(-2)+(-1)+0+1=-2$

27 $1-2+3-4+5-6+\cdots+99-100$
$=(1-2)+(3-4)+\cdots+(99-100)$
$=\underbrace{(-1)+(-1)+\cdots+(-1)}_{50개}$
$=-50$

28 $a=3-(-2)=3+2=5$
$b=-5+8=3$
$\therefore a-b=5-3=2$

29 $a=-5$ 또는 $a=5$이고 $b=-3$ 또는 $b=3$이므로
(i) $a=-5, \ b=-3$일 때,
 $a-b=-5-(-3)=-5+3=-2$
(ii) $a=-5, \ b=3$일 때,
 $a-b=-5-3=-8$
(iii) $a=5, \ b=-3$일 때,
 $a-b=5-(-3)=5+3=8$
(iv) $a=5, \ b=3$일 때,
 $a-b=5-3=2$
(i)~(iv)에서 $a-b$의 값 중에서 가장 큰 값은 8이다.

30 $-4 < -\dfrac{1}{2} < \dfrac{5}{4} < 2$이므로 $a=2, \ b=-4$
$\therefore a \times b=2 \times (-4)=-8$

31 ① $\left(-\dfrac{1}{2}\right)^3=-\dfrac{1}{8}$ ② $\left(-\dfrac{1}{3}\right)^2=\dfrac{1}{9}$
③ $-\dfrac{1}{2^3}=-\dfrac{1}{8}$ ④ $-\left(-\dfrac{1}{3}\right)^2=-\dfrac{1}{9}$
⑤ $-\left(-\dfrac{1}{2}\right)^3=\dfrac{1}{8}$
따라서 가장 큰 수는 ⑤이다.

32 $22 \times (-0.2)+(-12) \times (-0.2)$
$=\{22+(-12)\} \times (-0.2)$
$=10 \times (-0.2)$
$=-2$
따라서 $a=10, \ b=-2$이므로
$a \times b=10 \times (-2)=-20$

33 -4의 역수는 $-\dfrac{1}{4}$이므로 $A=-\dfrac{1}{4}$
$1\dfrac{1}{3}=\dfrac{4}{3}$의 역수는 $\dfrac{3}{4}$이므로 $B=\dfrac{3}{4}$
$\therefore A+B=-\dfrac{1}{4}+\dfrac{3}{4}=\dfrac{2}{4}=\dfrac{1}{2}$

34 $A=(-12) \div (+3)=(-12) \times \left(+\dfrac{1}{3}\right)=-4$
$B=(-8) \div (-0.5)=(-8) \div \left(-\dfrac{1}{2}\right)$
$=(-8) \times (-2)=+16$
$\therefore A \div B=(-4) \div (+16)$
$=(-4) \times \left(+\dfrac{1}{16}\right)$
$=-\dfrac{1}{4}$

35 ① $2-3+4-1=2$
② $(-1)^4-(-1)^3=1-(-1)=1+1=2$
③ $\left(-\dfrac{8}{3}\right) \div \left(-\dfrac{4}{3}\right)=-\dfrac{8}{3} \times \left(-\dfrac{3}{4}\right)=2$
④ $\left(\dfrac{1}{3}-\dfrac{1}{4}\right) \times 24=8-6=2$
⑤ $16 \div (-2)^2 \times (-1)^3=16 \times \dfrac{1}{4} \times (-1)=-4$
따라서 계산 결과가 나머지 넷과 다른 하나는 ⑤이다.

36 $\left(-\dfrac{5}{4}\right)^2 \times \square \div \left(-\dfrac{3}{2}\right)^3=\dfrac{5}{12}$에서
$\dfrac{25}{16} \times \square \div \left(-\dfrac{27}{8}\right)=\dfrac{5}{12}, \ \dfrac{25}{16} \times \square \times \left(-\dfrac{8}{27}\right)=\dfrac{5}{12}$
$\square \times \dfrac{25}{16} \times \left(-\dfrac{8}{27}\right)=\dfrac{5}{12}, \ \square \times \left(-\dfrac{25}{54}\right)=\dfrac{5}{12}$
$\therefore \square=\dfrac{5}{12} \div \left(-\dfrac{25}{54}\right)=\dfrac{5}{12} \times \left(-\dfrac{54}{25}\right)=-\dfrac{9}{10}$

37 $a \times b < 0$이므로 a와 b의 부호는 반대이고 $a-b>0$이므로
$a>0, \ b<0$
또 $a+b<0$에서 절댓값이 큰 쪽의 부호가 $-$이므로
$|a|<|b|$
따라서 옳은 것은 ②이다.

38 $-2^2 \times \{18+(-3)^3\} \div 4=-4 \times \{18+(-27)\} \div 4$
$=-4 \times (-9) \div 4$
$=-4 \times (-9) \times \dfrac{1}{4}$
$=9$

39

① $x \times z \div y = x \times z \times \dfrac{1}{y} = \dfrac{xz}{y}$

② $x \div (y \div z) = x \div \left(y \times \dfrac{1}{z}\right) = x \times \dfrac{z}{y} = \dfrac{xz}{y}$

③ $x \div y \div \dfrac{1}{z} = x \times \dfrac{1}{y} \times z = \dfrac{xz}{y}$

④ $x \times \left(\dfrac{1}{y} \div \dfrac{1}{z}\right) = x \times \left(\dfrac{1}{y} \times z\right) = \dfrac{xz}{y}$

⑤ $\dfrac{1}{x} \div \dfrac{1}{y} \div \dfrac{1}{z} = \dfrac{1}{x} \times y \times z = \dfrac{yz}{x}$

따라서 나머지 넷과 다른 하나는 ⑤이다.

40 ④ (거리)=(속력)×(시간)이므로 시속 $5\,\text{km}$로 x시간 동안 달린 거리는

$5 \times x = 5x\,(\text{km})$

41 $2x^2 - 3y = 2 \times \left(-\dfrac{1}{2}\right)^2 - 3 \times \dfrac{1}{3} = 2 \times \dfrac{1}{4} - 1$

$= \dfrac{1}{2} - 1 = -\dfrac{1}{2}$

42 $\dfrac{5}{9}(x-32)$에 $x=68$을 대입하면

$\dfrac{5}{9} \times (68-32) = \dfrac{5}{9} \times 36 = 20\,(℃)$

43 ① 항이 2개이므로 단항식이 아니다.

③ x의 계수는 $\dfrac{1}{4}$이다.

④ 다항식의 차수는 2이다.

⑤ 항은 xy, z의 2개이다.

따라서 옳은 것은 ②이다.

44 $\dfrac{2}{3}(12x-4) - \dfrac{1}{3} = 8x - \dfrac{8}{3} - \dfrac{1}{3} = 8x - 3$

$\left(\dfrac{1}{3}x + \dfrac{2}{3}\right) \div \left(-\dfrac{1}{3}\right)^2 = \left(\dfrac{1}{3}x + \dfrac{2}{3}\right) \div \dfrac{1}{9}$

$= \left(\dfrac{1}{3}x + \dfrac{2}{3}\right) \times 9 = 3x + 6$

따라서 두 상수항의 곱은

$-3 \times 6 = -18$

45 $4(x+2) + \dfrac{1}{3}(9-6x) = 4x + 8 + 3 - 2x = 2x + 11$

따라서 $a=2$, $b=11$이므로

$b-a = 11-2 = 9$

46 $\dfrac{5a-3b+2}{3} - \dfrac{a-5b-1}{2}$

$= \dfrac{2(5a-3b+2)}{6} - \dfrac{3(a-5b-1)}{6}$

$= \dfrac{10a-6b+4-3a+15b+3}{6}$

$= \dfrac{7a+9b+7}{6} = \dfrac{7}{6}a + \dfrac{3}{2}b + \dfrac{7}{6}$

47 $㉠ = (3x+2) + (-x-4) = 2x-2$

$㉡ = (2x-2) + (3x-9) = 5x-11$

48 직사각형의 가로의 길이는 $3a+2$, 세로의 길이는 $2+3=5$ 이므로

(색칠한 부분의 넓이)

$=$(직사각형의 넓이)$-$(색칠하지 않은 삼각형의 넓이의 합)

$= (3a+2) \times 5 - \left\{\dfrac{1}{2} \times 3a \times 2 + \dfrac{1}{2} \times (3a+2) \times 3\right\}$

$= 15a + 10 - \left(3a + \dfrac{9}{2}a + 3\right)$

$= 15a + 10 - \left(\dfrac{15}{2}a + 3\right)$

$= 15a + 10 - \dfrac{15}{2}a - 3 = \dfrac{15}{2}a + 7$

49 $6A - 4B = 6 \times \left(\dfrac{1}{6}x + y\right) - 4 \times \left(-\dfrac{1}{4}x - \dfrac{1}{2}y\right)$

$= x + 6y + x + 2y = 2x + 8y$

50 $A + (-5x-3) = x+3$이므로

$A = x+3 - (-5x-3) = x+3+5x+3 = 6x+6$

$B - (5x-2) = 3x-2$이므로

$B = 3x-2 + (5x-2) = 8x-4$

$\therefore A - B = 6x+6 - (8x-4)$

$= 6x+6 - 8x+4 = -2x+10$

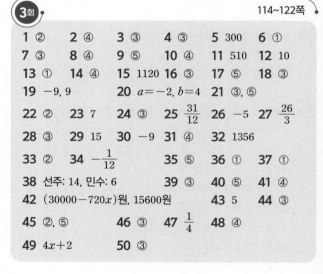

3회 114~122쪽

1 ②	2 ④	3 ③	4 ③	5 300	6 ①
7 ③	8 ④	9 ⑤	10 ④	11 510	12 10
13 ①	14 ④	15 1120	16 ③	17 ⑤	18 ③
19 $-9, 9$		20 $a=-2, b=4$		21 ③, ⑤	
22 ②	23 7	24 ③	25 $\dfrac{31}{12}$	26 -5	27 $\dfrac{26}{3}$
28 ③	29 15	30 -9	31 ④	32 1356	
33 ②	34 $-\dfrac{1}{12}$		35 ⑤	36 ①	37 ①
38 선주: 14, 민수: 6			39 ③	40 ⑤	41 ④
42 $(30000-720x)$원, 15600원				43 5	44 ③
45 ②, ⑤		46 ③	47 $\dfrac{1}{4}$	48 ④	
49 $4x+2$		50 ③			

1 $a=1$, $b=2$, $c=4$이므로

$a+b+c = 1+2+4 = 7$

2 ① $3+3+3+3 = 3 \times 4$

② $7 \times 7 \times 7 \times 7 = 7^4$

③ $\dfrac{1}{3} \times \dfrac{1}{3} \times \dfrac{1}{3} \times \dfrac{1}{3} \times \dfrac{1}{3} = \left(\dfrac{1}{3}\right)^5$

⑤ 2^3에서 밑은 2이고 지수는 3이다.

따라서 옳은 것은 ④이다.

3 $900 = 2^2 \times 3^2 \times 5^2$이므로 $a=2$, $b=3$, $c=2$

$\therefore a+b+c = 2+3+2 = 7$

4 ① $16=2^4$이므로 16의 소인수는 2이다.

② $24=2^3\times3$이므로 24의 소인수는 2, 3이다.

③ $42=2\times3\times7$이므로 42의 소인수는 2, 3, 7이다.

④ $80=2^4\times5$이므로 80의 소인수는 2, 5이다.

⑤ $140=2^2\times5\times7$이므로 140의 소인수는 2, 5, 7이다.

따라서 옳지 않은 것은 ③이다.

5 $27=3^3$이므로 $27\times a$가 10의 배수이면서 어떤 자연수의 제곱이 되려면 $a=3\times10^2\times(\text{자연수})^2$ 꼴이어야 한다.

따라서 a의 값이 될 수 있는 가장 작은 자연수는

$3\times10^2=300$

6 $882=2\times3^2\times7^2$이므로 882의 약수는

$(2\text{의 약수})\times(3^2\text{의 약수})\times(7^2\text{의 약수})$ 꼴이다.

따라서 882의 약수 중에서 어떤 자연수의 제곱이 되는 수는

1, 3^2, 7^2, $3^2\times7^2$의 4개이다.

7 $(2+1)\times(1+1)\times(x+1)=24$이므로

$6\times(x+1)=24$, $x+1=4$

$\therefore x=3$

8 $\dfrac{144}{n}$가 자연수가 되려면 n은 144의 약수이어야 한다.

$144=2^4\times3^2$이므로 144의 약수의 개수는

$(4+1)\times(2+1)=15$

따라서 n의 개수는 15이다.

9 2×3^3, $2^2\times3^2\times7^2$의 공약수는 두 수의 최대공약수인

2×3^2의 약수이다.

따라서 두 수의 공약수가 아닌 것은 ⑤이다.

10 $28=2^2\times7$과 서로소인 수는 2의 배수도 아니고 7의 배수도

아닌 수이다.

10보다 크고 30보다 작은 자연수 중에서 2의 배수는

12, 14, 16, …, 28

10보다 크고 30보다 작은 자연수 중에서 7의 배수는

14, 21, 28

따라서 10보다 크고 30보다 작은 자연수 중에서 28과 서로

소인 수는 11, 13, 15, 17, 19, 23, 25, 27, 29의 9개이다.

11 $6=2\times3$, $10=2\times5$, $15=3\times5$의 공배수는 세 수의 최소

공배수인 $2\times3\times5=30$의 배수이다.

이때 $30\times16=480$, $30\times17=510$이므로 세 수의 공배수

중에서 500에 가장 가까운 수는 510이다.

12 최소공배수가 $2^4\times3^3\times5$이므로 $a=3$, $b=4$

따라서 $2^3\times3^3$, $2^4\times3^2\times5$의 최대공약수는 $2^3\times3^2$이므로

$c=3$

$\therefore a+b+c=3+4+3=10$

13 A, B의 최대공약수가 5이므로

$A=5\times a$, $B=5\times b$ $(a, b$는 서로소, $a<b)$라 하면

$5\times a\times5\times b=375$ $\therefore a\times b=15$

(ⅰ) $a=1$, $b=15$일 때,

$A=5\times1=5$, $B=5\times15=75$

(ⅱ) $a=3$, $b=5$일 때,

$A=5\times3=15$, $B=5\times5=25$

그런데 A, B는 두 자리의 자연수이므로

$A=15$, $B=25$

$\therefore A+B=15+25=40$

14 12, 18, N의 최대공약수가 6이므로

$12=6\times2$, $18=6\times3$, $N=6\times n$ $(n$은 자연수)이라 하자.

이때 세 수의 최소공배수가 $252=6\times2\times3\times7$이므로 n은

7의 배수이고 $2\times3\times7$의 약수이어야 한다.

즉, N의 값이 될 수 있는 수는

$6\times7=42$, $6\times2\times7=84$, $6\times3\times7=126$,

$6\times2\times3\times7=252$

따라서 N의 값이 될 수 없는 것은 ④이다.

15 (가)에서 N은 두 수 $28=2^2\times7$, 5×7의 공배수이므로 두 수

의 최소공배수인 $2^2\times5\times7=140$의 배수이다.

이때 (나)에서 N이 될 수 있는 수는

$140\times8=1120$, $140\times9=1260$, …

따라서 조건을 모두 만족시키는 가장 작은 자연수 N은

1120이다.

16 구하는 기약분수를 $\dfrac{a}{b}$라 하자.

a는 $4=2^2$, $6=2\times3$, $9=3^2$의 최소공배수이므로

$a=2^2\times3^2=36$

b는 $45=3^2\times5$, $25=5^2$, $35=5\times7$의 최대공약수이므로

$b=5$

따라서 구하는 기약분수는

$\dfrac{a}{b}=\dfrac{36}{5}$

17 ① $+6℃$ ② $+4$일 ③ -2층 ④ -5000포인트

따라서 옳은 것은 ⑤이다.

18 절댓값이 작은 수부터 차례로 나열하면

-1, -1.2, 1.5, $\dfrac{5}{3}$, -3, 6

따라서 절댓값이 가장 큰 수는 6, 절댓값이 가장 작은 수는

-1이므로

$a=6$, $b=-1$

$\therefore |a|-|b|=|6|-|-1|=6-1=5$

19 절댓값이 같고 부호가 반대인 두 수의 차가 18이므로 두

수는 원점으로부터의 거리가 9인 두 점에 대응하는 수이다.

따라서 두 수는 -9, 9이다.

20 $-2 < -\dfrac{9}{5} < -1$이므로 $-\dfrac{9}{5}$보다 작은 수 중에서 가장 큰 정수는 -2이다. $\therefore a = -2$

$3 < \dfrac{15}{4} < 4$이므로 $\dfrac{15}{4}$보다 큰 수 중에서 가장 작은 정수는 4이다. $\therefore b = 4$

21 ③ 절댓값이 가장 작은 수는 $\dfrac{1}{4}$이다.

④ 절댓값이 3 이상인 수는 -6, 3.5, -3의 3개이다.

⑤ -1보다 작은 수는 -6, $-\dfrac{11}{5}$, -3의 3개이다.

따라서 옳지 않은 것은 ③, ⑤이다.

22 $4 < |x| \leq 7$을 만족시키는 정수 x의 절댓값은 5, 6, 7이므로 정수 x는 -7, -6, -5, 5, 6, 7의 6개이다.

23 $\dfrac{3}{2} = \dfrac{6}{4}$이므로 두 유리수 $-\dfrac{9}{4}$와 $\dfrac{6}{4}$ 사이에 있는 정수가 아닌 유리수 중에서 분모가 4인 기약분수는 $-\dfrac{7}{4}$, $-\dfrac{5}{4}$, $-\dfrac{3}{4}$, $-\dfrac{1}{4}$, $\dfrac{1}{4}$, $\dfrac{3}{4}$, $\dfrac{5}{4}$의 7개이다.

24 ㈎, ㈐에서 $b = 3$

㈐에서 $a > 3$이므로 $a > b$ …… ㉠

㈎, ㈑에서 $c > a$ …… ㉡

㉠, ㉡에서 $b < a < c$

25 절댓값이 $\dfrac{3}{4}$인 음수는 $-\dfrac{3}{4}$, 절댓값이 $\dfrac{10}{3}$인 양수는 $+\dfrac{10}{3}$이므로

$\left(-\dfrac{3}{4}\right) + \left(+\dfrac{10}{3}\right) = \left(-\dfrac{9}{12}\right) + \left(+\dfrac{40}{12}\right) = \dfrac{31}{12}$

26 세 수의 합은 $2 + (-1) + (-4) = -3$이므로

$-4 + 1 + C = -3$에서 $-3 + C = -3$ $\therefore C = 0$

$A + (-1) + C = -3$에서 $A + (-1) + 0 = -3$

$\therefore A = -3 - (-1) = -3 + 1 = -2$

$A + B + (-4) = -3$에서 $-2 + B + (-4) = -3$

$B + (-6) = -3$ $\therefore B = -3 - (-6) = -3 + 6 = 3$

$\therefore A - B + C = -2 - 3 + 0 = -5$

27 어떤 수를 □라 하면 $\Box - \left(-\dfrac{5}{3}\right) = 12$

$\therefore \Box = 12 + \left(-\dfrac{5}{3}\right) = \dfrac{36}{3} + \left(-\dfrac{5}{3}\right) = \dfrac{31}{3}$

따라서 바르게 계산하면

$\dfrac{31}{3} + \left(-\dfrac{5}{3}\right) = \dfrac{26}{3}$

28 $a = -4 + \dfrac{1}{2} = -\dfrac{8}{2} + \dfrac{1}{2} = -\dfrac{7}{2}$

$b = 2 + \left(-\dfrac{5}{3}\right) = \dfrac{6}{3} + \left(-\dfrac{5}{3}\right) = \dfrac{1}{3}$

따라서 $-\dfrac{7}{2} < x < \dfrac{1}{3}$을 만족시키는 정수 x는 -3, -2, -1, 0의 4개이다.

29 세 수의 곱이 가장 크려면 음수 2개, 양수 1개를 곱해야 하고 세 수의 절댓값의 곱이 가장 커야 하므로

$a = \left(-\dfrac{1}{3}\right) \times 5 \times (-2) = \dfrac{10}{3}$

세 수의 곱이 가장 작으려면 음수 1개, 양수 2개를 곱해야 하고 세 수의 절댓값의 곱이 가장 커야 하므로

$b = 5 \times \dfrac{7}{6} \times (-2) = -\dfrac{35}{3}$

$\therefore a - b = \dfrac{10}{3} - \left(-\dfrac{35}{3}\right) = \dfrac{10}{3} + \dfrac{35}{3} = \dfrac{45}{3} = 15$

30 $|5| \geq |-2|$이므로

$\langle 5, -2 \rangle = |5| + (-2) = 5 - 2 = 3$

$|3| < |-6|$이므로

$\langle 3, -6 \rangle = 3 - |-6| = 3 - 6 = -3$

$\therefore \langle 5, -2 \rangle \times \langle 3, -6 \rangle = 3 \times (-3) = -9$

31 $(-1)^{13} + (-1)^{20} - (-1)^{27} = -1 + 1 - (-1)$
$= -1 + 1 + 1 = 1$

32 $a = 2$, $b = 2$, $c = 26$, $d = 1326$이므로
$a + b + c + d = 2 + 2 + 26 + 1326 = 1356$

33 $-\dfrac{a}{2}$의 역수는 -2이므로 $-\dfrac{a}{2} = -\dfrac{1}{2}$ $\therefore a = 1$

$\dfrac{4}{b}$의 역수는 $1\dfrac{3}{4} = \dfrac{7}{4}$이므로 $\dfrac{4}{b} = \dfrac{4}{7}$ $\therefore b = 7$

$\therefore a - b = 1 - 7 = -6$

34 $x = \left(-\dfrac{7}{4}\right) \div \dfrac{2}{3} \div \left(-\dfrac{3}{8}\right) = \left(-\dfrac{7}{4}\right) \times \dfrac{3}{2} \times \left(-\dfrac{8}{3}\right) = 7$

$y = \left(-\dfrac{1}{2}\right)^3 \times \dfrac{6}{7} \div (-3)^2 = \left(-\dfrac{1}{8}\right) \times \dfrac{6}{7} \times \dfrac{1}{9} = -\dfrac{1}{84}$

$\therefore x \times y = 7 \times \left(-\dfrac{1}{84}\right) = -\dfrac{1}{12}$

35 $a \times b < 0$이므로 a와 b의 부호는 반대이고 $a - b < 0$이므로 $a < 0$, $b > 0$

또 $a + b > 0$에서 절댓값이 큰 쪽의 부호가 $+$이므로 $|b| > |a|$

따라서 주어진 수를 작은 것부터 차례로 나열하면
$-b$, a, $-a$, b

36 $1 - \dfrac{1}{3} \times \left[5 - \left\{ -\dfrac{1}{2} \times (-1)^2 + 3 \div (-0.4) \right\} \right]$

$= 1 - \dfrac{1}{3} \times \left[5 - \left\{ -\dfrac{1}{2} + 3 \times \left(-\dfrac{5}{2}\right) \right\} \right]$

$= 1 - \dfrac{1}{3} \times \left\{ 5 - \left(-\dfrac{1}{2} - \dfrac{15}{2} \right) \right\}$

$= 1 - \dfrac{1}{3} \times (5 + 8)$

$= 1 - \dfrac{1}{3} \times 13$

$= 1 - \dfrac{13}{3} = -\dfrac{10}{3}$

37 $a=-3+(-5)\div(-6)\times7$

$\quad=-3+(-5)\times\left(-\dfrac{1}{6}\right)\times7=-3+\dfrac{35}{6}=\dfrac{17}{6}$

$b=\dfrac{5}{3}-\left\{4+2\times\left(-\dfrac{1}{15}\right)\right\}=\dfrac{5}{3}-\left(4-\dfrac{2}{15}\right)$

$\quad=\dfrac{5}{3}-\dfrac{58}{15}=\dfrac{25}{15}-\dfrac{58}{15}=-\dfrac{33}{15}=-\dfrac{11}{5}$

따라서 a에 가장 가까운 정수는 3이고, b에 가장 가까운 정수는 -2이므로 구하는 합은

$3+(-2)=1$

38 선주는 6번 이기고 4번 졌으므로 선주의 위치는

$6\times(+3)+4\times(-1)=18-4=14$

민수는 4번 이기고 6번 졌으므로 민수의 위치는

$4\times(+3)+6\times(-1)=12-6=6$

39 ① $a\times b\div7\div x+y=a\times b\times\dfrac{1}{7}\times\dfrac{1}{x}+y=\dfrac{ab}{7x}+y$

② $a\times b\div7\times(x+y)=a\times b\times\dfrac{1}{7}\times(x+y)=\dfrac{ab(x+y)}{7}$

③ $a\times b\div7\div(x+y)=a\times b\times\dfrac{1}{7}\times\dfrac{1}{x+y}=\dfrac{ab}{7(x+y)}$

④ $a\times b+\dfrac{1}{7}\times(x+y)=ab+\dfrac{x+y}{7}$

⑤ $a\times b\times(x+y)\times\dfrac{1}{7}=\dfrac{ab(x+y)}{7}$

따라서 기호 $\times$, $\div$를 사용하여 나타낸 것은 ③이다.

40 $(\text{속력})=\dfrac{(\text{거리})}{(\text{시간})}$ 이므로 x시간 동안 $300\,\text{km}$를 갔을 때의 속력은 시속 $\dfrac{300}{x}\,\text{km}$이다.

41 ① $a^3=(-1)^3=-1$

② $-(-a)^2=-\{-(-1)\}^2=-1^2=-1$

③ $-(-a^3)=-\{-(-1)^3\}=-\{-(-1)\}=-1$

④ $\dfrac{1}{a^2}=\dfrac{1}{(-1)^2}=1$

⑤ $1-2a^4=1-2\times(-1)^4=1-2=-1$

따라서 식의 값이 나머지 넷과 다른 하나는 ④이다.

42 버스를 x회 이용한 후 교통카드의 잔액은

$(30000-720x)$원이다.

따라서 $30000-720x$에 $x=20$을 대입하면

$30000-720\times20=30000-14400=15600$

따라서 버스를 20회 이용한 후 교통카드의 잔액은 15600원이다.

43 $a=-\dfrac{6}{5}$, $b=\dfrac{1}{5}$, $c=-5$이므로

$(a+b)\times c=\left(-\dfrac{6}{5}+\dfrac{1}{5}\right)\times(-5)=(-1)\times(-5)=5$

44 $2a-1$을 상자 A에 통과시키면

$(2a-1)\div\left(-\dfrac{1}{5}\right)-7=(2a-1)\times(-5)-7$

$\qquad\qquad\qquad\qquad=-10a+5-7=-10a-2$

$-10a-2$를 상자 B에 통과시키면

$(-10a-2)\times(-2)\div4=(-10a-2)\times(-2)\times\dfrac{1}{4}$

$\qquad\qquad\qquad\qquad=(-10a-2)\times\left(-\dfrac{1}{2}\right)=5a+1$

따라서 구하는 식은 $5a+1$이다.

45 ① 문자가 다르므로 동류항이 아니다.

③ 차수가 다르므로 동류항이 아니다.

④ $-\dfrac{1}{y}$은 분모에 문자가 있으므로 다항식이 아니다.

따라서 동류항끼리 짝 지어진 것은 ②, ⑤이다.

46 $3(x-5)-4(2+x)+5(x+3)$

$=3x-15-8-4x+5x+15$

$=4x-8$

47 $\dfrac{2x+1}{3}-\dfrac{3x-2}{4}+\dfrac{5x-3}{6}$

$=\dfrac{4(2x+1)}{12}-\dfrac{3(3x-2)}{12}+\dfrac{2(5x-3)}{12}$

$=\dfrac{8x+4-9x+6+10x-6}{12}$

$=\dfrac{9x+4}{12}=\dfrac{3}{4}x+\dfrac{1}{3}$

따라서 x의 계수는 $\dfrac{3}{4}$, 상수항은 $\dfrac{1}{3}$이므로 그 곱은

$\dfrac{3}{4}\times\dfrac{1}{3}=\dfrac{1}{4}$

48 (색칠한 부분의 넓이)

$=(\text{사다리꼴의 넓이})-(\text{직사각형의 넓이})$

$=\dfrac{1}{2}\times\{(x+1)+(3x-5)\}\times6-3\times(x-1)$

$=3\times(4x-4)-3x+3$

$=12x-12-3x+3$

$=9x-9$

49 $3\left(\dfrac{A}{2}-\dfrac{B}{6}\right)+B=\dfrac{3}{2}A-\dfrac{B}{2}+B=\dfrac{3A+B}{2}$

$\qquad\qquad\qquad=\dfrac{3(5x-2)+(-7x+10)}{2}$

$\qquad\qquad\qquad=\dfrac{15x-6-7x+10}{2}$

$\qquad\qquad\qquad=\dfrac{8x+4}{2}=4x+2$

50 ㈏에서 $B+(2x-3)=-5x+3$이므로

$B=-5x+3-(2x-3)$

$\quad=-5x+3-2x+3=-7x+6$

㈎에서 $A-(-3x+1)=-7x+6$이므로

$A=-7x+6+(-3x+1)=-10x+7$

$\therefore 3A-(4A-2B)=3A-4A+2B=-A+2B$

$\qquad\qquad\qquad\quad=-(-10x+7)+2(-7x+6)$

$\qquad\qquad\qquad\quad=10x-7-14x+12$

$\qquad\qquad\qquad\quad=-4x+5$

1 ①, ④	**2** 13	**3** ④	**4** 66	**5** ④	**6** ④
7 6	**8** ③	**9** ②	**10** 6	**11** ①	**12** 108
13 ①	**14** ①	**15** ④	**16** ①	**17** ⑤	**18** ③
19 -6	**20** 4	**21** $b<c<a$	**22** ②	**23** $\dfrac{47}{10}$	
24 ④	**25** ③	**26** ⑤	**27** ①	**28** $\dfrac{1}{50}$	**29** ③
30 ④	**31** ④	**32** $-\dfrac{4}{3}$	**33** $-\dfrac{2}{9}$	**34** ③	**35** ③
36 ③	**37** ②	**38** ②	**39** 2	**40** ⑤	**41** -7
42 ④	**43** 35	**44** $-20x+12$	**45** -20		
46 ①	**47** $4x$	**48** ③	**49** $-3x+1$	**50** $a+9$	

1 ① 1은 소수도 아니고 합성수도 아니다.
④ 2와 3은 모두 소수이지만 합은 $2+3=5$이므로 합성수가 아니다.

2 $1\times2\times3\times\cdots\times10$
$=1\times2\times3\times2^2\times5\times(2\times3)\times7\times2^3\times3^2\times(2\times5)$
$=2^8\times3^4\times5^2\times7$
따라서 $a=8$, $b=4$, $c=2$, $d=1$이므로
$a+b+c-d=8+4+2-1=13$

3 ① $25=5^2$의 소인수는 5이고, $81=3^4$의 소인수는 3이다.
② $28=2^2\times7$의 소인수는 2, 7이고, $63=3^2\times7$의 소인수는 3, 7이다.
③ $30=2\times3\times5$의 소인수는 2, 3, 5이고,
$210=2\times3\times5\times7$의 소인수는 2, 3, 5, 7이다.
④ $60=2^2\times3\times5$의 소인수는 2, 3, 5이고,
$150=2\times3\times5^2$의 소인수도 2, 3, 5이다.
⑤ $77=7\times11$의 소인수는 7, 11이고, $121=11^2$의 소인수는 11이다.
따라서 두 수의 소인수가 같은 것은 ④이다.

4 $600\times a=2^3\times3\times5^2\times a$가 b^2이 되려면 모든 소인수의 지수가 짝수이어야 하므로 $a=2\times3\times(\text{자연수})^2$ 꼴이어야 한다.
따라서 가장 작은 자연수는 $2\times3=6$이므로 $a=6$
이때 $b^2=600\times6=3600=60^2$이므로 $b=60$
∴ $a+b=6+60=66$

5 $2^3\times3^2\times7$의 약수는 (2^3의 약수)$\times$(3^2의 약수)$\times$(7의 약수) 꼴이다.
따라서 $2^3\times3^2\times7$의 약수 중에서 가장 큰 수는 $2^3\times3^2\times7$이고, 두 번째로 큰 수는 $2^2\times3^2\times7=252$이다.

6 $792=2^3\times3^2\times11$이므로 792의 약수 중에서 11의 배수는 ($2^3\times3^2$의 약수)$\times11$이다.
따라서 792의 약수 중에서 11의 배수의 개수는 $2^3\times3^2$의 약수의 개수와 같으므로
$(3+1)\times(2+1)=12$

7 $4=3+1$ 또는 $4=2\times2$이므로 약수가 4개인 자연수는 다음과 같다.
(ⅰ) $4=3+1$인 경우
a^3(a는 소수) 꼴이어야 하므로 가장 작은 자연수는
$2^3=8$
(ⅱ) $4=2\times2=(1+1)\times(1+1)$인 경우
$a\times b$(a, b는 서로 다른 소수) 꼴이어야 하므로 가장 작은 자연수는
$2\times3=6$
(ⅰ), (ⅱ)에서 구하는 가장 작은 자연수는 6이다.

8
$$\begin{array}{r}
500=2^2\quad\times5^3\\
180=2^2\times3^2\times5\\
\hline
(\text{최대공약수})=2^2\quad\times5\\
(\text{최소공배수})=2^4\times3^2\times5^3
\end{array}$$
($2^4\times3\times5$)

9 $6=2\times3$, $8=2^3$, $12=2^2\times3$의 공배수는 세 수의 최소공배수인 $2^3\times3=24$의 배수이다.
따라서 100 이하의 자연수 중에서 세 수의 공배수는 24, 48, 72, 96의 4개이다.

10 세 자연수를 각각 $2\times k$, $7\times k$, $8\times k=2^3\times k$(k는 자연수)라 하면 세 자연수의 최소공배수는 $2^3\times7\times k$이므로
$2^3\times7\times k=168$ ∴ $k=3$
따라서 세 자연수 중에서 가장 작은 수는
$2\times k=2\times3=6$

11 $24=2^3\times3$, $75=3\times5^2$, A의 최소공배수가 $1800=2^3\times3^2\times5^2$이므로 A는 3^2의 배수이면서 $2^3\times3^2\times5^2$의 약수이어야 한다.
따라서 A의 값이 될 수 없는 것은 ①이다.

12 ㈎에서 $x=6\times a$, $30=6\times5$(a는 5와 서로소)라 하고, ㈏에서 $x=9\times b$, $45=9\times5$(b는 5와 서로소)라 하자.
따라서 x는 6과 9의 공배수이면서 5와 서로소이어야 한다.
이때 $6=2\times3$, $9=3^2$의 최소공배수는 $2\times3^2=18$이므로
$x=18\times c$(c는 5와 서로소)라 하면
$c=1, 2, 3, 4, 6, \cdots$
이때 $18\times4=72$, $18\times6=108$이므로 가장 작은 세 자리의 자연수 x는 108이다.

13 a, b의 최대공약수가 6이므로
$a=6\times k$, $b=6\times l$(k, l은 서로소, $k<l$)이라 하면
$6\times k\times6\times l=6\times90$ ∴ $k\times l=15$
(ⅰ) $k=1$, $l=15$일 때,
$a=6\times1=6$, $b=6\times15=90$
∴ $a+b=6+90=96$
(ⅱ) $k=3$, $l=5$일 때,
$a=6\times3=18$, $b=6\times5=30$
∴ $a+b=18+30=48$
(ⅰ), (ⅱ)에서 $a+b$의 값 중에서 가장 작은 수는 48이다.

14 3으로 나누면 2가 남는다.
4로 나누면 3이 남는다. ⎫ 1씩 부족하다.
5로 나누면 4가 남는다. ⎭ ➡ (3, 4, 5의 공배수)−1

이때 3, $4=2^2$, 5의 최소공배수는 $2^2 \times 3 \times 5 = 60$이므로 공배수는
60, 120, 180, …
따라서 구하는 가장 작은 세 자리의 자연수는
$120-1=119$

15 (가)에서 x는 $120=2^3 \times 3 \times 5$, $90=2 \times 3^2 \times 5$의 공약수이므로 두 수의 최대공약수인 $2 \times 3 \times 5$의 약수이다.
이때 (나)에서 x는 5의 배수가 아니므로 2×3의 약수이다.
따라서 구하는 약수의 개수는
$(1+1) \times (1+1) = 4$

16 양의 유리수는 $\dfrac{13}{15}$, 5, 6.3의 3개이므로 $a=3$
음의 유리수는 $-\dfrac{1}{17}$, -4.5, $-\dfrac{4}{2}$의 3개이므로 $b=3$
정수는 5, 0, $-\dfrac{4}{2}(=-2)$의 3개이므로 $c=3$
$\therefore a+b+c=3+3+3=9$

17 ㄱ. 0은 양의 정수도 아니고 음의 정수도 아니다.
ㄷ. 모든 자연수는 양의 정수이다.
따라서 보기 중 옳은 것은 ㄴ, ㄹ, ㅁ이다.

18 두 수 $\dfrac{15}{7}$와 $-\dfrac{7}{4}$을 수직선 위에 나타내면 다음 그림과 같다.

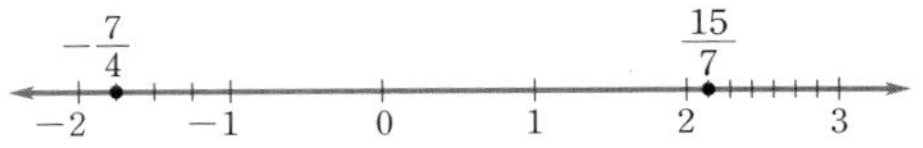

$\dfrac{15}{7}$에 가장 가까운 정수는 2이므로 $a=2$
$-\dfrac{7}{4}$에 가장 가까운 정수는 -2이므로 $b=-2$
$\therefore |a|+|b|=|2|+|-2|=2+2=4$

19 두 수 -3, 3에 대응하는 두 점 B, D 사이의 거리가 6이므로 두 점으로부터 같은 거리에 있는 점 C에 대응하는 수는 0이다.
따라서 다음 그림과 같이 두 점 B, C 사이의 거리가 3이므로 점 A에 대응하는 수는 -6이다.

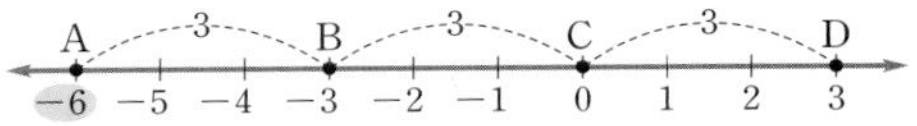

20 $\left|-\dfrac{7}{2}\right|=\dfrac{7}{2}$, $|4|=4$이고 $\dfrac{7}{2}<4$이므로 $\left(-\dfrac{7}{2}\right) \triangle 4=4$
$\left|-\dfrac{17}{3}\right|=\dfrac{17}{3}$이고 $\dfrac{17}{3}>4$이므로 $\left(-\dfrac{17}{3}\right) \circledcirc 4=4$
$\therefore \left(-\dfrac{17}{3}\right) \circledcirc \left\{\left(-\dfrac{7}{2}\right) \triangle 4\right\}=\left(-\dfrac{17}{3}\right) \circledcirc 4=4$

21 (가)에서 절댓값이 2이고 부호가 서로 다른 두 수는 -2, 2이고 수직선 위에서 두 수에 대응하는 두 점 사이의 거리는 4이므로
$a=4$　　……㉠

(나)에서 $-\dfrac{17}{3}$을 수직선 위에 나타내면 다음 그림과 같다.

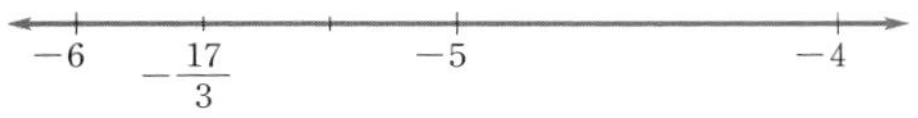

따라서 $-\dfrac{17}{3}$에 가장 가까운 정수는 -6이므로
$b=-6$　　……㉡
(다)에서 $c=-5$　　……㉢
따라서 ㉠, ㉡, ㉢에서 $b<c<a$이다.

22 (가)에서 $-5 \le x \le -1$인 정수 x는 -5, -4, -3, -2, -1이다.
(나)에서 $|x|<3$인 정수 x는 -2, -1, 0, 1, 2이다.
따라서 두 조건을 모두 만족시키는 정수 x는 -2, -1의 2개이다.

23 가장 큰 수는 $+\dfrac{9}{2}$이고, 절댓값이 가장 작은 수는 $-\dfrac{1}{5}$이므로
$a=+\dfrac{9}{2}$, $b=-\dfrac{1}{5}$
$\therefore a-b=\left(+\dfrac{9}{2}\right)-\left(-\dfrac{1}{5}\right)=\left(+\dfrac{9}{2}\right)+\left(+\dfrac{1}{5}\right)$
$=\left(+\dfrac{45}{10}\right)+\left(+\dfrac{2}{10}\right)=\dfrac{47}{10}$

24 $6-8+\{13-15-(-7+2)\}=6-8+\{13-15-(-5)\}$
$=6-8+(13-15+5)$
$=6-8+3=1$

25 $A=-3-\dfrac{5}{2}=-\dfrac{11}{2}$
-4와 8에 대응하는 두 점 사이의 거리는 $8-(-4)=12$이므로 두 점의 한가운데 있는 점과 8에 대응하는 점 사이의 거리는 $12 \times \dfrac{1}{2}=6$이다.
$\therefore B=8-6=2$
$\therefore A+B=-\dfrac{11}{2}+2=-\dfrac{7}{2}$

26 (가)에서 $a=-\dfrac{2}{3}$ 또는 $a=\dfrac{2}{3}$이고 $b=-\dfrac{8}{5}$ 또는 $b=\dfrac{8}{5}$
(i) $a=-\dfrac{2}{3}$, $b=-\dfrac{8}{5}$일 때,
$a+b=-\dfrac{2}{3}+\left(-\dfrac{8}{5}\right)=-\dfrac{10}{15}+\left(-\dfrac{24}{15}\right)=-\dfrac{34}{15}$
(ii) $a=-\dfrac{2}{3}$, $b=\dfrac{8}{5}$일 때,
$a+b=-\dfrac{2}{3}+\dfrac{8}{5}=-\dfrac{10}{15}+\dfrac{24}{15}=\dfrac{14}{15}$
(iii) $a=\dfrac{2}{3}$, $b=-\dfrac{8}{5}$일 때,
$a+b=\dfrac{2}{3}+\left(-\dfrac{8}{5}\right)=\dfrac{10}{15}+\left(-\dfrac{24}{15}\right)=-\dfrac{14}{15}$
(iv) $a=\dfrac{2}{3}$, $b=\dfrac{8}{5}$일 때,
$a+b=\dfrac{2}{3}+\dfrac{8}{5}=\dfrac{10}{15}+\dfrac{24}{15}=\dfrac{34}{15}$

그런데 ㈐에서 $a+b=-\dfrac{14}{15}$이므로

$a=\dfrac{2}{3}$, $b=-\dfrac{8}{5}$

$\therefore a-b=\dfrac{2}{3}-\left(-\dfrac{8}{5}\right)=\dfrac{2}{3}+\dfrac{8}{5}=\dfrac{10}{15}+\dfrac{24}{15}=\dfrac{34}{15}$

27 $a=\left(+\dfrac{8}{7}\right)\times(-2.1)=\left(+\dfrac{8}{7}\right)\times\left(-\dfrac{21}{10}\right)$

$\qquad =-\left(\dfrac{8}{7}\times\dfrac{21}{10}\right)=-\dfrac{12}{5}$

$b=\left(-\dfrac{3}{2}\right)\times\left(-\dfrac{10}{9}\right)=+\left(\dfrac{3}{2}\times\dfrac{10}{9}\right)=+\dfrac{5}{3}$

$\therefore a\times b=\left(-\dfrac{12}{5}\right)\times\left(+\dfrac{5}{3}\right)=-\left(\dfrac{12}{5}\times\dfrac{5}{3}\right)=-4$

28 $\dfrac{1}{2}\times\left(-\dfrac{2}{3}\right)\times\dfrac{3}{4}\times\left(-\dfrac{4}{5}\right)\times\cdots\times\left(-\dfrac{48}{49}\right)\times\dfrac{49}{50}$

$\qquad\underbrace{\qquad\qquad\qquad\qquad\qquad}_{\text{음수가 24개}}$

$=+\left(\dfrac{1}{2}\times\dfrac{2}{3}\times\dfrac{3}{4}\times\dfrac{4}{5}\times\cdots\times\dfrac{48}{49}\times\dfrac{49}{50}\right)$

$=\dfrac{1}{50}$

29 n이 홀수이므로 $(-1)^n=-1$

$n+1$이 짝수이므로 $(-1)^{n+1}=1$

$n-1$이 짝수이므로 $(-1)^{n-1}=1$

$2\times n+1$이 홀수이므로 $(-1)^{2\times n+1}=-1$

$\therefore (-1)^n-(-1)^{n+1}+(-1)^{n-1}-(-1)^{2\times n+1}$

$\qquad =-1-1+1-(-1)$

$\qquad =-1-1+1+1=0$

30 $a=-\dfrac{1}{2}$이라 하면

① $-a=-\left(-\dfrac{1}{2}\right)=\dfrac{1}{2}$

② $-a^2=-\left(-\dfrac{1}{2}\right)^2=-\dfrac{1}{4}$

③ $(-a)^2=\left\{-\left(-\dfrac{1}{2}\right)\right\}^2=\dfrac{1}{4}$

④ $\dfrac{1}{a}$은 a의 역수이므로 $-\dfrac{1}{a}=-(-2)=2$

⑤ $-\left(\dfrac{1}{a}\right)^2=-(-2)^2=-4$

따라서 가장 큰 수는 ④이다.

31 $a\times(b+c)=11$에서 $a\times b+a\times c=11$

$a\times c=5$이므로 $a\times b+5=11$

$\therefore a\times b=6$

32 $0.3=\dfrac{3}{10}$의 역수는 $\dfrac{10}{3}$

$\dfrac{10}{3}\times(a의 역수)=-\dfrac{5}{2}$이므로

$(a의 역수)=-\dfrac{5}{2}\div\dfrac{10}{3}=-\dfrac{5}{2}\times\dfrac{3}{10}=-\dfrac{3}{4}$

$\therefore a=-\dfrac{4}{3}$

33 어떤 수를 □라 하면 $□+\left(-\dfrac{3}{2}\right)=-\dfrac{7}{6}$

$\therefore □=-\dfrac{7}{6}-\left(-\dfrac{3}{2}\right)=-\dfrac{7}{6}+\dfrac{9}{6}=\dfrac{2}{6}=\dfrac{1}{3}$

따라서 바르게 계산하면

$\dfrac{1}{3}\div\left(-\dfrac{3}{2}\right)=\dfrac{1}{3}\times\left(-\dfrac{2}{3}\right)=-\dfrac{2}{9}$

34 ① $\left(-\dfrac{7}{5}\right)+(+13)+\left(-\dfrac{3}{5}\right)=\left(-\dfrac{7}{5}\right)+\left(-\dfrac{3}{5}\right)+(+13)$

$\qquad\qquad\qquad =(-2)+(+13)=11$

② $(+4)-\left(+\dfrac{2}{3}\right)-(-3)=(+4)+(+3)+\left(-\dfrac{2}{3}\right)$

$\qquad\qquad\qquad =(+7)+\left(-\dfrac{2}{3}\right)=\dfrac{19}{3}$

③ $(-2)\times\left(-\dfrac{1}{6}\right)\times(-3^2)=(-2)\times\left(-\dfrac{1}{6}\right)\times(-9)$

$\qquad\qquad\qquad =-\left(2\times\dfrac{1}{6}\times9\right)=-3$

④ $(-16)\times\dfrac{3}{4}\div\left(-\dfrac{6}{5}\right)=(-16)\times\dfrac{3}{4}\times\left(-\dfrac{5}{6}\right)$

$\qquad\qquad\qquad =+\left(16\times\dfrac{3}{4}\times\dfrac{5}{6}\right)=10$

⑤ $\dfrac{5}{6}\div\left(-\dfrac{3}{4}\right)\times\left(-\dfrac{3}{5}\right)=\dfrac{5}{6}\times\left(-\dfrac{4}{3}\right)\times\left(-\dfrac{3}{5}\right)$

$\qquad\qquad\qquad =+\left(\dfrac{5}{6}\times\dfrac{4}{3}\times\dfrac{3}{5}\right)=\dfrac{2}{3}$

따라서 옳지 않은 것은 ③이다.

35 $\dfrac{a}{b}<0$이므로 a와 b의 부호는 반대이고 $c<b<a$이므로

$c<b<0<a$

$a+b>0$이므로 $|a|>|b|$

$a+c<0$이므로 $|a|<|c|$

$\therefore |b|<|a|<|c|$

36 $A=-\dfrac{26}{5}-\left\{(-1)^3+\dfrac{5}{6}\times\left(-\dfrac{3}{5}\right)^2-\dfrac{4}{5}\right\}$

$\qquad =-\dfrac{26}{5}-\left(-1+\dfrac{5}{6}\times\dfrac{9}{25}-\dfrac{4}{5}\right)$

$\qquad =-\dfrac{26}{5}-\left(-1+\dfrac{3}{10}-\dfrac{4}{5}\right)$

$\qquad =-\dfrac{26}{5}-\left(-\dfrac{10}{10}+\dfrac{3}{10}-\dfrac{8}{10}\right)$

$\qquad =-\dfrac{26}{5}-\left(-\dfrac{15}{10}\right)$

$\qquad =-\dfrac{52}{10}+\dfrac{15}{10}$

$\qquad =-\dfrac{37}{10}$

따라서 A보다 큰 음의 정수는 -3, -2, -1이므로 구하는 합은

$(-3)+(-2)+(-1)=-6$

37 A: $(-1)^3+6=-1+6=5$

B: $(5-2)\times\dfrac{7}{3}=3\times\dfrac{7}{3}=7$

C: $\dfrac{1}{7}\div\left(-\dfrac{5}{14}\right)=\dfrac{1}{7}\times\left(-\dfrac{14}{5}\right)=-\dfrac{2}{5}$

38 직사각형의 가로의 길이는

$$\frac{5}{2}+\frac{5}{2}\times\frac{20}{100}=\frac{5}{2}+\frac{1}{2}=3$$

직사각형의 세로의 길이는

$$\frac{5}{2}-\frac{5}{2}\times\frac{40}{100}=\frac{5}{2}-1=\frac{3}{2}$$

따라서 직사각형의 넓이는

$$3\times\frac{3}{2}=\frac{9}{2}$$

39 ㄱ. $a+1\div b\times c=a+1\times\frac{1}{b}\times c=a+\frac{c}{b}$

ㄴ. $(w+z)\times(-3)=-3(w+z)$

ㄷ. $0.1\times x\times y-a\times b=0.1xy-ab$

ㄹ. $(x-y)\div 4+4\div z\times(-2)$

$$=(x-y)\times\frac{1}{4}+4\times\frac{1}{z}\times(-2)$$

$$=\frac{x-y}{4}-\frac{8}{z}$$

따라서 보기 중 옳은 것은 ㄱ, ㄹ의 2개이다.

40 ① $(x+3)$세

② $a-\frac{10}{100}\times a=a-0.1a=0.9a$(원)

③ $100\times a+10\times b+1\times c=100a+10b+c$

④ (시간)$=\frac{(거리)}{(속력)}$이므로 걸린 시간은 $\frac{x}{2}$시간

⑤ (소금의 양)$=\frac{(소금물의 농도)}{100}\times(소금물의 양)$이므로

$$\frac{x}{100}\times 200=2x(\text{g})$$

따라서 옳은 것은 ⑤이다.

41 $9x^2-\frac{2}{y}=9\times\left(\frac{1}{3}\right)^2-2\div\frac{1}{4}$

$$=9\times\frac{1}{9}-2\times 4$$

$$=1-8=-7$$

42 지면의 기온이 $20\,^\circ\text{C}$이고 지면에서 $1\,\text{km}$ 높아질 때마다 기온은 $6\,^\circ\text{C}$씩 낮아지므로 지면에서 높이가 $x\,\text{km}$인 곳의 기온은 $(20-6x)\,^\circ\text{C}$이다.

$20-6x$에 $x=2.5$를 대입하면

$20-6\times 2.5=20-15=5$

따라서 지면에서 높이가 $2.5\,\text{km}$인 곳의 기온은 $5\,^\circ\text{C}$이다.

43 x의 계수가 7, 상수항이 -4인 일차식은

$7x-4 \quad\cdots\cdots\ \text{㉠}$

㉠에 $x=-2$를 대입하면

$7\times(-2)-4=-18 \quad \therefore m=-18$

㉠에 $x=3$을 대입하면

$7\times 3-4=17 \quad \therefore n=17$

$\therefore |m-n|=|-18-17|=35$

44 $(8x-10)\div\left(-\frac{2}{5}\right)-0.2(5x+10)+6\left(\frac{x-1}{2}-\frac{x+4}{3}\right)$

$$=(8x-10)\times\left(-\frac{5}{2}\right)-x-2+3(x-1)-2(x+4)$$

$$=-20x+25-x-2+3x-3-2x-8$$

$$=-20x+12$$

45 $-x-3-\{-(x-1)-2(x+1)\}+4x-6$

$$=-x-3-(-x+1-2x-2)+4x-6$$

$$=-x-3-(-3x-1)+4x-6$$

$$=-x-3+3x+1+4x-6$$

$$=6x-8$$

$6x-8$에 $x=-2$를 대입하면

$6\times(-2)-8=-12-8=-20$

46 n이 자연수일 때, $2n-1$은 홀수, $2n$은 짝수이므로

$(-1)^{2n-1}=-1$, $(-1)^{2n}=1$

$\therefore\ (-1)^{2n-1}(2x+3y)+(-1)^{2n}(2x-3y)$

$$=-(2x+3y)+(2x-3y)$$

$$=-2x-3y+2x-3y$$

$$=-6y$$

47 단계마다 네 변에 바둑돌이 1개씩 추가되므로 [1단계], [2단계], [3단계], [4단계], …에 필요한 바둑돌의 개수는 각각

$4,\ 4+4\times 1,\ 4+4\times 2,\ 4+4\times 3,\ \cdots$

따라서 [x단계]에 필요한 바둑돌의 개수는

$4+4(x-1)=4+4x-4=4x$

48 붕어빵이 오전에 a개 팔렸다고 하면 오후에는 $2a$개 팔렸으므로 하루 동안의 총 판매 금액은

$a\times x+2a\times(x-0.3x)=ax+2a\times 0.7x$

$$=ax+1.4ax$$

$$=2.4ax(\text{원})$$

따라서 하루 동안 팔린 붕어빵 한 개당 평균 가격은

$$\frac{2.4ax}{a+2a}=\frac{2.4ax}{3a}=0.8x=\frac{4}{5}x(\text{원})$$

49 어떤 다항식을 $\square$라 하면

$\square+5x-2=7x-3$

$\therefore\ \square=7x-3-(5x-2)$

$$=7x-3-5x+2$$

$$=2x-1$$

따라서 바르게 계산한 식은

$2x-1-(5x-2)=2x-1-5x+2$

$$=-3x+1$$

50 $X-(a-2)=3a+4$이므로

$X=3a+4+(a-2)=4a+2$

$Y=(3a+4)-(6a-3)=3a+4-6a+3=-3a+7$

$\therefore\ X+Y=(4a+2)+(-3a+7)=a+9$

1회
132~135쪽

1 ②	**2** ③	**3** ③	**4** ⑤	**5** ②	**6** ②
7 ③	**8** ②	**9** ④	**10** ③	**11** ④	**12** ⑤
13 ⑤	**14** ②	**15** ②	**16** ②	**17** ③	**18** ⑤
19 ①	**20** ②	**21** 50	**22** 42		

23 (1) $a=-3$, $b=3$ (2) 0 **24** $-\dfrac{5}{2}$

25 (1) $\dfrac{(x+y)h}{2}$ cm² (2) 24 cm²

1 소수는 5, 7, 43의 3개이므로 $a=3$
합성수는 18, 34, 39, 51의 4개이므로 $b=4$
∴ $b-a=4-3=1$

2 $2\times3\times5\times2\times2\times5\times2=2^4\times3\times5^2$
따라서 $a=4$, $b=5$, $c=2$이므로
$a+b-c=4+5-2=7$

3 ① 소인수분해 하면 $250=2\times5^3$이다.
② 소인수는 2, 5이다.
③ 약수의 개수는 $(1+1)\times(3+1)=8$
④ 2를 곱한 수 $2^2\times5^3$은 5^3의 지수가 짝수가 아니므로 어떤 자연수의 제곱이 아니다.
⑤ $2^2\times5^2$에서 2^2은 2의 약수가 아니므로 250의 약수가 아니다.
따라서 옳은 것은 ③이다.

4 두 수의 공약수의 개수는 두 수의 최대공약수인 $3^2\times5^3$의 약수의 개수와 같으므로
$(2+1)\times(3+1)=12$

5 $27=3^3$이고 50 이하의 자연수 중에서 3의 배수는 16개이다.
따라서 50 이하의 자연수 중에서 27과 서로소인 수의 개수는
$50-16=34$

7 세 수 34, 82, 130을 어떤 자연수로 나누면 모두 2가 남으므로 어떤 자연수로 $34-2$, $82-2$, $130-2$, 즉 32, 80, 128을 나누면 모두 나누어떨어진다.
따라서 구하는 수는 $32=2^5$, $80=2^4\times5$, $128=2^7$의 최대공약수이므로
$2^4=16$

8 -8과 4에 대응하는 두 점 사이의 거리는 12이므로 두 점으로부터 같은 거리에 있는 점에 대응하는 수는 다음 그림과 같이 -2이다.

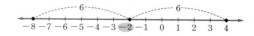

9 ④ 정수가 아닌 유리수는 $\dfrac{1}{2}$, $\dfrac{8}{3}$, 2.5의 3개이다.

11 가장 큰 수는 $+3$이므로 $a=+3$
가장 작은 수는 $-\dfrac{5}{3}$이므로 $b=-\dfrac{5}{3}$
∴ $a+b=(+3)+\left(-\dfrac{5}{3}\right)=\left(+\dfrac{9}{3}\right)+\left(-\dfrac{5}{3}\right)=\dfrac{4}{3}$

12 ⑤ $\left(+\dfrac{1}{3}\right)-\left(-\dfrac{1}{2}\right)+\left(-\dfrac{13}{6}\right)$
$=\left(+\dfrac{2}{6}\right)+\left(+\dfrac{3}{6}\right)+\left(-\dfrac{13}{6}\right)$
$=-\dfrac{8}{6}=-\dfrac{4}{3}$
따라서 계산 결과가 옳지 않은 것은 ⑤이다.

13 점 A에 대응하는 수는
$2-\dfrac{14}{3}+\dfrac{5}{2}=\dfrac{12}{6}-\dfrac{28}{6}+\dfrac{15}{6}=-\dfrac{1}{6}$

14 어떤 수를 □라 하면 $□\div\left(-\dfrac{2}{3}\right)=-\dfrac{7}{2}$
∴ $□=\left(-\dfrac{7}{2}\right)\times\left(-\dfrac{2}{3}\right)=\dfrac{7}{3}$
따라서 바르게 계산하면
$\dfrac{7}{3}\times\left(-\dfrac{2}{3}\right)=-\dfrac{14}{9}$

16 ① $x\div(y\times z)=x\div yz=x\times\dfrac{1}{yz}=\dfrac{x}{yz}$
② $x\div2\times y=x\times\dfrac{1}{2}\times y=\dfrac{xy}{2}$
③ $x\div(y\div z)=x\div\left(y\times\dfrac{1}{z}\right)=x\div\dfrac{y}{z}=x\times\dfrac{z}{y}=\dfrac{xz}{y}$
④ $2\times x-y\div3=2\times x-y\times\dfrac{1}{3}=2x-\dfrac{y}{3}$
⑤ $x\times x\times x\times y\times y\times y=x^2\times y^3=x^2y^3$
따라서 옳지 않은 것은 ②이다.

17 $-4x+3xy^2=-4\times(-1)+3\times(-1)\times2^2$
$=4-12=-8$

18 $\dfrac{1}{3}(15x-9)-\dfrac{1}{4}(8x-4)=5x-3-2x+1$
$=3x-2$

19 직사각형의 가로의 길이는 $3x+12$, 세로의 길이는
$4+8=12$이므로
(어두운 부분의 넓이)
$=$(직사각형의 넓이)$-$(세 개의 삼각형의 넓이의 합)
$=(3x+12)\times12$
$\qquad-\left\{\dfrac{1}{2}\times3x\times12+\dfrac{1}{2}\times12\times4+\dfrac{1}{2}\times(3x+12)\times8\right\}$
$=36x+144-\{18x+24+4(3x+12)\}$
$=36x+144-(18x+24+12x+48)$
$=36x+144-(30x+72)$
$=36x+144-30x-72$
$=6x+72$

20 $\square=7x-4y-(-4x+3y)$
$\quad =7x-4y+4x-3y=11x-7y$

21 $360=2^3\times3^2\times5$이므로
$a=2\times5=10$ ...... ①
따라서 $b^2=2^3\times3^2\times5\times(2\times5)=3600=60^2$이므로
$b=60$ ...... ②
$\therefore b-a=60-10=50$ ...... ③

단계	채점 기준	배점
①	a의 값 구하기	2점
②	b의 값 구하기	2점
③	$b-a$의 값 구하기	1점

22 어떤 두 자연수의 최대공약수가 7이므로 두 수를
$A=7\times a$, $B=7\times b$(a, b는 서로소, $a<b$)라 하면
$7\times a\times7\times b=245$ $\therefore a\times b=5$
$\therefore a=1$, $b=5$ ...... ①
$\therefore A=7\times1=7$, $B=7\times5=35$ ...... ②
따라서 두 자연수의 합은
$7+35=42$ ...... ③

단계	채점 기준	배점
①	두 자연수를 $A=7\times a$, $B=7\times b$로 놓고 a, b의 값 구하기	2점
②	두 자연수 구하기	2점
③	두 자연수의 합 구하기	1점

23 (1) 두 수 $-\dfrac{13}{4}$과 $\dfrac{10}{3}$을 수직선 위에 나타내면 다음 그림과 같다.

$-\dfrac{13}{4}$에 가장 가까운 정수는 -3이므로 $a=-3$
$\dfrac{10}{3}$에 가장 가까운 정수는 3이므로 $b=3$
(2) $|a|-|b|=|-3|-|3|=3-3=0$

24 $a=-6+\dfrac{3}{4}=-\dfrac{24}{4}+\dfrac{3}{4}=-\dfrac{21}{4}$ ...... ①
$b=2-(-0.1)=2+0.1=2.1$ ...... ②
$\therefore a\div b=-\dfrac{21}{4}\div2.1=-\dfrac{21}{4}\times\dfrac{10}{21}=-\dfrac{5}{2}$ ...... ③

단계	채점 기준	배점
①	a의 값 구하기	1점
②	b의 값 구하기	2점
③	$a\div b$의 값 구하기	2점

25 (1) $\dfrac{1}{2}\times(x+y)\times h=\dfrac{(x+y)h}{2}$ (cm²)
(2) $\dfrac{(x+y)h}{2}$에 $x=3$, $y=5$, $h=6$을 대입하면
$\dfrac{(3+5)\times6}{2}=24$
따라서 구하는 사다리꼴의 넓이는 24 cm²이다.

136~139쪽

2회

1 ②	2 ⑤	3 ③	4 ②	5 ④	6 ④
7 ①, ③	8 ③	9 ⑤	10 ④	11 ①	12 ②
13 ⑤	14 ①	15 ④	16 ④	17 ②	18 ①
19 ⑤	20 ④	21 3	22 11		
23 (1) $-\dfrac{25}{4}\le a<4$ (2) 6		24 22	25 $\dfrac{19}{6}$		

1 20과 40 사이에 있는 소수는 23, 29, 31, 37의 4개이다.

2 $396=2^2\times3^2\times11$이므로
$a=2$, $b=2$, $c=11$
$\therefore a+b+c=2+2+11=15$

3 $180=2^2\times3^2\times5$
③ 5^2은 5의 약수가 아니므로 180의 약수가 아니다.

4 $200=2^3\times5^2$, $240=2^4\times3\times5$이므로 두 수의 최대공약수는
$2^3\times5=40$

5 ① $90=2\times3^2\times5$이므로 소인수는 2, 3, 5이다.
② 1의 약수는 1의 1개뿐이다.
③ 14와 91의 최대공약수는 7이므로 서로소가 아니다.
④ 서로 다른 두 소수의 최대공약수는 1이므로 서로소이다.
⑤ 최소공배수가 25인 두 수의 공배수는 25의 배수이다.
따라서 100 이하의 자연수 중에서 25의 배수는 25, 50, 75, 100의 4개이므로 두 수의 공배수는 4개이다.
따라서 옳은 것은 ④이다.

6 최소공배수가 $288=2^5\times3^2$이므로 $c=2$이고,
$a=5$ 또는 $b=5$
최대공약수가 $12=2^2\times3$이므로
$a=2$ 또는 $b=2$
이때 $a>b$이므로 $a=5$, $b=2$
$\therefore a-b+c=5-2+2=5$

7 세 수 15, 25, A의 최대공약수가 5이므로
$15=5\times3$, $25=5\times5$, $A=5\times a$(a는 자연수)라 하자.
최소공배수가 $150=5\times2\times3\times5$이므로 a는 2의 배수이고
$2\times3\times5$의 약수이어야 한다.
따라서 A의 값이 될 수 있는 수는
$5\times2=10$, $5\times2\times3=30$, $5\times2\times5=50$,
$5\times2\times3\times5=150$
즉, A의 값이 될 수 있는 것은 ①, ③이다.

8 ① 음수에 대응하는 점은 A, B의 2개이다.
② 점 B에 대응하는 수는 $-1\dfrac{1}{4}=-\dfrac{5}{4}$이다.
③ 점 E에 대응하는 수는 $2\dfrac{1}{2}=\dfrac{5}{2}$이다.

④ 절댓값이 가장 작은 수에 대응하는 점은 C이다.

⑤ 점 D에 대응하는 수는 2, 점 A에 대응하는 수는 -3이
므로

$2 < |-3|$

따라서 옳은 것은 ③이다.

9 ① (음수)<(양수)이므로 $-4 < \dfrac{1}{12}$

② $-\dfrac{4}{3} = -\dfrac{16}{12}$, $-\dfrac{5}{4} = -\dfrac{15}{12}$이고 $\left|-\dfrac{16}{12}\right| > \left|-\dfrac{15}{12}\right|$이

므로 $-\dfrac{4}{3} < -\dfrac{5}{4}$

③ $|-10| = 10$이므로 $|-10| > 0$

④ $|-3| = 3$, $|+2| = 2$이므로 $|-3| > |+2|$

⑤ $\left|-\dfrac{5}{6}\right| = \dfrac{5}{6}$이고 $\dfrac{2}{3} = \dfrac{4}{6}$이므로 $\left|-\dfrac{5}{6}\right| > \dfrac{2}{3}$

따라서 옳은 것은 ⑤이다.

10 두 수 $\dfrac{2}{3}$와 $\dfrac{27}{4} = 6\dfrac{3}{4}$ 사이에 있는 정수는 1, 2, 3, 4, 5, 6

의 6개이다.

11 한 변에 놓인 네 수의 합은

$1 + 5 + (-7) + 4 = 3$

$1 + (-3) + (-4) + b = 3$에서

$-6 + b = 3$ $\therefore b = 3 - (-6) = 3 + 6 = 9$

$4 + a + (-3) + b = 3$에서

$4 + a + (-3) + 9 = 3$, $a + 10 = 3$

$\therefore a = 3 - 10 = -7$

$\therefore a - b = -7 - 9 = -16$

12 $a = 6 + (-2) = 4$

$b = \dfrac{1}{4} - \dfrac{1}{3} = \dfrac{3}{12} - \dfrac{4}{12} = -\dfrac{1}{12}$

따라서 $-\dfrac{1}{12} \leq x \leq 4$를 만족시키는 정수 x는 0, 1, 2, 3,

4이므로 그 합은

$0 + 1 + 2 + 3 + 4 = 10$

13 ② $\left(+\dfrac{2}{5}\right) - \left(-\dfrac{3}{2}\right) = \left(+\dfrac{4}{10}\right) + \left(+\dfrac{15}{10}\right) = \dfrac{19}{10}$

④ $\left(-\dfrac{1}{4}\right) \div \left(+\dfrac{1}{8}\right) = \left(-\dfrac{1}{4}\right) \times (+8) = -2$

⑤ $(-2.7) \div \left(-\dfrac{2}{5}\right) \times \left(-\dfrac{4}{9}\right) = \left(-\dfrac{27}{10}\right) \times \left(-\dfrac{5}{2}\right) \times \left(-\dfrac{4}{9}\right)$

$= -\left(\dfrac{27}{10} \times \dfrac{5}{2} \times \dfrac{4}{9}\right) = -3$

따라서 옳지 않은 것은 ⑤이다.

14 $|a| = |b|$이고 a가 b보다 $\dfrac{8}{3}$만큼 크므로 $a > 0$, $b < 0$

a, b는 수직선 위에서 원점으로부터의 거리가 각각

$\dfrac{8}{3} \times \dfrac{1}{2} = \dfrac{4}{3}$인 두 점에 대응하는 수이므로

$a = \dfrac{4}{3}$, $b = -\dfrac{4}{3}$

$\therefore a \times b = \dfrac{4}{3} \times \left(-\dfrac{4}{3}\right) = -\dfrac{16}{9}$

15 $(-1)^{24} + (-1)^{23} + (-1)^{22} + \cdots + (-1)^2 + (-1)$

$= \{1 + (-1)\} + \{1 + (-1)\} + \cdots + \{1 + (-1)\}$

$= 0$

16 $A = 15 \times \left\{\left(-\dfrac{3}{5}\right) - \left(-\dfrac{4}{3}\right)\right\}$

$= -9 - (-20)$

$= -9 + 20 = 11$

$B = 4 - \dfrac{4}{3} \div \left\{\dfrac{7}{6} - 12 \times \left(-\dfrac{1}{3}\right)^2\right\}$

$= 4 - \dfrac{4}{3} \div \left(\dfrac{7}{6} - 12 \times \dfrac{1}{9}\right) = 4 - \dfrac{4}{3} \div \left(\dfrac{7}{6} - \dfrac{4}{3}\right)$

$= 4 - \dfrac{4}{3} \div \left(\dfrac{7}{6} - \dfrac{8}{6}\right) = 4 - \dfrac{4}{3} \div \left(-\dfrac{1}{6}\right)$

$= 4 - \dfrac{4}{3} \times (-6) = 4 + 8 = 12$

$\therefore A + B = 11 + 12 = 23$

17 ㄴ. 한 변의 길이가 a cm인 정사각형의 넓이는 a^2 cm²이다.

ㄹ. 포도 주스 a L를 6명에게 똑같이 나누어 줄 때, 한 사람

이 받는 양은 $\dfrac{a}{6}$ L이다.

따라서 보기 중 문자를 사용하여 나타낸 식으로 옳은 것은

ㄱ, ㄷ이다.

18 ② 다항식의 차수가 2이므로 일차식이 아니다.

③, ⑤ 분모에 문자가 있으므로 일차식이 아니다.

④ $1 - 6x + 6x = 1$이므로 일차식이 아니다.

따라서 일차식인 것은 ①이다.

19 $(ax + b) \times \left(-\dfrac{3}{2}\right) = 9x - 6$이므로

$ax + b = (9x - 6) \div \left(-\dfrac{3}{2}\right)$

$= (9x - 6) \times \left(-\dfrac{2}{3}\right) = -6x + 4$

$\therefore a = -6$, $b = 4$

$cx + d = (-3x + 1) \div \dfrac{3}{2}$

$= (-3x + 1) \times \dfrac{2}{3} = -2x + \dfrac{2}{3}$

$\therefore c = -2$, $d = \dfrac{2}{3}$

$\therefore abcd = -6 \times 4 \times (-2) \times \dfrac{2}{3} = 32$

20 (둘레의 길이) $= 2 \times \{x + 6 + (x + 2 + x)\}$

$= 2 \times (3x + 8)$

$= 6x + 16$

21 $540 = 2^2 \times 3^3 \times 5$이므로 540의 약수의 개수는

$(2 + 1) \times (3 + 1) \times (1 + 1) = 24$ $\cdots\cdots$ ①

$2^n \times 3 \times 5^2$의 약수의 개수는

$(n + 1) \times (1 + 1) \times (2 + 1) = 6 \times (n + 1)$ $\cdots\cdots$ ②

따라서 $6 \times (n + 1) = 24$이므로

$n + 1 = 4$ $\therefore n = 3$ $\cdots\cdots$ ③

단계	채점 기준	배점
①	540의 약수의 개수 구하기	2점
②	$2^n \times 3 \times 5^2$의 약수의 개수에 대한 식 세우기	1점
③	n의 값 구하기	2점

22 a는 2, $9=3^2$, 3의 최소공배수이므로

$a=2 \times 3^2 = 18$ ...... ①

b는 7, $14=2 \times 7$, $35=5 \times 7$의 최대공약수이므로

$b=7$ ...... ②

$\therefore a-b=18-7=11$ ...... ③

단계	채점 기준	배점
①	a의 값 구하기	2점
②	b의 값 구하기	2점
③	$a-b$의 값 구하기	1점

23 (1) $-\dfrac{25}{4} \leq a < 4$

(2) $-\dfrac{25}{4} = -6\dfrac{1}{4}$이고 (내)에서 a는 음의 정수이므로

$-\dfrac{25}{4} \leq a < 4$를 만족시키는 음의 정수 a는

$-6, -5, -4, -3, -2, -1$의 6개이다.

24 $|a|=4$이므로 $a=-4$ 또는 $a=4$

$|b|=7$이므로 $b=-7$ 또는 $b=7$

a가 양수이고 b가 음수일 때 $a-b$의 값이 가장 크므로

$M=4-(-7)=4+7=11$ ...... ①

a가 음수이고 b가 양수일 때 $a-b$의 값이 가장 작으므로

$m=-4-7=-11$ ...... ②

$\therefore M-m=11-(-11)=11+11=22$ ...... ③

단계	채점 기준	배점
①	M의 값 구하기	2점
②	m의 값 구하기	2점
③	$M-m$의 값 구하기	1점

25 $\dfrac{2(3x+1)}{3} - \dfrac{3(2x-1)}{2} = \dfrac{4(3x+1)}{6} - \dfrac{9(2x-1)}{6}$

$= \dfrac{12x+4-18x+9}{6}$

$= \dfrac{-6x+13}{3}$

$= -x + \dfrac{13}{6}$ ...... ①

$\therefore a=-1, b=\dfrac{13}{6}$ ...... ②

$\therefore |a|+|b| = |-1| + \left| \dfrac{13}{6} \right|$

$= 1 + \dfrac{13}{6} = \dfrac{19}{6}$ ...... ③

단계	채점 기준	배점
①	주어진 식을 계산하기	3점
②	a, b의 값 구하기	1점
③	$|a|+|b|$의 값 구하기	1점

1 ④	2 ④	3 ①	4 ③	5 ②	6 ①
7 ③	8 ④	9 ②	10 ②	11 ①	12 ⑤
13 ③	14 ④	15 ②	16 ③	17 ③	18 ③
19 ①	20 ③	21 144, 324		22 2	23 $\dfrac{46}{5}$
24 8	25 $x+14$				

1 ① 2는 짝수이지만 합성수가 아니다.

② 가장 작은 소수는 2이다.

③ 10 이하의 소수는 2, 3, 5, 7의 4개이다.

⑤ 자연수는 1, 소수, 합성수로 이루어져 있다.

따라서 옳은 것은 ④이다.

2 ① $24=2^3 \times 3$이므로 24의 소인수는 2, 3이다.

② $36=2^2 \times 3^2$이므로 36의 소인수는 2, 3이다.

③ $54=2 \times 3^3$이므로 54의 소인수는 2, 3이다.

④ $64=2^6$이므로 64의 소인수는 2이다.

⑤ $72=2^3 \times 3^2$이므로 72의 소인수는 2, 3이다.

따라서 소인수가 나머지 넷과 다른 하나는 ④이다.

3 $200=2^3 \times 5^2$이므로 곱해야 하는 자연수는 $2 \times ($자연수$)^2$ 꼴이어야 한다.

즉, 곱하는 자연수가 될 수 있는 수는

$2, 2 \times 2^2, 2 \times 3^2, 2 \times 4^2, \cdots$

이때 가장 작은 두 자리의 자연수는 $2 \times 3^2 = 18$, 가장 큰 두 자리의 자연수는 $2 \times 7^2 = 98$이므로 구하는 두 수의 합은

$18+98=116$

4 $12=2^2 \times 3$, $18=2 \times 3^2$, $24=2^3 \times 3$의 공배수는 세 수의 최소공배수인 $2^3 \times 3^2 = 72$의 배수이므로

$72, 144, 216, \cdots$

따라서 세 수의 공배수 중에서 가장 작은 세 자리의 자연수는 144이다.

5 $3^2 \times 7^a$, $3^b \times 7^2 \times 11$의 최소공배수가 $3^3 \times 7^4 \times 11$이므로

$a=4, b=3$

따라서 두 수 $3^2 \times 7^4$, $3^3 \times 7^2 \times 11$의 최대공약수는

$3^2 \times 7^2 = 441$이므로 $c=1$

$\therefore a-b+c=4-3+1=2$

6 $5 \times a$, $30 \times a = 2 \times 3 \times 5 \times a$, $42 \times a = 2 \times 3 \times 7 \times a$의 최소공배수는 $2 \times 3 \times 5 \times 7 \times a$이므로

$2 \times 3 \times 5 \times 7 \times a = 420$

$\therefore a=2$

7 ㄴ. 음의 정수는 모두 0보다 작다.

ㄹ. 절댓값이 가장 작은 정수는 0이다.

따라서 보기 중 옳은 것은 ㄱ, ㄷ이다.

8 ① (음수)<(양수)이므로 $-2<\dfrac{1}{2}$

② $\dfrac{1}{2}=\dfrac{2}{4}$이므로 $\dfrac{1}{2}<\dfrac{3}{4}$

③ $\left|-\dfrac{4}{5}\right|>\left|-\dfrac{2}{5}\right|$이므로 $-\dfrac{4}{5}<-\dfrac{2}{5}$

④ $|-3.5|=3.5$, $\dfrac{5}{2}=2.5$이므로 $|-3.5|>\dfrac{5}{2}$

⑤ $\left|-\dfrac{11}{2}\right|=\dfrac{11}{2}=5.5$, $|-6|=6$이므로

$\left|-\dfrac{11}{2}\right|<|-6|$

따라서 부등호의 방향이 나머지 넷과 다른 하나는 ④이다.

9 $\left|\dfrac{7}{18}\right|=\left|-\dfrac{7}{18}\right|$이므로 $\left\langle\dfrac{7}{18},\ -\dfrac{7}{18}\right\rangle=-\dfrac{7}{18}$

이때 $\left|-\dfrac{5}{12}\right|=\dfrac{5}{12}=\dfrac{15}{36}$, $\left|-\dfrac{7}{18}\right|=\dfrac{7}{18}=\dfrac{14}{36}$이고,

$\dfrac{15}{36}>\dfrac{14}{36}$이므로

$\left\langle-\dfrac{5}{12},\ -\dfrac{7}{18}\right\rangle=-\dfrac{5}{12}$

$\therefore\left\langle-\dfrac{5}{12},\ \left\langle\dfrac{7}{18},\ -\dfrac{7}{18}\right\rangle\right\rangle=\left\langle-\dfrac{5}{12},\ -\dfrac{7}{18}\right\rangle=-\dfrac{5}{12}$

10 $-\dfrac{7}{4}=-1\dfrac{3}{4}$이므로 $-\dfrac{7}{4}\leq x<3.1$을 만족시키는 정수 x는 $-1, 0, 1, 2, 3$의 5개이다.

11 두 수 a, b에 대응하는 두 점 사이의 거리가 10이므로 두 점에서 같은 거리에 있는 점과 두 점 사이의 거리는 각각 5이다.
이때 $a<b$라 하면
$a=-3-5=-8$, $b=-3+5=2$
$\therefore a\times b=(-8)\times2=-16$

12 a와 마주 보는 면에 적힌 수는 $-\dfrac{2}{5}$이므로 $a=-\dfrac{5}{2}$

b와 마주 보는 면에 적힌 수는 $0.5=\dfrac{1}{2}$이므로 $b=2$

c와 마주 보는 면에 적힌 수는 $-1\dfrac{1}{3}=-\dfrac{4}{3}$이므로

$c=-\dfrac{3}{4}$

$\therefore (a-b)\div c=\left(-\dfrac{5}{2}-2\right)\div\left(-\dfrac{3}{4}\right)$

$=\left(-\dfrac{9}{2}\right)\times\left(-\dfrac{4}{3}\right)=6$

13 $(-6)\times(-3)-2=18-2=16$
$\therefore (16-4)\div(-3)=12\div(-3)=-4$

14 $a\div c>0$이므로 a와 c의 부호는 같고 $a+c<0$이므로
$a<0$, $c<0$
$|a|=|b|$이므로 $b>0$이고 $a+b=0$
① $a\times b\times c>0$ ② $a+b+c=c<0$
③ $a+b-c=-c>0$ ④ $-a-b+c=c<0$
⑤ $(a+c)\div b<0$
따라서 옳은 것은 ④이다.

15 $-3^2+\left[\dfrac{1}{2}+(-1)^3\div\left\{6\times\left(-\dfrac{1}{3}\right)+6\right\}\right]\times4$

$=-9+\left[\dfrac{1}{2}+(-1)\div\{(-2)+6\}\right]\times4$

$=-9+\left\{\dfrac{1}{2}+(-1)\div4\right\}\times4$

$=-9+\left(\dfrac{1}{2}-\dfrac{1}{4}\right)\times4$

$=-9+\left(\dfrac{2}{4}-\dfrac{1}{4}\right)\times4$

$=-9+\dfrac{1}{4}\times4$

$=-9+1=-8$

16 $\dfrac{3}{a}-\dfrac{5}{b}+\dfrac{9}{c}=3\div a-5\div b+9\div c$

$=3\div\dfrac{1}{3}-5\div\left(-\dfrac{1}{5}\right)+9\div\left(-\dfrac{1}{6}\right)$

$=3\times3-5\times(-5)+9\times(-6)$

$=9+25-54$

$=-20$

17 [1단계], [2단계], [3단계], [4단계], …에 배열되는 바둑돌의 개수는 각각
$1, 1+4\times1, 1+4\times2, 1+4\times3, \dots$
즉, [n단계]에 배열되는 바둑돌의 개수는
$1+4\times(n-1)=1+4n-4=4n-3$
따라서 $4n-3$에 $n=20$을 대입하면
$4\times20-3=77$

18 $a=2$, $b=3$, $c=-1$, $d=\dfrac{1}{2}$이므로

$a+b+c+d=2+3+(-1)+\dfrac{1}{2}=\dfrac{9}{2}$

19 $(3x-5)-\left\{\dfrac{1}{2}(8x-14)+1\right\}=(3x-5)-(4x-7+1)$

$=(3x-5)-(4x-6)$

$=3x-5-4x+6$

$=-x+1$

따라서 $a=-1$, $b=1$이므로
$a-b=-1-1=-2$

20 인쇄소 A에서 x장을 인쇄할 때 드는 비용은
$1500+200(x-10)=1500+200x-2000$
$=200x-500$(원)
인쇄소 B에서 x장을 인쇄할 때 드는 비용은
$1700+140(x-10)=1700+140x-1400$
$=140x+300$(원)
따라서 총비용은
$(200x-500)+(140x+300)=340x-200$(원)

21 $2^a \times 3^b$의 약수의 개수는 $(a+1) \times (b+1)$이므로
$(a+1) \times (b+1) = 15$ ...... ①
(i) $a+1=3$, $b+1=5$일 때,
$a=2$, $b=4$이므로 $A=2^2 \times 3^4 = 324$
(ii) $a+1=5$, $b+1=3$일 때,
$a=4$, $b=2$이므로 $A=2^4 \times 3^2 = 144$
따라서 A의 값은 144, 324이다. ...... ②

단계	채점 기준	배점
①	약수의 개수를 이용하여 a, b에 대한 식 세우기	2점
②	A의 값 구하기	3점

22 어떤 두 자연수의 최대공약수가 2이므로 두 수를
$A=2 \times a$, $B=2 \times b$ (a, b는 서로소, $a<b$)라 하면
$2 \times a \times 2 \times b = 2 \times 24$
$\therefore a \times b = 12$ ...... ①
(i) $a=1$, $b=12$일 때,
$A=2 \times 1=2$, $B=2 \times 12=24$
(ii) $a=3$, $b=4$일 때,
$A=2 \times 3=6$, $B=2 \times 4=8$
(i), (ii)에서 두 자연수의 합이 14이어야 하므로
$A=6$, $B=8$ ...... ②
따라서 구하는 차는
$8-6=2$ ...... ③

단계	채점 기준	배점
①	두 자연수를 $A=2 \times a$, $B=2 \times b$로 놓고 $a \times b$의 값 구하기	2점
②	두 자연수 구하기	2점
③	두 자연수의 차 구하기	1점

23 세 수의 곱이 가장 크려면 음수 2개, 양수 1개를 곱해야 하고 세 수의 절댓값의 곱이 가장 커야 하므로
$A = \left(-\dfrac{1}{5}\right) \times (-2) \times 3$
$= + \left(\dfrac{1}{5} \times 2 \times 3\right) = \dfrac{6}{5}$ ...... ①
세 수의 곱이 가장 작으려면 음수 1개, 양수 2개를 곱해야 하고 세 수의 절댓값의 곱이 가장 커야 하므로
$B = (-2) \times 3 \times \dfrac{4}{3}$
$= - \left(2 \times 3 \times \dfrac{4}{3}\right) = -8$ ...... ②
$\therefore A - B = \dfrac{6}{5} - (-8)$
$= \dfrac{6}{5} + 8 = \dfrac{46}{5}$ ...... ③

단계	채점 기준	배점
①	A의 값 구하기	2점
②	B의 값 구하기	2점
③	$A-B$의 값 구하기	1점

24 선우가 얻은 점수는
$6+3 \times (-2)+1 \times (-2) = 6-6-2 = -2$ ...... ①
시아가 얻은 점수는
$4+5 \times (-2)+2 = 4-10+2 = -4$ ...... ②
따라서 선우가 얻은 점수와 시아가 얻은 점수의 곱은
$-2 \times (-4) = 8$ ...... ③

단계	채점 기준	배점
①	선우가 얻은 점수 구하기	2점
②	시아가 얻은 점수 구하기	2점
③	선우가 얻은 점수와 시아가 얻은 점수의 곱 구하기	1점

25 어떤 다항식을 □라 하면
$\square + \dfrac{1}{2}(2x-10) = 6x-11$
$\therefore \square = 6x-11 - \dfrac{1}{2}(2x-10)$
$= 6x-11-x+5$
$= 5x-6$ ...... ①
따라서 바르게 계산한 식은
$5x-6-2(2x-10) = 5x-6-4x+20$
$= x+14$ ...... ②

단계	채점 기준	배점
①	어떤 다항식 구하기	3점
②	바르게 계산한 식 구하기	2점

MEMO